普通高等院校“十二五”规划教材 / 控制工程类

单片机实践教程

主编 孙明 曹伟 王妍玮

Practice Tutorial of Microcomputer

内容简介

本书主要介绍单片机系统的设计、调试及相关知识，以AT和STC系列单片机为主介绍相关实例和实践项目，使学生举一反三，在实例制作中观察实验结果，掌握单片机相关知识。本书强调理论与实践相结合，在介绍单片机经典内容的同时，也介绍了单片机领域的最新发展情况。

本书以Keil C软件为编程工具，内容编排上兼顾汇编语言与C语言两种编程方式，硬件上强调其接口连线与应用，学生可结合实例制作自己喜爱的科技作品。本书具有很强的直观性的特点，可保证学生学以致用，使学生的动手实践能力得到发挥。

本书适合普通高等学校本、专科自动化、电子、通信、机电一体化及计算机等相关工科专业选用，可作为单片机理论教学、实验、课程设计及本科生毕业设计教材，也可作为相关工程技术人员自学、大学生科技创新、科研及竞赛的参考书。

图书在版编目(CIP)数据

单片机实践教程/孙明，曹伟，王妍玮主编．—哈尔滨：哈尔滨工业大学出版社，2013.3(2017.7重印)
应用型本科院校“十二五”规划教材
ISBN 978-7-5603-4004-3

Ⅰ.①单… Ⅱ.①孙…②曹…③王… Ⅲ.①单片微型计算机-高等学校-教材 Ⅳ.①TP368.1

中国版本图书馆CIP数据核字(2013)第022678号

策划编辑 杜 燕 赵文斌
责任编辑 刘 瑶
出版发行 哈尔滨工业大学出版社
社 址 哈尔滨市南岗区复华四道街10号 邮编 150006
传 真 0451-86414749
网 址 http://hitpress.hit.edu.cn
印 刷 肇东市一兴印刷有限公司
开 本 787mm×1092mm 1/16 印张 17 字数 393 千字
版 次 2013年3月第1版 2017年7月第2次印刷
书 号 ISBN 978-7-5603-4004-3
定 价 30.80元

前　言

随着电子产品的广泛应用,单片机已广泛应用于仪器仪表、家电、机电一体化、产品研发与开发等行业中。单片机的类型和生产厂家众多,先后出现了8、16及32位的单片机,这些类型的单片机内部资源分布和接口有所不同,目前最常见的51系列单片机价格低廉、使用方便。学习8位单片机的调试和编程方法也为16及32位单片机的开发打下基础,因此,相关专业学生应掌握单片机相关知识,并学以致用,可为相关专业学生就业及创业提供有利条件。

本书由浅入深、循序渐进地对单片机系统的开发过程进行阐述,对Keil编程软件和μVision 2开发环境进行介绍,并介绍汇编语言和C51语言,方便读者根据自己的爱好选择参考实例,突出学生动手实践能力和创新意识的提高。本书具有以下特点:

1. 案例丰富,入门容易

本书中列举了大量实例,既有汇编语言实例,也有C51语言编程实例,由浅入深,易于模仿,使读者易于参考书中实例模仿练习,易于上手。

2. 软硬结合,易于教学

本书采用C51编程和硬件电路板制作相结合的方法,直观易懂,有利于教学,能激发学生的学习兴趣。

3. 循序渐进,由浅入深

本书以基础实例引导学生入门,通过综合性实例,使学生掌握单片机系统工程实践开发过程,在此基础上使学生创造性地完成实际项目的开发,解决实际问题。

本书共分为8章,其中第1章由黑龙江大学甄佳奇编写,第2章由哈尔滨石油学院孟浩编写,第3章由东北农业大学成栋学院贾春凤编写,第4章由哈尔滨工程大学王妍玮编写,第5章由哈尔滨石油学院周广超编写,第6章和第7章由齐齐哈尔大学计算机与控制工程学院孙明编写,第8章由齐齐哈尔大学计算机与控制工程学院曹伟编写。此外,哈尔滨工程大学李名祺为本书的编写提供了大量的程序素材与教学素材。

本书在编写过程中参考了已有的单片机的教材和资料,并在书后的参考文献中一一列出,这些宝贵的资料对本书的编写起到重要作用,在此对所有参考文献的作者表示感谢!

本书的基础理论部分主次论述清楚,条理清晰,应用部分中的实例来自编者们多年的教学实例、科研和生产实践中的新研究成果。由于编者水平有限,书中难免出现不妥之处,恳请广大读者批评指正。

编　者

2012年11月

前　言

随着电子产品的广泛应用，单片机已广泛应用于仪器仪表、家电、机电一体化产品研发与开发等行业中。单片机的类型和生产厂家众多，先后出现了8、16及32位的单片机，这些类型的单片机内部资源分布和接口有所不同，目前最常见的51系列单片机价格低廉，使用方便。学习8位单片机的调试和编程方法也为16及32位单片机的开发打下基础。因此，相关专业学生应掌握单片机相关知识，并学以致用，可为相关专业学生就业及创业提供有利条件。

本书由浅入深、循序渐进地对单片机系统的开发过程进行阐述，对Keil编程软件和μVision 2开发环境进行介绍，并介绍汇编语言和C51语言，方便读者根据自己的爱好选择学习，突出学生动手实践能力和创新意识的提高。本书具有以下特点：

1.案例丰富，入门容易

本书中列举了大量实例，既有汇编语言实例，也有C51语言编程实例，由浅入深，易于模仿，使读者易于参考书中实例模仿练习，易于上手。

2.软硬结合，易于教学

本书采用C51编程和硬件电路板制作相结合的方法，直观易懂，有利于教学，能激发学生的学习兴趣。

3.循序渐进，由浅入深

本书以基础实例引导学生入门，通过综合性实例，使学生掌握单片机系统工程实践开发过程，在此基础上使学生创造性地完成实际项目的开发，解决实际问题。

本书共分为8章，其中第1章由黑龙江大学魏佳宣编写，第2章由哈尔滨石油学院孟浩编写，第3章由东北农业大学成栋学院贾春风编写，第4章由哈尔滨工程大学王新伟编写，第5章由哈尔滨石油学院周丹超编写，第6章和第7章由齐齐哈尔大学计算机与控制工程学院孙明编写，第8章由齐齐哈尔大学计算机与控制工程学院曹伟编写。此外，哈尔滨工程大学李在坤为本书的编写提供了大量的程序素材与教学素材。

本书在编写过程中参考了已有的单片机教材和资料，并在书后的参考文献中一一列出，这些宝贵的资料对本书的编写起到重要作用，在此对所有参考文献的作者表示感谢！

本书的基础理论部分主次论述清楚，条理清晰，应用部分中的实例来自编者们多年的教学实例、科研和生产实践中的新研究成果。由于编者水平有限，书中难免出现不妥之处，恳请广大读者批评指正。

编　者

2012年11月

目　录

第1章 绪 言

1.1 单片机概述

1.1.1 单片机的基本概念

近几十年,随着计算机的飞速发展,单片机也迅速发展起来,广泛应用于各种智能产品中,成为21世纪的一项重要技术。它将组成计算机的基本部件,包括CPU(Central Processing Unit)、ROM(Read Only Memory)、RAM(Random Access Memory)、定时器/计数器以及I/O(Input/Output)口等集成在一个芯片上,形成芯片级的微型计算机,称为单片机(Single Chip Microcomputer)。

组成单片机的各功能部件与计算机大体相同,但单片机集成在一个芯片上,而计算机中的各部件独立封装。与通用的计算机相比,单片机具有许多优越性,主要体现在以下4个方面。

(1)体积小,结构简单,集成度高。

单片机体积小,对于强磁场环境易于采取屏蔽措施,适合于在恶劣环境下工作。

(2)性价比高。

高性能、低价格是单片机最显著的特点。

(3)可靠性高,功耗小(单片机独立封装,故可靠性高)。

与计算机不同,单片机最主要的特点就是把各个功能部件集成在一个芯片上,内部采用总线结构,减少各芯片之间的连线,提高单片机的可靠性与抗干扰能力。

(4)功能强,应用广泛,使用方便灵活。

目前,单片机的应用已涉及日常生活的各个方面,每一个电子产品里面几乎都包含单片机,无论是在民用的生活用品中,还是在机电一体化、工业控制、智能仪器仪表、实时控制及军用方面,单片机为产品的更新作出了积极的贡献。单片机已经成为我们求职中必不可少的一门专业知识,因此我们有必要学好这门课程。

单片机按用途可分为通用型和专用型两大类。根据单片机数据总线的宽度不同,单片机主要可分为4位机、8位机、16位机和32位机。在高端应用(图形图像处理、通信)

中,32 位机应用已经较为普遍,但在中、低端控制应用中,且在未来较长一段时间内,8 位机依然是单片机的主流机种,8 位机学习是 16 位、32 位单片机的基础。近年来推出的增强型单片机产品内部继承了高速 I/O、ADC、PWM 等接口部件,并在低电压、低功耗、串行总线扩展、程序存储器类型、存储器容量及开放方式等都有较大的发展。

目前单片机渗透到我们生活的各个领域,几乎很难找到哪个领域没有单片机的踪迹。导弹的导航装置,飞机上各种仪表的控制,计算机的网络通信数据传输,工业自动化过程的实时控制和数据处理,广泛使用的各种智能 IC 卡,民用豪华轿车的安全保障系统,录像机、摄像机、全自动洗衣机的控制,以及程控玩具、电子宠物等,这些都离不开单片机。更不用说自动控制领域的机器人、智能仪表、医疗器械以及各种智能机械了。因此,单片机的学习、开发与应用造就了一批计算机应用与智能化控制的科学家、工程师。

单片机广泛应用于仪器仪表、家用电器、医用设备、航空航天、专用设备的智能化管理及过程控制等领域,大致可分如下几个范畴。

1. 在智能仪器仪表上的应用

单片机具有体积小、功耗低、控制功能强、扩展灵活、微型化和使用方便等优点,广泛应用于仪器仪表中,结合不同类型的传感器,可实现诸如电压、功率、频率、湿度、温度、流量、速度、厚度、角度、长度、硬度、元素、压力等物理量的测量。采用单片机控制使得仪器仪表数字化、智能化、微型化,且功能比起采用电子或数字电路更加强大,例如,精密的测量设备(如功率计、示波器及各种分析仪等)。

2. 在工业控制中的应用

用单片机可以构成形式多样的控制系统、数据采集系统,例如,工厂流水线的智能化管芯片理、电梯智能化控制、各种报警系统及与计算机联网构成二级控制系统等。

3. 在家用电器中的应用

随着单片机技术日新月异的发展,单片机以其可靠性高、控制功能强、环境适应性好、体积小等优点在家用电器中得到日益广泛的应用。用单片机取代传统家电中的机械控制部件,正在使传统的家用产品走向智能化。例如,能识别衣物种类、脏物程度,自动选择洗涤时间、强度的洗衣机;能识别食物的种类,选择加热时间、温度的微波炉;能识别食物种类、保鲜程度,自动选择储藏温度的冰箱等。这类高智能的全自动家用电器充分发挥了单片机和家电系统的融合优势。

1.1.2 单片机的发展历史及发展趋势

单片机可以追溯到 20 世纪 70 年代,1970 ~ 1974 年,第一代 4 位单片机产生,这类单片机具有并行 I/O 接口及常用资源,广泛应用于电视机、收音机和电子玩具。1970 年,微型计算机研制成功后,随后就出现了单片机。美国 Inter 公司在 1971 年推出了 4 位单片机 4004;1972 年推出了雏形 8 位单片机 8008。特别是在 1976 年推出 MCS-48 单片机以后的 30 年中,单片机的发展和其相关的技术经历了数次的更新换代。其发展速度大约每三四年要更新一代、集成度增加一倍、功能翻一番。尽管单片机出现的历史并不长,但以 8 位单片机的推出为起点,单片机的发展大致可分为 4 个阶段。

第一阶段(1976 ~ 1978 年):初级单片机阶段,以 Inter 公司 MCS-48 为代表。这个系列的单片机内集成有8位CPU、I/O接口、8位定时器/计数器,寻址范围不大于4 KByte,简单的中断功能,无串行接口。

第二阶段(1978~1982年):单片机完善阶段。在这一阶段推出的单片机的功能有较大的加强,能够应用于更多的场合。这个阶段的单片机普遍带有串行I/O口、多级中断处理系统、16位定时器/计数器,片内集成的RAM、ROM容量加大,寻址范围可达64 KByte。一些单片机片内还集成了A/D转换接口。这类单片机的典型代表有Inter公司的MCS-51、Motorola公司的6801和Zilog公司的Z8等。

第三阶段(1982~1992年):8位单片机巩固发展及16位高级单片机发展阶段。在此阶段,尽管8位单片机的应用已广泛普及,但为了更好地满足测控系统的嵌入式应用的要求,单片机集成的外围接口电路有了更大的扩充。这个阶段单片机的代表为8051系列。许多半导体公司和生产厂以MCS-51的8051为内核,推出了满足各种嵌入式应用的多种类型和型号的单片机。其主要技术发展有:

(1) 外围功能集成。满足模拟量直接输入的ADC接口;满足伺服驱动输出的PWM;保证程序可靠运行的程序监控定时器WDT(俗称看门狗电路)。

(2) 出现了为满足串行外围扩展要求的串行扩展总线和接口,如SPI、I^2C Bus、单总线(1-Wire)等。

(3) 出现了为满足分布式系统,突出控制功能的现场总线接口,如CAN Bus等。

(4) 在程序存储器方面广泛使用了片内程序存储器技术,出现了片内集成EPROM、EEPROM、FlashROM以及MaskROM、OTPROM等各种类型的单片机,以满足不同产品的开发和生产的需要,也为最终取消外部程序存储器扩展奠定了良好的基础。与此同时,一些公司面向更高层次的应用,发展推出了16位单片机,典型代表有Inter公司的MCS-96系列单片机。

第四阶段(1993年至今):百花齐放阶段。现阶段单片机发展的显著特点是百花齐放、技术创新,以满足日益增长的广泛需求。其主要有以下几方面:

(1)单片嵌入式系统的应用是面对最底层的电子技术应用,从简单的玩具、小家电到复杂的工业控制系统、智能仪表、电器控制以及发展到机器人、个人通信信息终端、机顶盒等。因此,面对不同的应用对象,不断推出适合不同领域要求的从简易性能到多全功能的单片机系列。

(2)大力发展专用型单片机。早期的单片机以通用型为主。由于单片机设计生产技术的提高、周期缩短、成本下降以及许多特定类型电子产品,如家电类产品巨大的市场需求能力,推动了专用单片机的发展。在这类产品中采用专用单片机,具有低成本、资源有效利用、系统外围电路少、可靠性高的优点。因此,专用单片机也是单片机发展的一个主要方向。

(3)致力于提高单片机的综合品质。采用更先进的技术来提高单片机的综合品质,如提高I/O口的驱动能力、增加抗静电和抗干扰措施、宽范围的电压低功耗等。

单片机作为微型计算机的一个重要分支,应用广泛,发展速度快。自单片机诞生至今,已发展为上百种系列的近千个机种。目前,单片机进一步向着CMOS化、低功耗、小体积、大容量、高性能、低价格和外围电路内装化等方面发展。

(1)CMOS化。

近年来,由于CHMOS技术的进步,大大地促进了单片机的CMOS化。CMOS芯片除了低功耗特性之外,还具有功耗的可控性,使单片机可以工作在功耗精细管理状态。这也是今后以80C51取代8051为标准MCU芯片的原因。因为单片机芯片多数是采用CMOS(金属栅氧化物)半导体工艺生产。CMOS电路的特点是低功耗、高密度、低速度、低价格。采用双极型半导体工艺的TTL电路速度快,但功耗和芯片面积较大。随着技术和工艺水平的提高,又出现了HMOS(高密度、高速度MOS)和CHMOS工艺的结合。目前生产的CHMOS电路已达到LSTTL的速度,传输延迟时间小于2 ns,它的综合优势在于采用TTL电路。因而在单片机领域,CMOS正在逐渐取代TTL电路。

(2)低功耗化。

单片机的功耗已从mA级,降至1 μA以下;使用电压为3~6 V,完全适应电池工作。低功耗化的效应不仅是功耗低,而且带来了产品的高可靠性、高抗干扰能力以及产品的便携化。

(3)低电压化。

几乎所有的单片机都有WAIT、STOP等省电运行方式。允许使用的电压范围越来越宽,一般在3~6 V范围内工作。低电压供电的单片机电源下限已可达1~2 V。目前0.8 V供电的单片机已经问世。

(4)低噪声与高可靠性。

为提高单片机的抗电磁干扰能力,使产品能适应恶劣的工作环境,满足电磁兼容性方面更高标准的要求,各单片机厂家在单片机内部电路中都采用了新的技术措施。

(5)大容量化。

以往单片机内的ROM为1~4 KByte,RAM为64~128 Byte。但在需要复杂控制的场合,该存储容量是不够的,必须进行外接扩充。为了适应这种领域的要求,必须运用新的工艺,使片内存储器大容量化。目前,单片机内ROM最大可达64 KByte,RAM最大为2 KByte。

(6)高性能化。

高性能化主要是指进一步改进CPU的性能,加快指令运算的速度,提高系统控制的可靠性。采用精简指令集(RISC)结构和流水线技术,可以大幅度提高运行速度。现指令速度最高者已达100 MIPS(Million Instruction Per Seconds,兆指令每秒),并加强位处理功能、中断和定时控制功能。这类单片机的运算速度比标准的单片机高出10倍以上。由于这类单片机有极高的指令速度,因此可以用软件模拟其I/O功能,由此引入了虚拟外设的新概念。

(7)外围电路内装化。

这也是单片机发展的主要方向。随着集成度的不断提高,有可能把众多的各种外围功能器件集成在片内。除了一般必须具有的CPU、ROM、RAM、定时器/计数器等以外,片内集成的部件还有模/数转换器、DMA控制器、声音发生器、监视定时器、液晶显示驱动器、彩色电视机和录像机用的锁相电路等。

(8)串行扩展技术。

在很长一段时间里,通用型单片机通过三总线结构扩展外围器件成为单片机应用的主流结构。随着低价位 OTP(One Time Programmable)及各种类型片内程序存储器的发展,加之外围接口不断进入片内,推动了单片机"单片"应用结构的发展。特别是 I^2C、SPI 等串行总线的引入,可以使单片机的引脚设计得更少,单片机系统结构更加简化及规范化。

1.1.3 单片机的分类

自20世纪80年代中期 MCS-51 系列单片机出现以来,许多公司,如 Philips、Dallas、Siemens、Atmel、华邦、LG 等都以 MCS-51 中的基础结构 8051 为基核推出了许多各具特色、具有优异性能的单片机。这样,把这些厂家以 8051 为基核推出的各种型号的兼容型单片机统称为 51 系列单片机。Intel 公司 MCS-51 系列单片机中的 8051 是其中最基础的单片机型号。总地来说,常用的单片机主要有以下几种。

1.51 系列单片机

(1)Intel 公司的 MCS-51 系列单片机。

尽管各类单片机很多,但目前在我国使用最为广泛的单片机系列是 Intel 公司生产的 MCS-51 系列单片机,同时该系列还在不断地完善和发展。随着各种新型号系列产品的推出,它越来越被广大用户所接受。

表 1.1 列出了 MCS-51 系列单片机的分类及特点。

表 1.1 MCS-51 系列单片机的分类及特点

型号	程序存储器 R/E	数据存储器	寻址范围(RAM)	寻址范围(ROM)	并行口	串行口	中断源	定时器计数器	晶振/MHz	典型指令/μs	其他
8051AH	4KR	128	64 K	64 K	4×8	UART	5	2×16	2~12	1	HMOS-Ⅱ工艺
8751H	4KE	128	64 K	64 K	4×8	UART	5	2×16	2~12	1	HMOS-Ⅰ工艺
8031AH	—	128	64 K	64 K	4×8	UART	5	2×16	2~12	1	HMOS-Ⅱ工艺
8052AH	8KR	256	64 K	64 K	4×8	UART	6	3×16	2~12	1	HMOS-Ⅱ工艺
8752H	8KE	256	64 K	64 K	4×8	UART	6	3×16	2~12	1	HMOS-Ⅰ工艺
8032AH	—	256	64 K	64 K	4×8	UART	6	3×16	2~12	1	HMOS-Ⅱ工艺
80C51BH	4KR	128	64 K	64 K	4×8	UART	5	2×16	2~12		CHMOS 工艺
87C51H	4KE	128	64 K	64 K	4×8	UART	5	2×16	2~12	1	
80C31BH	—	128	64 K	64 K	4×8	UART	5	2×16	2~12	1	
83C451	4KR	128	64 K	64 K	7×8	UART	5	2×16	2~12	1	CHMOS 工艺
87C451	4KE	128	64 K	64 K	7×8	UART	5	2×16	2~12	1	有选通方式
80C451	—	128	64 K	64 K	7×8	UART	5	2×16	2~12	1	双向口
83C51GA	4KR	128	64 K	64 K	4×8	UART	7	2×16	2~12	1	CHMOS 工艺
87C51GA	4KE	128	64 K	64 K	4×8	UART	7	2×16	2~12	1	8×8A/D 有 16 位
80C51GA	—	128	64 K	64 K	4×8	UART	7	2×16	2~12	1	监视定时器
83C152	8KR	256	64 K	64 K	5×8	GSC	6	2×16	2~17	0.73	CHMOS 工艺
80C152	—	256	64 K	64 K	5×8	GSC	11	2×16	2~17		有 DMA 方式

续表 1.1

型号	程序存储器 R/E	数据存储器	寻址范围(RAM)	寻址范围(ROM)	并行口	串行口	中断源	定时器计数器	晶振/MHz	典型指令/μs	其他
83C251	8KR	256	64 K	64 K	4×8	UART	7	3×16	2～12	1	CHMOS 工艺 有高速输出、 脉冲调制、 16 位监视定时器
87C251	8KE	256	64 K	64 K	4×8	UART	7	3×16	2～12	1	
80C251	—	256	64 K	64 K	4×8	UART	7	3×16	2～12	1	
80C52	8KR	256	64 K	64 K	4×8	UART	6	3×16	2～12	1	CHMOS 工艺
8052AH BASIC	8KR	256	64 K	64 K	4×8	UART	6	3×16	2～12	1	HMOS-Ⅱ工艺 片内固化 BASIC

注:UART:通用异步接受发送器;R/E:MaskROM/EPROM;GSC:全局串行通道。

下面在表 1.1 的基础上对 MCS-51 系列单片机作进一步说明。

①按片内不同程序存储器的配置划分。

MCS-51 系列单片机按片内不同程序存储器的配置来划分,可以分为 3 种类型。

a. 片内带 MaskROM(掩膜 ROM)型:8051、80C51、8052、80C52。此类芯片是由半导体厂家在芯片生产过程中,将用户的应用程序代码通过掩膜工艺制作到 ROM 中。其应用程序只能委托半导体厂家“写入”,一旦写入后不能修改。此类单片机适合大批量使用。

b. 片内带 EPROM 型:8751、87C51、8752。此类芯片带有透明窗口,可通过紫外线擦除存储器中的程序代码,应用程序可通过专门的编程器写入到单片机中,需要更改时可擦除重新写入。此类单片机价格较贵,不宜于大批量使用。

c. 片内无 ROM(ROMLess)型:8031、80C31、8032。此类芯片的片内没有程序存储器,使用时必须在外部并行扩展程序存储器存储芯片,因此,造成系统电路复杂,目前较少使用。

②按片内不同容量的存储器配置划分。

按片内不同容量的存储器配置来划分,可以分为两种类型:

a. 51 子系列型:芯片型号的最后位数字以 1 作为标志,51 子系列是基本型产品。片内带有 4 KByte ROM/EPROM(8031、80C31 除外)、128 Byte RAM、2 个 16 位定时器/计数器、5 个中断源等。

b. 52 子系列型:芯片型号的最后位数字以 2 作为标志,52 子系列则是增强型产品。片内带有 8 KByte ROM/EPROM(8032、80C32 除外)、256 Byte RAM、3 个 16 位定时器/计数器、6 个中断源等。

③按芯片的半导体制造工艺上的不同划分。

按芯片的半导体制造工艺上的不同来划分,可以分为两种类型:

a. HMOS 工艺型:8051、8751、8052、8032。HMOS 工艺,即高密度短沟道 MOS 工艺。

b. CHMOS 工艺型:80C51、83C51、87C51、80C31、80C32、80C52。此类芯片型号中都用字母“C”来标识。

此两类器件在功能上是完全兼容的,但采用 CHMOS 工艺的芯片具有低功耗的特点,它所消耗的电流要比 HMOS 器件小得多。CHMOS 器件比 HMOS 器件多了两种节电的工作方式(掉电方式和待机方式),常用于构成低功耗的应用系统。

此外,关于单片机的温度特性,与其他芯片一样按所能适应的环境温度范围,可划分为 3 个等级:

a. 民用级:0 ~ 70 ℃。

b. 工业级:-40 ~ +85 ℃。

c. 军用级:-65 ~ +125 ℃。

因此,在使用时应注意根据现场温度选择芯片。

此外,自 Atmel 公司在 MCS-51 系列单片机 8051 的基础上开发的 AT89 系列单片机问世以来,以其较低廉的价格和独特的程序存储器——快闪存储器(Flash Memory)为用户所青睐。表 1.2 列出了 AT89 系列单片机的几种主要型号。

表 1.2 AT89 系列单片机的几种主要型号

型 号	快闪程序存储器/kB	数据存储器	寻址范围(ROM)/kB	寻址范围(RAM)/kB	并行 I/O 口线	串行 UART	中断源	定时器/计数器	工作频率/MHz
AT89C51	4	128	64	64	32	1	5	2×16	0 ~ 24
AT89C52	8	256	64	64	32	1	6	3×16	0 ~ 24
AT89LV51	4	128	64	64	32	1	5	2×16	0 ~ 24
AT89LV52	8	256	64	64	32	1	6	3×16	0 ~ 24
AT89C1051	1	64	4	4	15	—	3	1×16	0 ~ 24
AT89C1051U	1	64	4	4	15	1	5	2×16	0 ~ 24
AT89C2051	2	128	4	4	15	1	5	2×16	0 ~ 24
AT89C4051	4	128	4	4	15	1	5	2×16	0 ~ 24
AT89C55	20	256	64	64	32	1	6	3×16	0 ~ 33
AT89S53	12	256	64	64	32	1	7	3×16	0 ~ 33
AT89S8252	8	256	64	64	32	1	7	3×16	0 ~ 33
AT88SC54C	8	128	64	64	32	1	5	2×16	0 ~ 24

采用了快闪存储器的 AT89 系列单片机,不但具有一般 MCS-51 系列单片机的基本特性(如指令系统兼容、芯片引脚分布相同等),而且还具有一些独特的优点:

①片内程序存储器为电擦写型 ROM(可重复编程的快闪存储器)。整体擦除时间仅为 10 ms 左右,可写入/擦除 1 000 次以上,数据保存 10 年以上。

②两种可选编程模式,既可以用 12 V 电压编程,也可以用 V_{CC}电压编程。

③宽范围的工作电压范围,V_{CC} = 2.7 ~ 6 V。

④全静态工作,工作频率范围为 0 ~ 24 MHz,频率范围宽,便于系统功耗控制。

⑤3 层可编程的程序存储器上锁加密,使程序和系统更加难以仿制。

总之,AT89 系列单片机与 MCS-51 系列单片机相比,前者和后者有兼容性,但前者的性能价格比等指标更为优越。

目前,获得8051内核的厂商在该内核的基础上进行了功能与性能的改进,具有代表性的有:

①深圳宏晶科技公司的STC系列单片机。STC系列单片机是宏晶公司的单片机,主要是基于8051内核,是新一代增强型单片机,指令代码完全兼容传统8051,速度快8~12倍,带ADC,4路PWM,双串口,有全球唯一ID号,加密性好,抗干扰强。

②荷兰飞利浦公司的8×C552系列单片机。它是基于80C51内核的单片机,嵌入了掉电检测、模拟以及片内RC振荡器等功能,这使51LPC在高集成度、低成本、低功耗的应用设计中可以满足多方面的性能要求。

③美国Atmel公司的89C51系列单片机。它是ATMEl公司的8位单片机,有AT89、AT90两个系列,AT89系列是8位Flash单片机,与8051系列单片机相兼容,静态时钟模式;AT90系列单片机是增强RISC结构、全静态工作方式、内载在线可编程Flash的单片机,也称为AVR单片机。

目前,Intel公司推出的MCS-51系列的8位单片机,数量约占8位单片机的38.3%,广泛应用于实时控制、自动化仪表等方面,已成为我国8位单片机的主流机型。随着功能的不断完善,该系列单片机已同步前进,在各个领域的科研、技术改造和产品开发中起到了越来越重要的作用。因此,在今后的时间里,其主流系列的地位会不断巩固下去。MCS-51/52系列单片机主要包括51和52子系列,它们的区别在于片内RAM的容量,其中51子系列为128 Byte的片内RAM,而52子系列的片内RAM为256 Byte。

2. 其他系列单片机

除8051外,比较有代表性的单片机还有以下几种:如PIC单片机,它是MICROCHIP公司的产品,其突出的特点是体积小,功耗低,精简指令集,抗干扰性好,可靠性高,有较强的模拟接口,代码保密性好,大部分芯片有其兼容的FLASH程序存储器的芯片;EMC单片机,它是台湾义隆公司的产品,有很大一部分与PIC 8位单片机兼容,且相兼容产品的资源相对比PIC多,价格便宜,有很多系列可选,但抗干扰较差;HOLTEK单片机,它是台湾盛扬半导体公司生产的单片机,价格便宜,种类较多,但抗干扰较差,适用于消费类产品;TI公司单片机(51单片机),它是德州仪器提供的TMS370和MSP430两大系列通用单片机,TMS370系列单片机是8位CMOS单片机,具有多种存储模式、多种外围接口模式,适用于复杂的实时控制场合,MSP430系列单片机是一种超低功耗、功能集成度较高的16位低功耗单片机,特别适用于要求功耗低的场合;松翰单片机(SONIX),它是台湾松翰公司生产的单片机,大多为8位机,有一部分与PIC 8位单片机兼容,价格便宜,系统时钟分频可选项较多,有PMW、ADC、内振、内部噪声滤波,缺点是RAM空间过小,抗干扰较好。

尽管单片机种类很多,但在我国使用最多的还是8051内核的单片机。单片机技术虽然缺少统一的技术标准,但其工作原理都是相同的,其主要区别在于片内资源的不同及编程格式不同。当使用C语言编程时,编程语言的差别就很小了。因此,只要学好了一种单片机,使用其他单片机时,只需仔细阅读相应的技术文档就可以进行项目或产品的开发。

1.1.4 STC系列单片机

STC系列单片机是深圳宏晶科技公司研发的增强型8051内核单片机,相对于传统的8051内核单片机,在片内资源、性能及工作速度都有很大的改进,尤其采用了基于Flash在线系统编程(ISP)技术,使得单片机应用系统的开发变得简单,无需仿真器或者专用编程器就可以进行单片机系统开发了,同样也方便了对单片机的学习。

STC单片机产品系列化,种类繁多,现有超过百种单片机产品,能满足不同单片机应用系统的控制需求。单片机的工作速度与片内资源配置不同,STC系列单片机有若干个系列产片,按工作速度可分为12T/6T和1T系类产片。12T/6T包含STC89和STC90两个系列,1T产品包含STC11/10和STC12/15系类。STC89、STC90、STC11/10属于基本配置,STC12/15系列则相应增加了PWM、A/D和SPI模块。每个系列包含若干种产品,其差异主要是片内资源数量上的差异,均具有较好的加密性能,保护开发者的知识产权。在应用选型时,应根据控制系统的实际需求选择合适的机种,即单片机内部资源要尽可能满足控制系统的需求,减少外部接口电路,同时选择单片机应遵循片内资源够用原则,充分考虑单片机系统高性价比和高可靠性。表1.3为STC系列单片机一览表。

表1.3 STC系列单片机一览表

型号 STC89	工作电压 /V	Flash ROM /KByte	SRAM Byte	定时器	UART 异步串口	PCA PWM D/A	A/D	I/O 数量	监控定时器	内置复位	E^2P-ROM /KByte	内部低压中断	外部中断
C 51RC	5.5 ~ 3.3	4	512	3	1个	无	无	36	有	有	4	有	4个
C 52RC	5.5 ~ 3.3	8	512	3	1个	无	无	36	有	有	4	有	4个
53RC	5.5 ~ 3.3	13	512	3	1个	无	无	39	有	有	无	有	4个
LE51RC	3.6 ~ 2.0	4 K	512	3	1个	无	无	39	有	有	4	有	4个
LE52RC	3.6 ~ 2.0	8 K	512	3	1个	无	无	39	有	有	4	有	4个
LE53RC	3.6 ~ 2.0	13 K	512	3	1个	无	无	39	有	有	无	有	4个

1.2 51单片机的结构

1.2.1 51单片机的内部结构

MCS-51系列单片机品种繁多,应用广泛,它们不管复杂程度如何,都具有相似的硬件结构。图1.1所示为89C51单片机的总体结构框图。

从图1.1中可以看出,单片机的硬件资源包括单片机的内部结构和外部引脚两个部分,因此,我们通过学习单片机的内部结构和外部引脚的特点,来完成单片机与外围电路的正确连接,并通过编程使单片机能够实现某种特定功能。

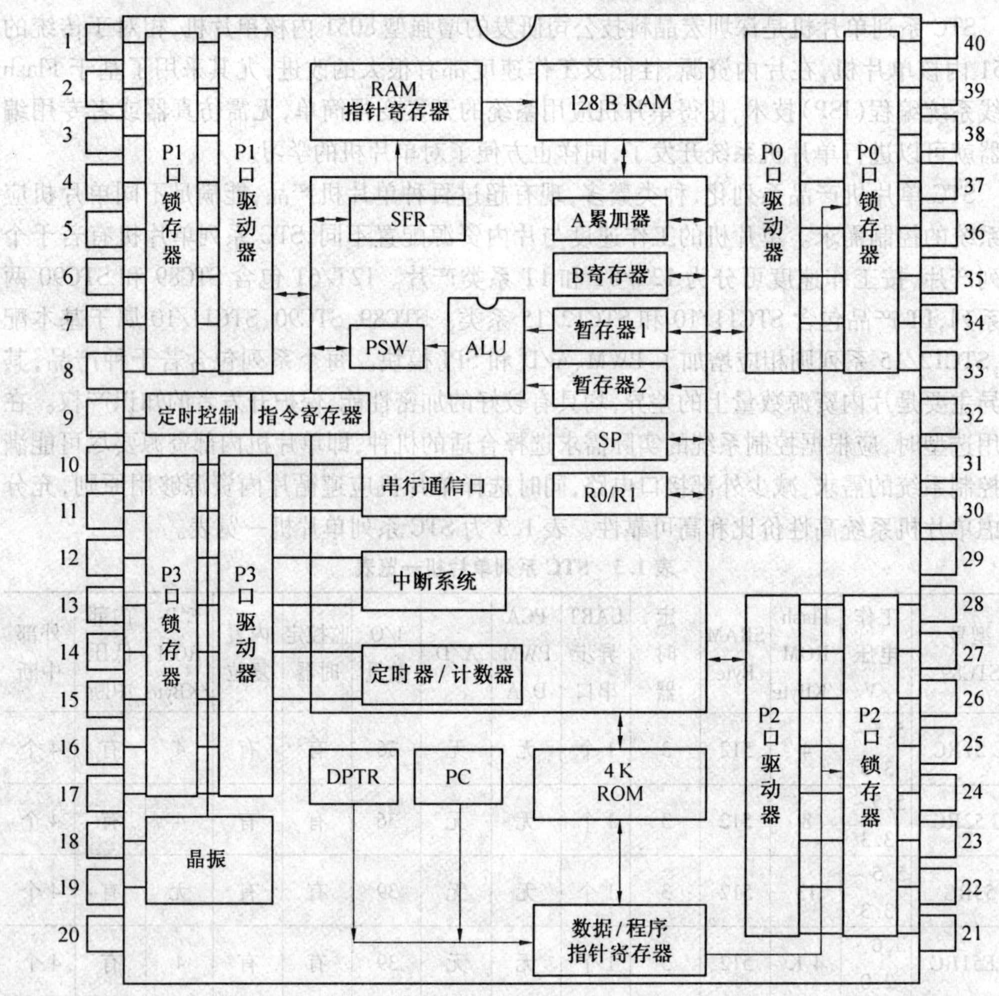

图 1.1　89C51 单片机的总体结构框图

1.2.2　51 单片机的引脚

STC89C51 系列单片机其封装形式有 LQFP-44、PDIP-40、PLCC-44、PQFP-44。其封装形式如图 1.2 所示,外部时钟方式电路图如图 1.3 所示。如选择 STC89 系列,可优先选择 LQFP-44 封装。

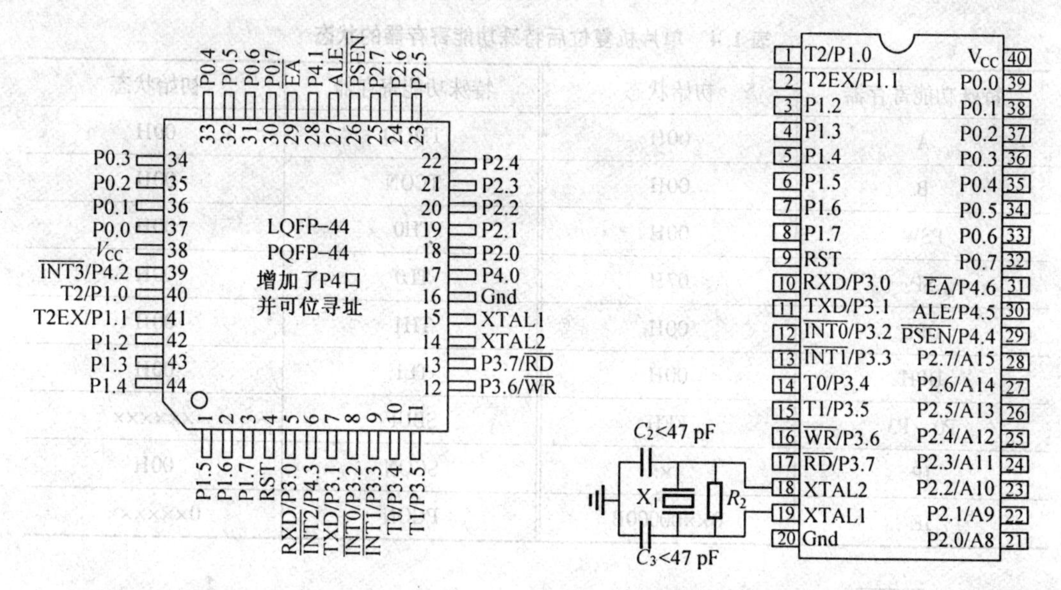

图1.2 STC89C51RC/RD+封装形式　　图1.3 STC89C51RC/RD+外部时钟方式电路图

这些引脚可以分为以下4类：

(1)电源引脚 V_{CC}(40)和 V_{SS}(20)。

V_{CC}(40)：电源端，接+5 V。

V_{SS}(20)：接地端。正电源端与接地端(+5 V/3.3 V/2.7 V)不同的单片机可以允许有不同的工作电压，不同的单片机表现出的功耗也不同。

(2)时钟电路引脚 XTAL1(19)和 XTAL2(18)。

XTAL1(19)：接外部晶振和微调电容的一端，在片内它是振荡器反相放大器的输入，若使用外部 TTL 时钟时，该引脚必须接地。

XTAL2(18)：接外部晶振和微调电容的另一端，在片内它是振荡器反相放大器的输出，若使用外部 TTL 时钟时，该引脚为外部时钟的输入端。

通过 XTAL1(19)和 XTAL2(18)所接时钟的晶振频率可以求出单片机的时序。

例1.1 若 MCS-51 单片机外接晶振为 12 MHz 时，则单片机的4个周期的具体值是多少？

振荡周期 = 1/12 MHz = 1/12 μs = 0.083 3 μs

时钟周期 = 1/6 μs = 0.167 μs

机器周期 = 1 μs

指令周期 = 1 ~ 4 μs

(3)控制信号引脚。

RST/VPD：复位输入/备用电源输入复位信号。

RST 信号高电平有效，在输入端保持两个机器周期的高电平后，就可以完成复位操作，单片机运行出错或进入死循环时，可按复位键重新运行。当复位信号起作用时，21个特殊功能寄存器复位后的状态为确定值，见表1.4。

表 1.4　单片机复位后特殊功能寄存器的状态

特殊功能寄存器	初始状态	特殊功能寄存器	初始状态
A	00H	TMOD	00H
B	00H	TCON	00H
PSW	00H	TH0	00H
SP	07H	TL0	00H
DPL	00H	TH1	00H
DPH	00H	TL1	00H
P0 ~ P3	FFH	SBUF	××××××
IP	×××	SCON	00H
IE	0××00000B	PCON	0××××××

ALE/ $\overline{\text{PROG}}$:地址锁存输出/编程脉冲输入。

地址锁存允许 ALE 系统扩展时,ALE 用于控制地址锁存器锁存 P0 口输出的低 8 位地址,从而实现数据与低位地址的复用,具体应用参见外部引脚应用部分。

$\overline{\text{PSEN}}$:程序存储器允许从 EPROM/ROM 中读取指令,是读外部程序存储器的选通信号,低电平有效。

$\overline{\text{EA}}/V_{PP}$:外部程序存储器地址允许输入/编程电压输入,当程序存储器地址允许输入端 V_{PP}为高电平时,CPU 执行片内程序存储器指令,但当 PC 中的值超过 0FFFH 时,将自动转向执行片外程序存储器指令。当为低电平时,CPU 只执行片外程序存储器指令。

当$\overline{\text{EA}}$接高电平时,CPU 只访问及执行片内 EPROM/ ROM,但当 PC 的值超过 0FFFH(对 8751/89C51 为 4 KByte)时,将自动转去执行片外程序存储器的内容;当$\overline{\text{EA}}$接低电平时,CPU 只访问及执行片外 EPROM/ ROM 中的程序。

(4)输入/输出端口 P0、P1、P2 和 P3。

在 89C51 中有 4 个 8 位双向 I/O 接口,共有 32 根引脚线,单片机的端口是集数据输入、输出、缓冲于一体的多功能 I/O 接口,它们既有相似之处,又有不同点。

P0 口(P0.0 ~ P0.7):字节地址:80 H;位地址:80 H ~ 87 H。

该端口为漏极开路的 8 位准双向 I/O 口,负载能力为 8 个 LSTTL 负载,它为 8 位地址/数据线的复用端口。

功能:作为普通的 I/O 口;作为地址/数据线的复用端口;作输出时,外加上拉电阻;作输入时,总线发出控制信号,使 T2 截止。

P1 口(P1.0 ~ P1.7):字节地址:90H;3 位地址:90 H ~ 97 H。

它是一个内部带上拉电阻的 8 位准双向 I/O 口,P1 口的驱动能力为 4 个 LSTTL 负载。

功能:8 位准双向 I/O 口。

P2 口(P2.0 ~ P2.7):字节地址:A0H;位地址:A0 H ~ A7H。

它为一个内部带上拉电阻的 8 位准双向 I/O 口,P2 口的驱动能力也为 4 个 LSTTL 负载。在访问外部程序存储器时,它作存储器的高 8 位地址线。

功能:当外部存储器容量大于 256 Byte 时,P2 口用于扩展的外部存储器大于 256 Byte 时的地址。当小于 256 Byte 时,P2 口作为 I/O 口使用。

P3 口(P3.0 ~ P3.7):字节地址:B0H;位地址:B0H ~ B7H。

P3 口同样是内部带上拉电阻的 8 位准双向 I/O 口,P3 口除了作一般的 I/O 口使用之外,还具有第二功能。其第二功能见表 1.5。

表 1.5 P3 口的第二功能

口 线	第二功能	备 注
P3.0	RXD	串行输入
P3.1	TXD	串行输出
P3.2	$\overline{\text{INT0}}$	外部中断 0
P3.3	$\overline{\text{INT1}}$	外部中断 1
P3.4	T0	定时器 0
P3.5	T1	定时器 1
P3.6	$\overline{\text{WR}}$	写选通
P3.7	$\overline{\text{RD}}$	读选通

P3 口在作第二功能时,只有一个功能有效,就是一个准双向的多功能的 I/O 口。

单片机的 4 个 I/O 口都具有缓冲作用,单片机检测到的常常是一个 Q 值信号,并非真正的引脚信号。

1.3 51 单片机的内部结构和特点

1.3.1 51 单片机的内部结构

通常 89C51 单片机的内部是由一个 8 位的微处理器(CPU),128 Byte 的片内数据存储器(RAM),4 K 的片内程序存储器(ROM),4 个并行 I/O 口(P0 ~ P3),2 个定时器/计数器,5 个中断源的中断管理控制系统,1 个全双工的串口及片内振荡器与时钟产生电路组成。其内部结构框图如图 1.4 所示。

单片机执行指令就是先从指令寄存器中读指令,再由 CPU 执行指令的过程。读指令的过程就是要了解指令寄存器(存储器)的基本知识。

1. 存储器

单片机的存储器可分为片内和片外两大部分,各部分又分为程序和数据两部分。

2. CPU

了解单片机的存储器结构后,有必要了解一下 CPU,这有助于编程。从图 1.4 可以看

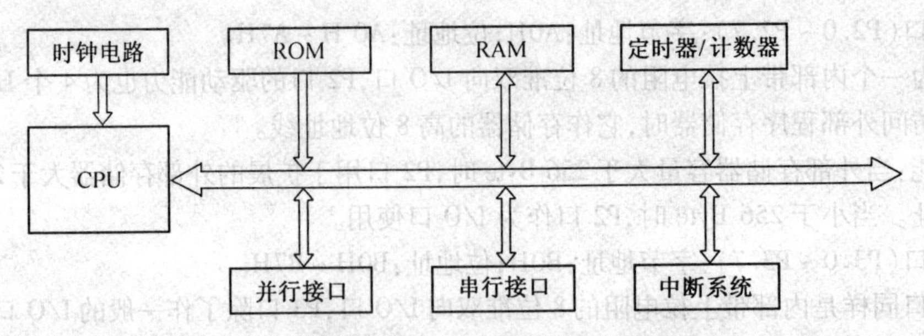

图 1.4　MCS-51 单片机内部结构框图

出,单片机内部最核心的部分是 CPU,它能处理 8 位二进制数和代码,完成各种数据运算和逻辑控制。

CPU 在功能上可以分为运算器和控制器两个部分,下面分别对这两个部分进行介绍。从图 1.1 中可以看出,89C51 的微处理器是由运算器和控制器构成。

(1)运算器。

运算器的功能是对操作数进行算术、逻辑运算和位操作(布尔操作)。它主要包括算术逻辑运算单元 ALU、累加器 A、寄存器 B、位处理器、程序状态字寄存器 PSW 以及 BCD 码修正电路等。

①ALU(Arithmetic Logic Unit,逻辑运算单元)。ALU 由加法器和逻辑电路构成,可对数据进行与、或、异或、求补、移位等逻辑运算和四则运算,加 1、减 1 以及 BCD 码调整等算数运算。

②A(Accumulator)累加器。它是累加器 ACC 的简写,用来存放 ALU 运算的中间结果,常常作为数据的中转站。累加器为 8 位寄存器,是程序中最常用的专用寄存器,在指令系统中累加器的助记符为 A。大部分单操作数指令的操作取自累加器,很多双操作数指令的一个操作数也取自累加器。加、减、乘和除等算术运算指令的运算结果都存放在累加器 A 或 AB 寄存器中,在变址寻址方式中累加器被作为变址寄存器使用。在 MCS-51 中由于只有一个累加器,而单片机中的大部分数据操作都是通过累加器进行的,故累加器的使用是十分频繁的。

③B 寄存器。B 寄存器为 8 位寄存器,主要在乘、除指令中,用于暂存数据。在乘法指令中,两个操作数分别取自 A 和 B,结果存于 B 中。在除法指令中,A 为被除数,B 为除数,结果商存放在 A 中,余数存放在 B 中。在其他指令中,B 寄存器也可作为一般的数据单元来使用。

④PSW(Program Status Word)。程序状态字寄存器是一个 8 位寄存器,它包含程序的状态信息。在状态字中,有些位状态是根据指令执行结果,由硬件自动完成设置的,而有些状态位则必须通过软件方法设定。PSW 中的每一位可以作为一个程序执行结果的标志位,指令执行时可以根据测试 PSW 中某一位的状态作出决定。PSW 中各位信息见表 1.6。

表 1.6　PSW 中各位信息

位地址	D7H	D6H	D5H	D4H	D3H	D2H	D1H	D0H
位符号	CY	AC	F0	RS1	RS0	OV	空	P

CY:进位位,在加法运算有进位,减法运算有借位时,CY 由硬件置1,否则清零,在进行位运算时,CY 简写为 C,常作为位累加器。

AC:辅助进位位,当低 4 位向高 4 位进位或借位时,AC 置 1。在进行 BCD 码调整指令时,AC 可以作为判断位。

F0:用户标志位,由用户置位或者复位。

RS1、RS0:工作寄存器组选择位,通过这两位的值可以选择当前的工作寄存器组。

OV:溢出标志位,当进行补码运算时,如果运算结果产生溢出,OV 置 1。当执行算术指令时,由硬件置位或清零来指示溢出状态。在带符号的加、减运算中,OV=1 表示加减运算结果超出累加器 A 所能表示的符号数有效范围(-128 ~ +127),即运算结果是错误的;反之,OV=0 表示运算正确,即无溢出产生。无符号数乘法指令 MUL 的执行结果也会影响溢出标志,若置于累加器 A 和寄存器 B 的两个数的乘积超过了 255,则 OV=1,反之 OV=0。由于乘积的高 8 位存放于 B 中,低 8 位存放于 A 中,OV=0,则意味着只要从 A 中取得乘积即可,否则要从 B 和 A 的寄存器中取得乘积结果。在除法运算中,DIV 指令也会影响溢出标志,当除数为 0 时,OV=1,否则 OV=0。

P:奇偶标志位,判断 A 累加器中 8 位内容中 1 的个数是奇数还是偶数个。通过这一位,可以提高串行通信的可靠性。每个指令周期由硬件来置位或清零,用以表示累加器 A 中 1 的个数的奇偶性,若累加器中 1 的个数为奇数,则 P=1,否则 P=0。

(2)控制器。

控制器是单片机的指挥控制部件,控制器的主要任务是识别指令,并根据指令的性质控制单片机各功能部件,从而保证单片机各部分能自动且协调地工作。

①程序指针 PC:16 位的程序计数器,由 8 位的 PCH 和 PCL 组成,用于将要存放的下一条指令的地址。通过改变 PC 的值,可以改变程序的执行方向。

②数据指针 DPTR:16 位的数据地址寄存器,由 8 位 DPH 和 DPL 组成,在对片外存储器扩展时,常用 DPTR 进行间接寻址;在访问程序存储器时,可以作为基址寄存器使用。

③指令寄存器:8 位的寄存器,用于存放待执行的指令,等待译码。

④指令译码器:对指令进行译码,将指令转变为所需要的电信号,根据译码器的输出信号,在经过定时控制电路定时产生执行该指令所需要的各种控制信号。

3. 接口

(1)并行接口。89C51 中有 P0 ~ P3,共 4 个并行 I/O 口,详见 89C51 引脚部分。

(2)串行接口。串行接口电路为用户提供两个串行口缓冲寄存器(SBUF),一个称为发送缓存器,用来保存总线送来的需要发送的数据,即发送缓冲器只能写不能读,发送缓冲器中的数据通过 TXD 引脚向外传送;另一个称为接收缓冲器,它是用来保存需要传送给片内总线的数据,即接收缓冲器只能读不能写。接收缓冲器通过 RXD 引脚接收数据。因为这两个缓冲器一个只能写,一个只能读,所以共用一个地址 99H。

4. 定时器/计数器

89C51 单片机中定时器/计数器 T0、T1 分别由两个相互独立的 8 位寄存器组成,即由 TH0、TL0 和 TH1、TL1 组成,它有 4 种工作方式,分别是:

(1)方式 0 工作时,使用低字节的 5 位和高字节的 8 位组成 13 位计数器 。

(2)方式1工作时,使用低字节8位和高字节的8位组成16位计数器。

(3)方式2工作时,是自动预置方式的8位计数器,其使用低字节的8位作计数器,高字节的8位作为预置常数的寄存器。

(4)方式3只适用于定时器/计数器,T0分为两个独立的8位计数器TH0、TL0。

5. 中断系统

89C51共有5个中断源,其中2个是外部中断,即外部中断0和外部中断1,它们的中断请求信号分别由引脚(P3.2)和(P3.3)输入。89C51单片机的5个中断源分成高和低2个优先级别,每个中断请求源都可以编程设置为高优先级中断或低优先级中断,以实现两级中断嵌套。应用中可以通过设置4个与中断有关的特殊功能寄存器中的状态位,来使用MCS-51单片机的中断系统。这4个特殊功能寄存器分别是定时器控制寄存器TCON、串行口控制寄存器SCON、中断允许控制寄存器IE、中断优先级控制寄存器IP。各部分在SFR中已经叙述。

6. 单片机的时序

单片机的时序是从引脚XTAL1和XTAL2引入的时钟,这个时钟的周期为振荡周期,在MCS-51单片机中各种周期存在如下相互关系:

(1)振荡周期,为单片机提供时钟信号的振荡源的周期。

(2)时钟周期,是振荡源信号经二分频后形成的时钟脉冲信号所需要的时间。

(3)机器周期,通常将完成一个基本操作所需的时间称为机器周期。

(4)指令周期,是指CPU执行一条指令所需要的时间。一个指令周期通常含有1~4个机器周期。

综上所述,单片机是包含CPU、存储器、接口、定时器/计数器、中断系统和时钟的一个有机整体,各部分分工协作,完成指令所规定的操作。

1.3.2 51系列单片机存储器

89C51单片机片内存储器采用的是哈佛结构,即程序存储器和数据存储器分开存储。因此,89C51的片内存储器分为4 K(2^{12})程序存储器和256 Byte数据存储器(其中高128 Byte为SFR区)。

(1)片内程序存储器(ROM)。

89C51的程序存储器是用来存放一段编写好的程序、表格或数据,片内外的程序存储器是统一编址的,CPU可通过引脚EA所接的电平来确定访问片内程序存储器。当EA=1,程序将从片内程序存储器开始执行,即PC的值在0000H~0FFFH的范围内,当PC的值超过片内ROM的容量(4 K)时,会自动转向片外程序存储器空间执行程序,即PC的值为1000H~FFFFH。此外,89C51中有6个特殊的地址单元,这些单元被固定用于中断源的中断服务程序的入口地址,这6个特殊的地址单元分别是:0000H:复位后,PC的起始地址;0003H:外部中断0的入口地址;000BH:定时器0溢出的中断入口地址;0013H:外部中断1的入口地址;001BH:定时器1溢出的中断入口地址;0023H:串行口的中断入口地址。

实际上,为了使程序跳转到用户需要的中断程序入口,我们经常使用绝对跳转指令,或者从0000H启动地址中自动跳转到程序的入口地址。在程序存储器中用来存放待执行的程序代码,当单片机读入指令后,单片机开始按照程序存储器中存放的程序进行执行。

(2)片内数据存储器。

数据存储器用来存放运算的中间结果、数据暂存和缓冲、标志位以及待测试的程序等。89C51片内有256 Byte的RAM单元,其地址范围为00H~FFH,分为两大部分:高128 Byte(80H~FFH)为特殊功能寄存器区,简称为SFR;低128 Byte(00H~7FH)为真正的RAM区。因此,无特殊说明,有的参考书上提到89C51中含有128 Byte片内RAM就是指片内低128 Byte的字节单元。89C51片内RAM分布图如图1.5所示。

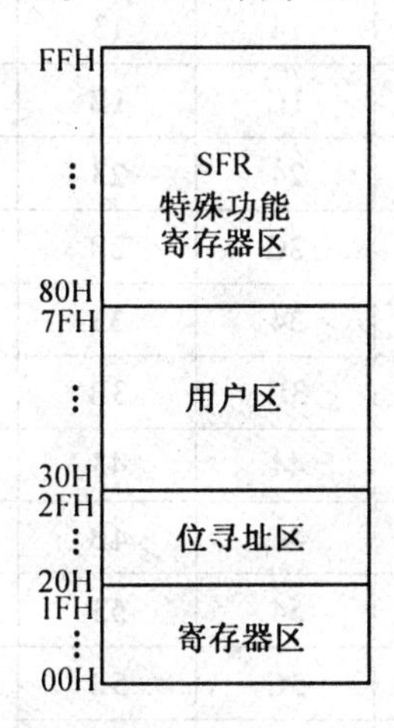

图1.5 89C51片内RAM分布图

①片内低128 Byte区。

89C51单片机的真正片内数据存储单元共有128个,字节地址为十六进制的00H~7FH,主要分为寄存器区、位寻址区和用户区三个区域,下面分别从低字节向高字节进行介绍。

a.字节地址00H~1FH为寄存器区。

这部分共有32个单元,是4组通用工作寄存器区,每个区含8个8位寄存器,编号为R0~R7,可通过PSW(程序状态字)中的RS0和RS1设定值来选择使用哪一组寄存器,RS1、RS0与片内工作寄存器组的对应关系见表1.7。

表1.7 RS1、RS0与片内工作寄存器组的对应关系

RS0	RS1	寄存器组	片内RAM地址	通用寄存器名称
0	0	0	00~07H	R0~R7
0	1	1	08~0FH	R0~R7
1	0	2	10~17H	R0~R7
1	1	3	18~1FH	R0~R7

b.字节地址20H~2FH为位寻址区。

MCS-51 单片机指令系统中有丰富的位操作指令,这些指令构成了位处理机的指令集,其中处于内部 RAM 字节地址 20H ~ 2FH 单元中的 16 个单元可进行共 128 位的位寻址。位寻址区地址分配见表 1.8。

表 1.8　位寻址区地址分配表

字节地址	D7	D6	D5	D4	D3	D2	D1	D0
20H	07	06	05	04	03	02	01	00
21H	0F	0E	0D	0C	0B	0A	09	08
22H	17	16	15	14	13	12	11	10
23H	1F	1E	1D	1C	1B	1A	19	18
24H	27	26	25	24	23	22	21	20
25H	2F	2E	2D	2C	2B	2A	29	28
26H	37	36	35	34	33	32	31	30
27H	3F	3E	3D	3C	3B	3A	39	38
28H	47	46	45	44	43	42	41	40
29H	4F	4E	4D	4C	4B	4A	49	48
2AH	57	56	55	54	53	52	51	50
2BH	5F	5E	5D	5C	5B	5A	59	58
2CH	67	66	65	64	63	62	61	60
2DH	6F	6E	6D	6C	6B	6A	69	68
2EH	77	76	75	74	73	72	71	70
2FH	7F	7E	7D	7C	7B	7A	79	78

位寻址指操作数是二进制的一位(bit)的寻址方式,MCS-51 有多条位处理指令可进行各种类型的位运算。在 MCS-51 系统中,位处理的操作对象是各种寻址位,对它们的访问是通过各种位地址来处理的。

c. 字节地址 30H ~ 7FH 为用户区。

这部分只能进行字节寻址,共 80 个字节,可以用作堆栈或数据缓冲。

②片内高 128 Byte 区(SFR)。

SFR 指特殊功能寄存器,用于存放控制命令、状态或数据。除去程序计数器 PC 外,还有 21 个特殊功能寄存器,离散地分布在该区域中,地址空间为 80H ~ FFH,其中 11 个特殊功能寄存器还可以进行位寻址。表 1.9 是 SFR 的名称及其分布。下面对部分专用寄存器分类作简要介绍。

a. 与算数运算相关的寄存器, 如 B 寄存器、A 累加器及 PSW 程序状态字。

具体介绍见运算器部分。

表1.9 SFR的名称及其分布

符号	名称	位地址 D7～D0	字节地址
B	B寄存器	F7～F0	F0H
A	A累加器	E7～E0或ACC.7～ACC.0	E0H
PSW	程序状态字	D7～D0或CY、AC、F0、RS1、RS0、OV、F1、P	D0 H
IP	中断优先级控制	B8～BD或PX0、PT0、PX1、PT1、PS、PT2	B8 H
P3	P3口	B7～B0或P3.7～P3.0	B0 H
IE	中断允许控制	AF、AC、AB、AA、A9、A8或EA、ES、ET1、EX1、ET0、EX0	A8 H
P2	P2口	A7～A0或P2.7～P2.0	A0 H
SBUF	串行数据缓冲	—	99 H
SCON	串行控制	98～9FH或SE0、SE1、SE2、REN、TB8、RB8、TI、RI	98 H
P1	P1口	97～90或P1.7～P1.0	90 H
TH1	定时器/计数器1高8位	—	8D H
TL1	定时器/计数器1低8位	—	8C H
TH0	定时器/计数器0高8位	—	8B H
TL0	定时器/计数器0低8位	—	8A H
TMOD	定时器/计数器 方式控制字		89 H
TCON	定时器/计数器控制字	8F～88H或TF1、TR1、TF0、TR0、IE1、IT1、IE0、IT0	88 H
PCON	电源控制	—	87 H
DPH	数据指针高8位	—	83 H
DPL	数据指针低8位	—	81 H
SP	堆栈指针	—	81 H
P0	P0口	87～80或P0.7～P0.0	80 H

注：表中"—"表示不能进行位寻址。

b. 与中断控制有关的寄存器，如IP、IE。

• 中断优先级控制IP：89C51中有高、低两个优先级，各中断源的优先级由特殊功能寄存器IP设定，可以进行位寻址。IP的低5位分别对应一个中断源，对应的位置见表1.10。

表1.10 IP的5个中断源对应的位置

位地址	BFH	BEH	BDH	BCH	BBH	BAH	B9H	B8H
位符号	—	—	—	PS	PT1	PX1	PT0	PX0

其中：

PX0——外部中断0优先级设定位。

PT0——定时中断0优先级设定位。

PX1——外部中断1优先级设定位。

PT1——定时中断1优先级设定位。

PS——串行中断优先级设定位。

以上各位为0时，则相应的中断源为低优先级；为1时，为高优先级。实际中，通过程序可以随时对IP的各标志位清零或置位。

如果同级的多个中断同时出现，单片机的硬件把5个中断源在同一个优先级的情况下按下列顺序排列优先权：外部中断0→定时中断→外部中断→定时中断→串行中断。

• 中断允许控制寄存器IE：其字节地址为0A8H，位地址为A8H ~ AFH或IE.0 ~ IE.7。该寄存器中各位的内容及位地址见表1.11。

表1.11　IE寄存器中各位的内容及位地址

位地址	AFH	AEH	ADH	ACH	ABH	AAH	A9H	A8H
位符号	EA	—	—	ES	ET1	EX1	ET0	EX0

其中：

EA——中断允许总控制位，为0时，表示禁止所有中断；为1时，表示总允许。

EX0和EX1——外部中断允许控制位，为0时，表示禁止外部中断；为1时，表示允许。

ET0和ET1——定时器/计数器中断允许控制位，为0时，表示禁止；为1时，表示允许。

ES——串行中断允许控制位，为0时，表示禁止；为1时，表示允许。

c. 与串行通信有关的寄存器，如SBUF、SCON。

• 串行数据缓冲寄存器SBUF：用于存放待发送或已接受的数据，它实际上是由两个独立的寄存器组成，一个是发送缓冲器，一个是接收缓冲器。

• 串行口控制寄存器SCON：其字节地址为98H，位地址为98H ~ 9FH，也可以用SCON.0 ~ SCON.7表示。寄存器中各位的内容和位地址见表11.2。

表1.12　SBUF寄存器中各位的内容和位地址

位地址	9FH	9EH	9DH	9CH	9BH	9AH	99H	98H
位符号	SM0	SM1	SM2	REN	TB8	RB8	TI	RI

其中：

SM0、SM1——串行口工作方式选择位。

SM2——允许方式2、3的多机通信控制位。

REN——允许接收位，0表示禁止接收，1表示允许接收。

TB8——发送数据位8，在方式2、3时，TB8的内容是要发送的第9位数据，其值由用户通过软件来设置。

RB8——接收数据位8,在方式2、3时,RB8的内容是接收的第9位数据;在方式1时,RB8是接收的停止位;在方式0时,不使用RB8。

TI——发送中断标志位,在方式0时,发送完第8位数据后,该位由硬件置位。在其他方式下,用于发送停止位之前,由硬件置位。因此,TI=1,表示帧发送结束,其状态既可供软件查询使用,也可请求中断。TI由软件清0。

RI——接收中断标志位,在方式0时,接收完第8位数据后,该位由硬件置位。在其他方式下,用于接收到停止位之前,该位由硬件置位。因此,RI=1,表示帧接收结束,其状态既可供软件查询使用,也可请求中断。RI由软件清0。

SCON既有串行口的控制功能,又有中断控制功能。其中与中断有关的控制位为TI串行口中断请求标志位和RI串行口接收中断请求标志位。

• 电源控制寄存器PCON:其字节地址为87H,不能位寻址,其内容见表1.13。

表1.13 PCON寄存器的内容

位地址	D7	D6	D5	D4	D3	D2	D1	D0
位符号	SMOD	—	—	—	GF1	GF0	PD	IDL

与串行通信有关的只有D7位(SMOD),该位为波特率选择位,各系统复位时,SMOD=0。

d. 与定时器/计数器有关寄存器,如T0、T1及TMOD、TCON。

• 定时器/计数器T0、T1:89C51中有两个16位的定时器/计数器,分别是T0和T1,它们分别由两个8位的寄存器组成,分别是TH0、TL0和TH1、TL1。

• 定时器/计数器方式控制字TMOD:两个定时器/计数器有几种不同的工作方式,通过编程进行选择控制。

• 定时器/计数器控制字TCON:该寄存器的字节地址为88H,位地址为88H~8FH,也可以用TCON.0~TCON.7表示。该寄存器的内容及位地址见表1.14。

表1.14 TCON寄存器的内容及位地址

位地址	8FH	8EH	8DH	8CH	8BH	8AH	89H	88H
位符号	TF1	TR1	TF0	TR0	IE1	IT1	IE0	IT0

其中:

IT0、IT1——外部中断请求触发方式控制位,IT0 (IT1)=1,表示脉冲触发方式,下降沿有效;IT0 (IT1)=0,表示电平触发方式,低电平有效。

IE0、IE1——外中断请求标志位,当CPU遇到$\overline{INT0}$或$\overline{INT1}$端出现有效中断请求时,IE0位由硬件置1。当中断响应完成转向中断服务程序时,由硬件把IE0(或IE1)清零。

TR0、TR1——定时器运行控制位,为1时,定时器/计数器开始工作,为0时,不工作。

TF0、TF1——计数溢出标志位,当计数器产生计数溢出时,相应的溢出标志位由硬件置1。当转向中断服务时,再由硬件自动清0。

TCON既有定时器/计数器的控制功能,又有中断控制功能。

e. 指针类寄存器,如DPTR、SP、R0和R1。

• 数据指针 DPTR：为一个 16 位的专用寄存器，其高位用 DPH 表示，低位用 DPL 表示，它既可以作为一个 16 位的寄存器，也可作为两个 8 位的寄存器 DPH 和 DPL 使用。DPTR 在访问外部数据存储器时既可用来存放 16 位地址，也可作地址指针使用。

• 堆栈指针 SP：堆栈是数据区域中一个存放数据地址的特殊区域，主要用来存放暂存数据和地址，是按先进后出的原则存储的。堆栈指针 SP 的初值是一个 8 位专用寄存器，指示出堆栈顶部在片内 RAM 区的位置。系统复位后，SP 的初值为 07H，实际堆栈操作是从 08H 开始的。

• R0 和 R1：数据指针 R0 和 R1 作为一个 8 位的寄存器来使用，在访问片内数据存储器时，用 R0 和 R1 作地址指针使用；在访问外部数据存储器时，低 256 Byte 的存储单元时，可用来存放 8 位地址，也可以使用 R0 和 R1 作地址指针使用。

6 端口 P0 ~ P3：P0 ~ P3 为 4 个 8 位的特殊功能寄存器，分别是 4 个并行 I/O 端口的锁存器，当 I/O 端口的某一位用作输入时，对应的锁存器必须先置 1。

1.3.3 51 单片机时钟电路与复位电路

单片机的定时控制是由片内的时钟电路和定时电路来完成的，时钟是单片机的心脏，单片机各功能部件的运行都是以时钟频率为基准，有条不紊地一拍一拍地工作，因此时钟频率直接影响单片机的速度，时钟电路的质量也直接影响单片机系统的稳定性。常用的单片机时钟电路有两种方式：内部时钟方式和外部时钟方式，如图 1.6 所示。

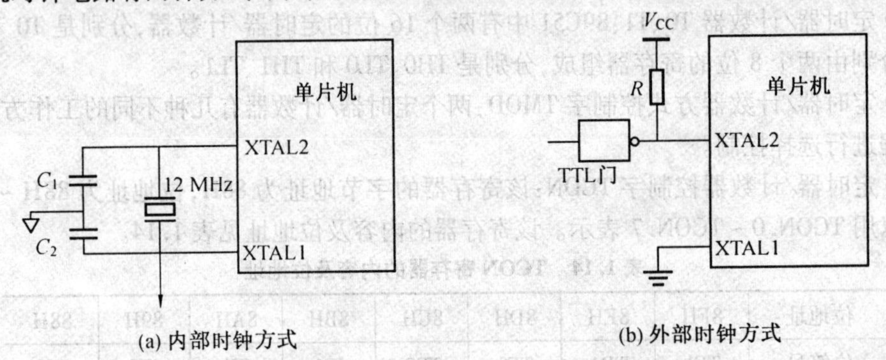

图 1.6 MCS-51 单片机时钟产生方式

MCS-51 单片机内部有一个用于构成振荡器的高增益反相放大器，该高增益反相放大器的输入端为引脚 XTAL1，输出端为引脚 XTAL2，这两个引脚跨接石英晶体振荡器和微调电容，构成一个稳定的自激振荡器，向内部时钟电路提供振荡时钟。电路中的电容 C_1 和 C_2 的典型值一般都选为 30 pF 左右，对外接电容的值虽然没有严格的要求，但是电容的大小会影响振荡频率的高低、振荡器的稳定性以及起振的快速性，晶体的振荡频率的范围通常是 1.2 ~ 12 MHz，晶体的振荡频率越高，则系统的时钟频率也就越高，单片机的运行速度也就越快。但是反过来，运行速度越快对存储器的速度要求就越高，对印刷电路板的工艺要求也越高，即要求线间的寄生电容要小，MCS-51 单片机常选择振荡频率 6 MHz 或 12 MHz 的石英晶体。

单片机以晶体振荡器的振荡周期（或外部引入的时钟周期）为最小的时序单位，片内的各种微操作都以此周期为时序基准。振荡频率二分频后形成状态周期或称 s 周期,所以,1 个状态周期包含有 2 个振荡周期。振荡频率 f^2_{osc} 分频后形成机器周期 MC。所以,1 个机器周期包含有 6 个状态周期或 12 个振荡周期。1 ~4 个机器周期确定一条指令的执行时间,这个时间就是指令周期。在 51 单片机指令系统中,各条指令的执行时间都在 1 ~4 个机器周期之间。在 4 种时序单位中,振荡周期和机器周期是单片机内计算其他时间值(如波特率、定时器的定时时间等)的基本时序单位。下面是单片机外接晶振频率 12 MHz时的各种时序单位的大小:

振荡周期 $=1/f_{osc}=1/12\ \text{MHz}=0.083\ 3\ \mu s$

状态周期 $=2\times$振荡周期 $=0.016\ 7\ \mu s$

机器周期 $=12\times$振荡周期 $=1\ \mu s$

指令周期 =(1 ~4)机器周期 =1 ~4 μs

单片机复位电路就好比计算机的重启部分,当计算机在使用中出现死机后,需按下重启按钮,计算机内部的程序才能从头开始执行。单片机也一样,当单片机系统在运行中,受到环境干扰出现程序“跑飞”时,按下复位按钮,内部的程序就自动从头开始执行。复位电路是单片机 RST 引脚接收到 2 μs 以上的电平信号,只要保证电容的充放电时间大于 2 μs,即可实现复位,所以电路中的电容值是可以改变的。当按键按下系统复位时,电容与键位按键构成回路,电容放电,给 RSF 引脚输入复位信号。

复位电路可分为上电复位和外部复位两种方式。上电复位是在单片机接通电源时对单片机的复位。上电复位电路如图 1.7(a)所示,在上电瞬间 RST/V_{pd}端与 V_{CC}电位相同,随着电容的电压逐渐上升,RST/V_{pd}端电位逐渐下降。上电复位所需的最短时间是振荡器振荡建立时间加 2 个机器周期。上电后,由于电容 C 的充电和反相门的作用,使 RST 持续一段时间的高电平。当单片机已在运行当中时,按下复位键 K 后松开,也能使 RST 持续一段时间的高电平,从而实现上电或开关复位的操作。

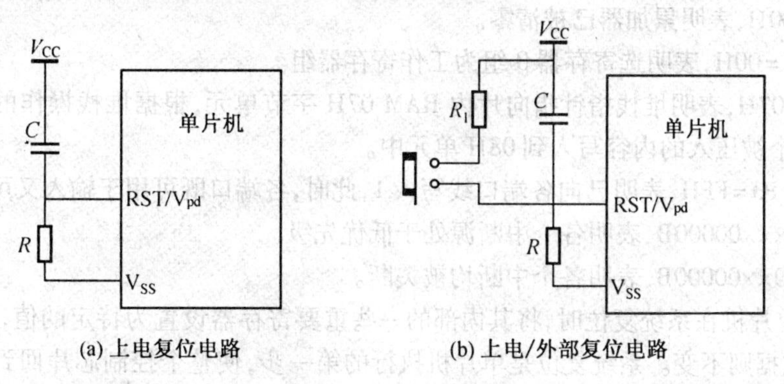

(a) 上电复位电路　　(b) 上电/外部复位电路

图 1.7　复位电路的两种方式

复位电路的阻容参数通常由实验调整。根据实际操作的经验,图 1.7(a)中复位电路的电容、电阻参考值:$C=10\sim30\ \mu F$,$R=1\ k\Omega$,图 1.7(b)中:$C=1\ \mu F$,$R_1=1\ k\Omega$,$R=10\ k\Omega$。此时,便可在 RST/V_{pd}端提供足够的高电平脉冲,使单片机能够可靠地上电自动复位。

当 MCS-51 系列单片机的复位引脚 RST(全称 RESET)出现 2 个机器周期以上的高电平时,单片机就执行复位操作。如果 RST 持续为高电平,单片机就处于循环复位状态。

上电或开关复位要求电源接通后,单片机自动复位,并且在单片机运行期间,用开关操作也能使单片机复位。

单片机的复位操作使单片机进入初始化状态,其中包括使程序计数器 PC=0000H,这表明程序从 0000H 地址单元开始执行。单片机冷启动后,片内 RAM 为随机值,运行中的复位操作不改变片内 RAM 区中的内容,21 个特殊功能寄存器复位后的状态为确定值,见表 1.15。

表 1.15　21 个特殊功能寄存器复位后的初始化状态表

特殊功能寄存器	初始状态	特殊功能寄存器	初始状态
A	00H	TMOD	00H
B	00H	TCON	00H
PSW	00H	TH0	00H
SP	07H	TL0	00H
DPL	00H	TH1	00H
DPH	00H	TL1	00H
P0 ~ P3	FFH	SBUF	不定
IP	×××00000B	SCON	00H
IE	0××00000B	PCON	0×××××××B

注:表中符号×为随机状态。

从表 1.15 可以看出:

A=00H,表明累加器已被清零。

PSW=00H,表明选寄存器 0 组为工作寄存器组。

SP=07H,表明堆栈指针指向片内 RAM 07H 字节单元,根据堆栈操作的先加后压法则,第一个被压入的内容写入到 08H 单元中。

P0 ~ P3=FFH,表明已向各端口线写入 1,此时,各端口既可用于输入又可用于输出。

IP=×××00000B,表明各个中断源处于低优先级。

IE=0××00000B,表明各个中断均被关断。

51 单片机在系统复位时,将其内部的一些重要寄存器设置为特定的值,其内部 RAM 内部的数据则不变。系统复位是单片机执行的第一步,使整个控制芯片回到默认的硬件状态下。51 单片机的复位是由 RESET 引脚来控制的,此引脚与高电平相接超过 24 个振荡周期后,51 单片机即进入芯片内部复位状态,而且一直在此状态下等待,直到 RESET 引脚转为低电平后,才检查 EA 引脚是高电平或低电平,若为高电平,则执行芯片内部的程序代码;若为低电平,则会执行外部程序。单片机的工作完全在其 PC 指针控制下,即 PC 指向哪,单片机就执行哪里的指令。复位后 PC 执行 0000H 地址,即从程序的第一条指令开始。

1.3.4 单片机的工作模式

51 系列单片机有两个定时器 T0 和 T1,它们都是 16 位的定时器/计数器,常用于时间控制、延时、对外部时间计数和检测等场合。两个定时器 T0 和 T1 分别由两个特殊功能寄存器组成,T0 由特殊功能寄存器 TH0 和 TL0 构成,而 T1 则由 TH1 和 TL1 构成。

定时器/计数器模式控制寄存器 TMOD 是一个逐位定义的 8 位寄存器,但只能使用字节寻址,其字节地址为 89H。TMOD 控制寄存器的格式见表 1.16。

表 1.16 TMOD 控制寄存器的格式

D7	D6	D5	D4	D3	D2	D1	D0
GATE	C/T	M1	M0	GATE	C/T	M1	M0

其中低 4 位定义定时器/计数器 T0,高 4 位定义定时器/计数器 T1,各位说明如下:

(1)GATE——门控制。

当 GATE=1 时,由外部中断引脚 INT0、INT1 来启动定时器 T0、T1。

当 INT0 引脚为高电平时,TR0 置位,启动定时器 T0。

当 INT1 引脚为高电平时,TR1 置位,启动定时器 T1。

当 GATE=0 时,仅由 TR0、TR1 置位,启动定时器 T0、T1。

(2)C/T——功能选择位。

当 C/T=0 时,为定时功能;当 C/T=1 时,为计数功能。

置位时选择计数功能;清零时选择定时功能。

(3)M0、M1——方式选择功能。

由于有 M0、M1 两位,因此它们组合成 4 种工作方式,见表 1.17。

表 1.17 M0、M1 工作方式表

M0	M1	方式	说　明
0	0	0	13 位计数器,TMOD=0×00
0	1	1	16 位计数器,TMOD=0×01
1	0	2	自动重装 8 位计数器,TMOD=0×02
1	1	3	T0 分为 2 个 8 位独立计数器,T1 为无中断重装 8 位计数器 TMOD=0×03

方式 0:13 位定时计数方式,最大计数值为 $2^{13}=8\ 192$,定时 8 192 个机器周期。此方式使用较少。

方式 1:16 位定时计数方式,最大计数值为 $2^{16}=65\ 536$,定时 65 536 个机器周期。此方式可实现最大的定时时间和最大计数次数,是最常用方式之一。

方式 2:8 位自动重装计数方式,最大计数值为 $2^{8}=256$,定时 256 个机器周期。此方式工作时,定时或计数初值可自动恢复,精度较高。在串口通信时常用此方式。

方式 3:特殊工作方式。将定时器 0 分成两个 8 位功能不全的定时器/计数器,但要占用 T1 部分功能,不常用。

1.4　51系列单片机并行输入/输出端口(字操作)

STC89C51RC/RD+系列单片机共有5组I/O端口，分别记为P0～P4。各口的每一位均由锁存器、输出驱动器和输入缓冲器组成。实际上，P0～P4已被归入特殊功能寄存器之列。这5个口除了按字节寻址外，还可按位寻址。P0～P4有3种工作模式：准双向口/弱上拉(标准8051输出模式)、仅为输入(高阻)或开漏输出功能。STC89C51RC/RD+系列单片机的P1/P2/P3/P4上电复位后为准双向口/弱上拉(传统8051的I/O口)模式，P0口上电复位后是开漏输出。P0口作为总线扩展用时，不用加上拉电阻；作为I/O口用时，需加10～4.7 kΩ上拉电阻。

1.4.1　P0口

P0口共有8根I/O口线，分别为P0.0～P0.7。P0口的各位口线具有完全相同但又相互独立的逻辑电路，其字节地址为80H，位地址为80H～87H，其复位值为FFH。在实际应用中，P0口在绝大部分情况下都是作为单片机的地址/数据线使用。当外接片外数据存储器时，与地址总线的低8位及数据总线P0口作为地址总线的低8位，同时又作为数据点线，二者复用。

1.4.2　P1口

P1口共有8根I/O口线，分别为P1.0～P1.7，字节地址为90H，位地址为90H～97H。P1口作为通用的I/O口使用，可输入/输出8位或者1位数据。需要注意的是，P1.0、P1.1具有复用功能，具体见表1.18。

表1.18　P1.0、P1.1的复用功能

<table>
<tr><td rowspan="2">P1.0/T2</td><td rowspan="2">40</td><td rowspan="2">1</td><td rowspan="2">2</td><td>P1.0</td><td>标准I/O口，P1.0</td></tr>
<tr><td>T2</td><td>定时器/计数器2的外部输入</td></tr>
<tr><td rowspan="2">P1.1/T2EX</td><td rowspan="2">41</td><td rowspan="2">2</td><td rowspan="2">3</td><td>P1.1</td><td>标准I/O口，P1.1</td></tr>
<tr><td>T2EX</td><td>定时器/计数器2，捕捉/重装方式的触发控制</td></tr>
</table>

1.4.3　P2口

P2口共有8根I/O口线，分别为P2.0～P2.7，字节地址为A0H，位地址为A0H～A7H。当P2口作为输入/输出口时，是一个8位准双向口。当访问外部存储器时，它可作为高8位地址总线送出高8位地址。

1.4.4　P3口

P3口共有8根I/O口线，分别为P3.0～P3.7，字节地址为B0H，位地址为B0H～B7H。虽然P3口可作为通用I/O口使用，但在实际应用中，常使用其复用功能，见表1.19。

表1.19 P3口的复用功能

P3.0/RXD	P3.0	标准I/O口,P3.0
	RXD	串行口数据接收端
P3.1/TXD	P3.1	标准I/O口,P3.1
	TXD	串行口数据发送端
P3.2/$\overline{\mathrm{INT0}}$	P3.2	标准I/O口,P3.1
	INT0	外部中断0
P3.3/$\overline{\mathrm{INT1}}$	P3.3	标准I/O口,P3.1
	INT1	外部中断1
P3.4/T0	P3.4	标准I/O口,P3.1
	T0	T0外部计数输入
P3.5/T1	P3.5	标准I/O口,P3.1
	T1	T1外部计数输入
P3.6/$\overline{\mathrm{WR}}$	P3.6	标准I/O口,P3.1
	$\overline{\mathrm{WR}}$	外部数据存储器写选通
P3.7/$\overline{\mathrm{RD}}$	P3.7	标准I/O口,P3.1
	$\overline{\mathrm{RD}}$	外部数据存储器读选通

1.4.5 P4口

P4口的口线条数随着封装形式的不同而有所差异。PLCC44与LQFP44封装形式的单片机具有7条口线,分别是P4.0~P4.6。PDIP40封装形式的P4口有3条口线,为P4.4~P4.6。除可作为I/O使用之外,各口还具有复用功能,见表1.20。

表1.20 P4口的复用功能

P4.0	P4.0	标准I/O口,P4.0
P4.1	P4.1	标准I/O口,P4.1
P4.2/$\overline{\mathrm{INT3}}$	P4.2	标准I/O口,P4.2
	$\overline{\mathrm{INT3}}$	外部中断3
P4.3/$\overline{\mathrm{INT2}}$	P4.3	标准I/O口,P4.3
	/$\overline{\mathrm{INT2}}$	外部中断2
P4.4/$\overline{\mathrm{PSEN}}$	P4.4	标准I/O口,P4.4
	PSEN	外部程序存储器选通信号输出引脚
P4.5/ALE	P4.5	标准I/O口,P4.5
	ALE	地址锁存允许信号输出引脚/编程脉冲输入引脚
P4.6/$\overline{\mathrm{EA}}$	P4.6	标准I/O口,P4.6
	$\overline{\mathrm{EA}}$	内外部存储器选择引脚

1.5 51 系列单片机布尔(位)处理器

一般微处理器的 CPU 是以字节为单位进行运算和操作的,但在控制系统中常常需要是或非的逻辑问题。例如,某个开关的接通或断开、某个指示灯的熄和亮、电动机的开动或停止等。如果每次都用一个字节,就会产生浪费,因为 1 或 0 的问题一位就够用了。为了满足这些需要,STC 系列单片机与字节处理器相对应,还特别设置了一个结构完整的布尔(位)处理器,大大增强了单片机的实时控制能力,提高了工作效率。

虽然布尔处理器是整个单片机的一个组成部分,但它有自己的指令系统和累加器(程序状态字 PSW 中的进位标志 CY),有自己的 RAM(内部 RAM 区中的 128 个可寻址位和特殊功能寄存器),有自己的 I/O(P0 ~ P4 口的各位),因此它是一个完整的、独立功能很强的位处理器。

1. 位处理功能

(1)累加器 CY:借用进位标志位。在布尔运算中,CY 既是数据源之一,又是运算结果的存放处,是位数据传送的中心。

(2)位寻址的 RAM 区:在内部数据 RAM 区有 32 ~ 47(20H ~ 2FH)的 16 个字节单元,共包含 128 位(0 ~ 127),是可位寻址的 RAM 区。

(3)位寻址的寄存器:特殊功能寄存器(SFR)中的可位寻址的位。

(4)位寻址的并行 I/O 口:P0、P1、P2 及 P3 各口的每一位都可以进行位寻址。

(5)位操作指令系统:位操作指令可实现对位的置位、清 0、取反、位状态判跳、传送、位逻辑、运算、位输入/输出等操作。

2. 可以位寻址单元的数目

可以位寻址的单元共有 228 个,分布在:(1)RAM 区:20H ~ 2FH 字节中所有位,共有 128 个单元;(2)特殊功能寄存器区:P0、TCON、P1、SCON、P2、IE、P3、IP、PSW、A、B、PCON 及 TMOD 中的相应位,共计 95 个单元(IE 中有 2 位无定义,IP 中有 3 位无定义,PSW 中有 1 位无定义,PCON 中有 3 位无定义)。

3. 采用布尔处理方法的优点

利用位逻辑操作功能进行随机逻辑设计,可把逻辑表达式直接变换成软件执行,方法简便,免去了过多的数据往返传送、字节屏蔽和测试分支,大大简化了编程,节省了存储器空间,加快了处理速度,还可实现复杂的组合逻辑处理功能。因此,该方法特别适用于某些数据采集,实时测控等应用系统。这些给"面向控制"的实际应用带来了极大的方便,是其他微机机种所无可比拟的。

习　题

1. 什么是单片机? 其主要特点是什么?

2. 8 位单片机中的"8 位"指的是什么?

3. 单片机与普通芯片有什么不同? 单片机与微型计算机有什么不同?

4. MCS-51 系列的典型产品 89C51、8751 和 8031 的区别是什么?

5. 单片机的主要产品有哪些?

6. STC 系列单片机片内继承了哪些功能部件? 各功能部件的最主要功能是什么?

7. 说明 STC89C51RC/RD+ $\overline{EA}$引脚的作用。该引脚接高电平和低电平各有何功能?

8. 简述 STC89C51RC/RD+的存储器结构。

9. 简述特殊功能寄存器和一般数据存储器之间的区别。

10. 在内部 RAM 中,哪些单元可以作为工作寄存器区? 哪些单元可以进行位寻址?

11. 片内 RAM 低 128 个单元分为哪 3 个主要部分? 功能是什么?

12. 在特殊功能寄存器中,只有部分特殊功能寄存器具有位寻址功能,如何判断具有位寻址功能的特殊功能寄存器? 可位寻址的位地址与其对应的字节地址有什么规律? 在编程应用中,如何表示特殊功能寄存器的位地址?

13. 简述程序状态字 PSW 特殊功能寄存器各位的含义。

14. 简述 PC 和 DPTR 的异同。

15. 简述 P3 口各引脚的主要功能。

16. 简述 STC89C51RC/RD+单片机复位后,程序计数器 PC、主要特殊功能寄存器及其片内 RAM 的工作状态。

第 2 章

Keil C51 集成开发环境及软件调试

Keil Software 公司推出的 μVision 2 是一款基于 Windows 的软件平台，它是一种可用于多种 8051MCU 的集成开发环境。μVision 2 提供了一个配置向导功能，加速了启动代码和配置文件的生成。此外，其内置的仿真器可模拟目标 MCU，包括指令集、片上外围设备及外部信号等。μVision 2 还提供了逻辑分析器，可监控基于 MCU I/O 引脚和外设状态变化下的程序变量。μVision 2 有一个工程项目管理器，项目是由源文件、开发工具选项以及编程说明 3 部分组成。一个项目能够产生一个或多个目标程序。产生目标程序的源文件构成组。开发工具选项可以对应目标、组或单个文件。

2.1 Keil C51 安装与调试

Keil C51 软件是众多单片机应用开发的优秀软件之一，它集编辑、编译、仿真于一体，支持汇编、PLM 语言和 C 语言的程序设计，界面友好，易学易用。

安装 Keil 软件时，打开 Keil 的安装文件，现以 Keil 2 为例，给出安装文件如图 2.1 所示。

图 2.1　Keil 的安装文件示意图

点击该文件夹，进入后出现安装组件，如图 2.2 所示。

图 2.2　Keil 的安装组件示意图

首先选择“setup”文件夹，双击后弹出文件组件，如图 2.3 所示。

图 2.3　Keil 的安装文件组件示意图

双击“Setup. exe”文件，出现安装界面，如图 2.4 所示。

图 2.4　Keil 的安装界面示意图(1)

在弹出的对话框中选择“Full Version”后，出现安装界面，如图 2.5 所示，然后单击“Next”。

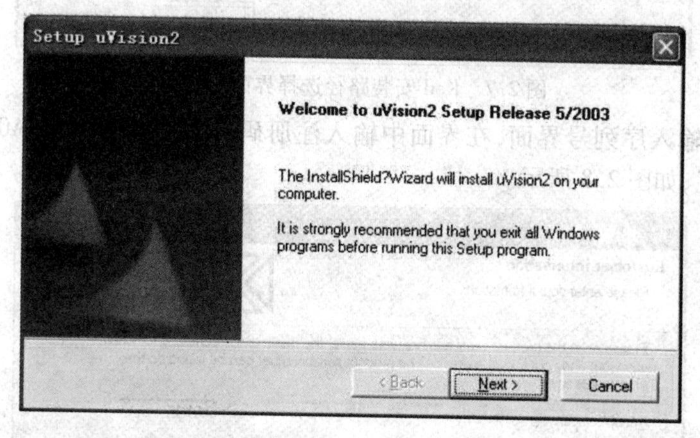

图 2.5　Keil 的安装界面示意图(2)

此时出现口令认证界面，如图 2.6 所示，单击“Yes”，进入下一步安装界面，如图 2.7 所示。

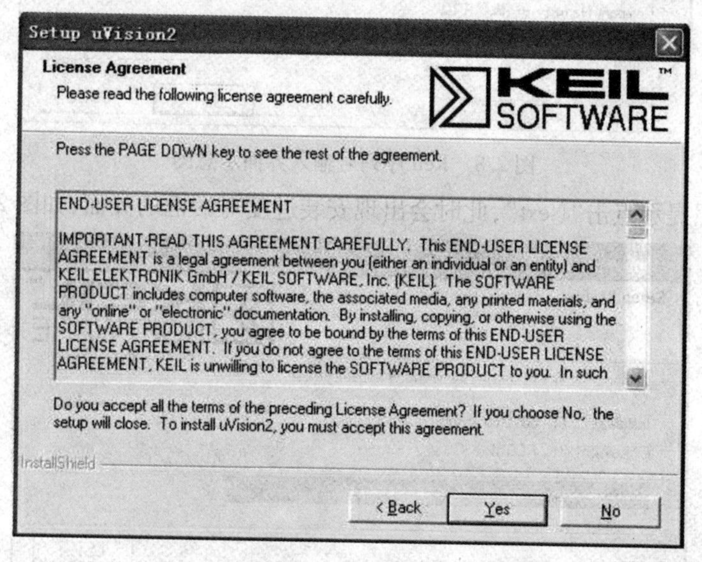

图 2.6　Keil 安装口令认证界面示意图

在图 2.7 中，选择安装路径，然后点击“Next”。

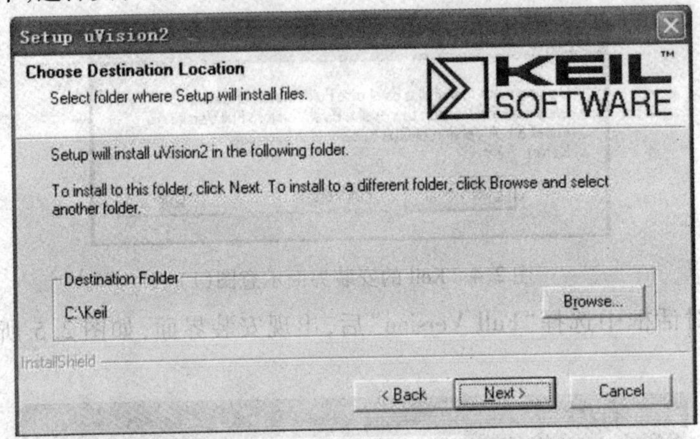

图 2.7　Keil 安装路径选择界面示意图

此时弹出输入序列号界面，在界面中输入注册码：K1DZP-5IUSH-A01UE ，并填写“Last Name”栏，如图 2.8 所示。

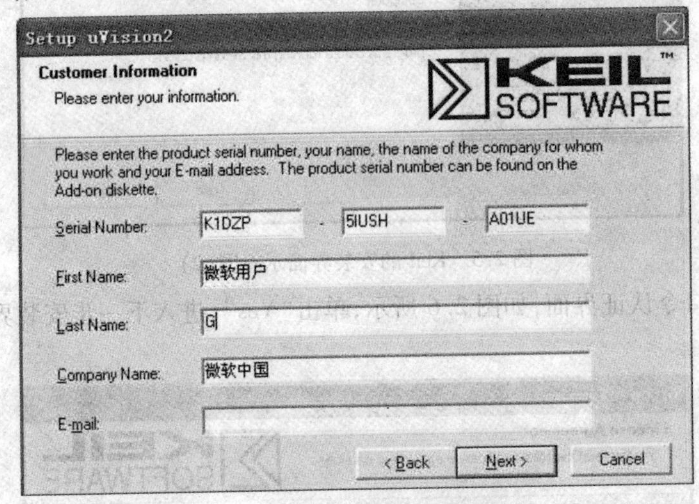

图 2.8　Keil 序列号输入界面示意图

然后，按照提示点击“Next”，此时会出现安装进度对话框的界面，如图 2.9 所示。

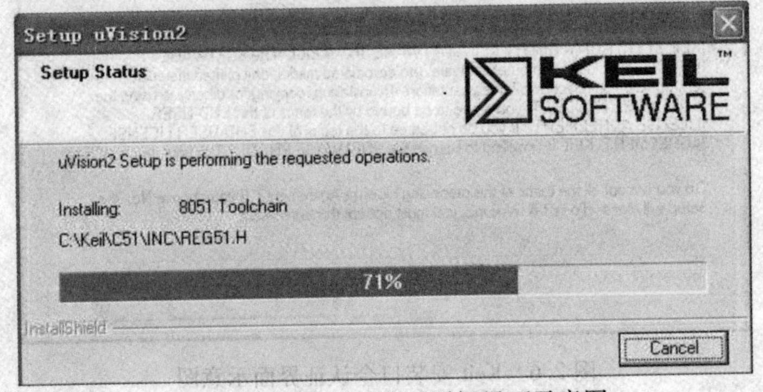

图 2.9　Keil 安装进度对话框界面示意图

当安装进度显示 100% 时，出现提示界面，如图 2.10 所示。

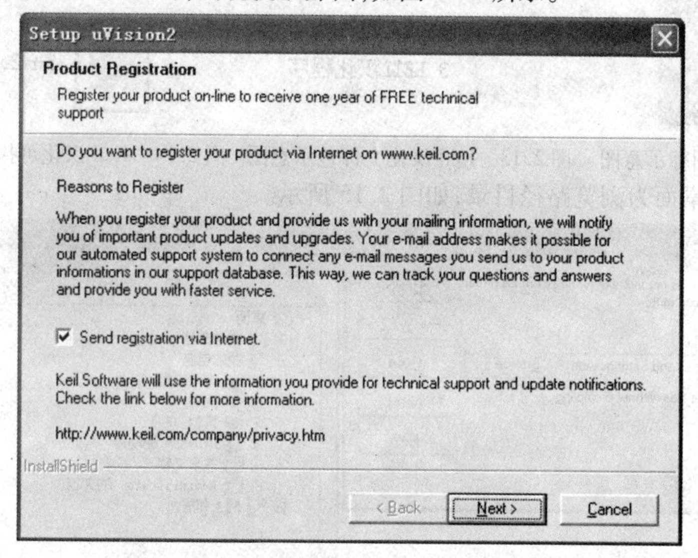

图 2.10　Keil 安装进度为 100% 提示示意图

点击“Next”，进入图 2.11 所示安装完毕界面示意图，在弹出的对话框中点击“Finish”，完成安装。

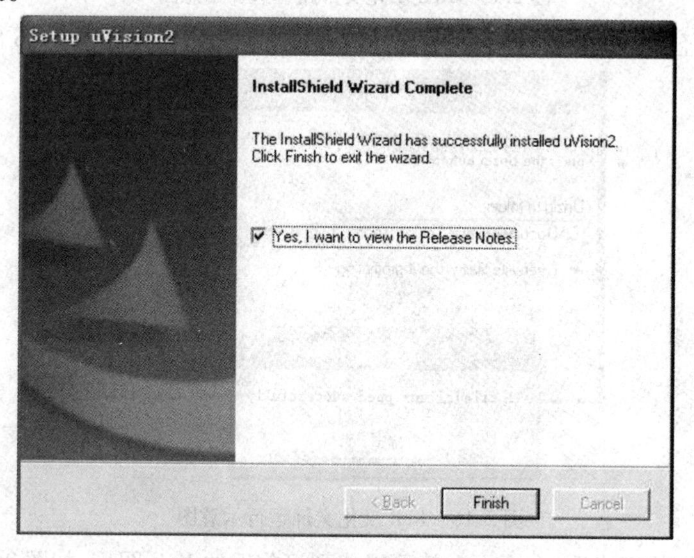

图 2.11　Keil 安装完毕界面示意图

当在计算机上成功安装完成后，桌面会出现 Keil 图标，再次使用时点击图标即可。图标如图 2.12 所示。

为了非英语学生初学者学习方便，Keil 软件可以进行汉化，选择文件夹汉化文件包，如图 2.13 所示。打开文件夹，运行 puv2. exe 文件，如图 2.14 所示。

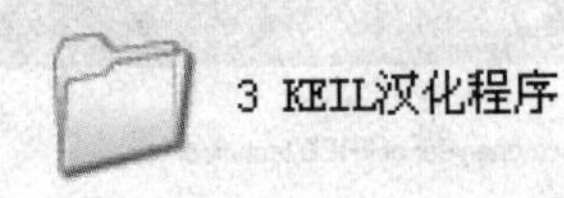

图 2.12　Keil 图标示意图　图 2.13　Keil 汉化文件包示意图　图 2.14　Keil 汉化可执行文件示意图

此时选择桌面为浏览路径目录，如图 2.15 所示。

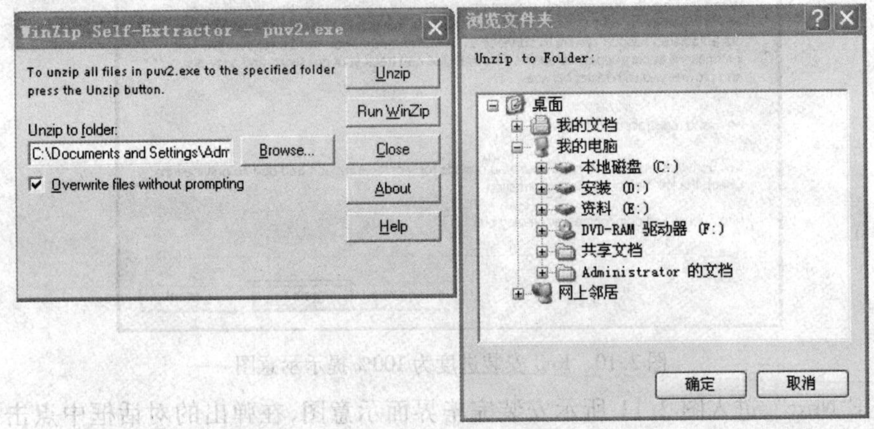

图 2.15　Keil 汉化文件路径选择示意图

选择完路径后，在弹出的对话框中选择“Unzip”命令后，出现如图 2.16 所示界面。

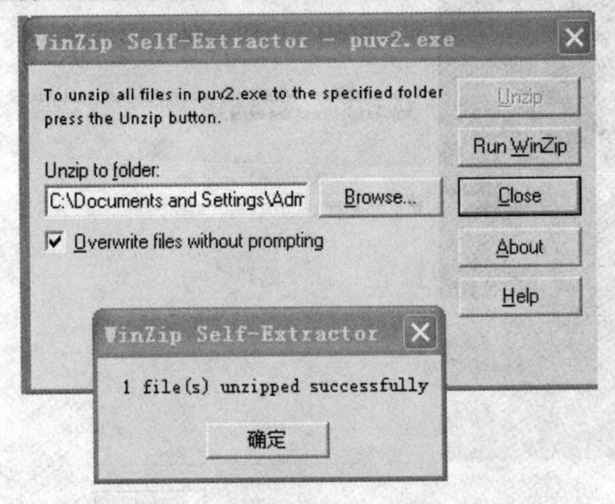

图 2.16　Keil 汉化文件运行示意图

汉化程序安装完毕后，在桌面上就可以找到汉化后的 Keil 图标，如图 2.17 所示。

图 2.17　Keil 汉化文件图标示意图

双击图标后，弹出 Keil 汉化后的窗口，如图 2.18 所示。

μVision 2 开发环境是单片机早期版本的开发环境，在此基础上开发的 μVision 3 和 μVision 4 是在 μVision 2 的基础上升级，其安装方法与 μVision 2 类似，此外，为了提高开

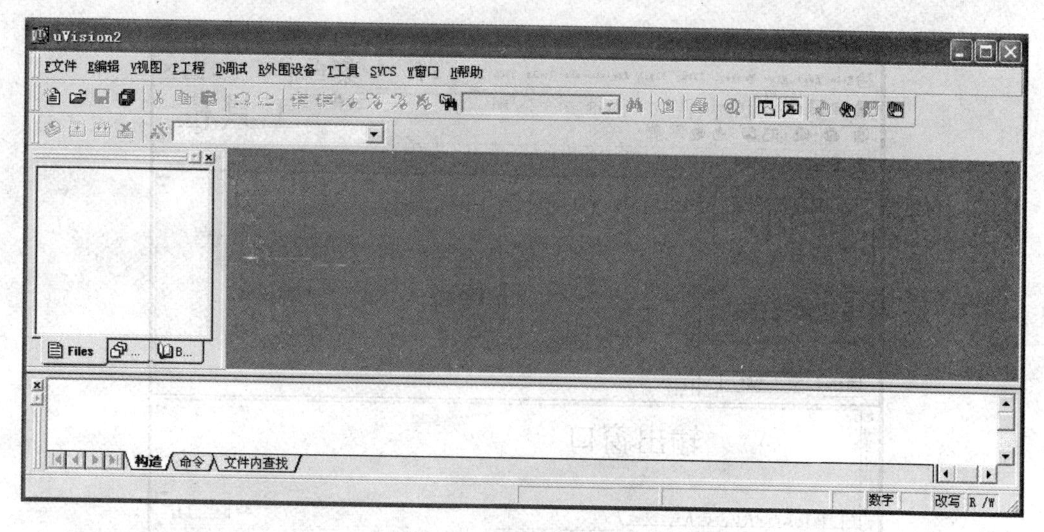

图 2.18　Keil 汉化后窗口

发系统性能,还可以安装 μVision 2 升级包,读者可以根据需要自行选择。

2.2　Keil C51 开发环境

μVision 2 内含功能强大的编辑器和调试器,编辑器可以像一般的文本编辑器一样对源代码进行编辑,并允许用户在编辑时设置程序断点。用户启动 μVision 2 的调试器后,断点即被激活。断点可设置为条件表达式、变量或存储器访问,断点被触发后,调试器命令或调试功能即可执行,用户可以在编辑器内调试程序以及更快速地检查和修改程序。此外,μVision 2 调试器每次编辑时会将原来的编译结果覆盖,并可设置断点,利用编译信息窗口查错。μVision 2 编辑器包含所有用户熟悉的特性,并增加行号显示。色彩语法显像和文件辨识都对 C 语言源代码进行了优化。

Keil C51 的库函数含有 100 多种功能,其中大多数是可移植的。库支持所有的 ANSI C 的程序,与嵌入式应用程序的限制相同。库函数中的程序还为硬件提供特殊指令,如 nop、testbit、rol 等,方便了应用程序的开发。

2.2.1　μVision 2 常用功能按键介绍

μVision 2 提供一个用于命令输入的菜单条、一个可迅速选择命令按钮的工具条和一个或多个源程序窗口对话框及显示信息。图 2.19 所示为进入 Keil C51 μVision 2 后的工作界面。Keil C51 μVision 2 调试软件的窗口主要由菜单栏、工具栏、项目管理器窗口、工作窗口和输出窗口等几部分组成。

1. 菜单栏(Menu bar)

将各种操作命令归并在 File、Edit、View、Project、Debug、Flash、Peripherals、Tools、SVCS、Window 和 Help 共 11 项菜单栏中,以菜单的方式提供编辑操作、项目维护、开发工具选择和设置、程序调试、外部工具控制、窗口选择与操控以及在线帮助等。单击每个菜单项还可以下拉出子菜单,在子菜单中,凡后面带有三角号的菜单项,表示还有下一层子菜单,将

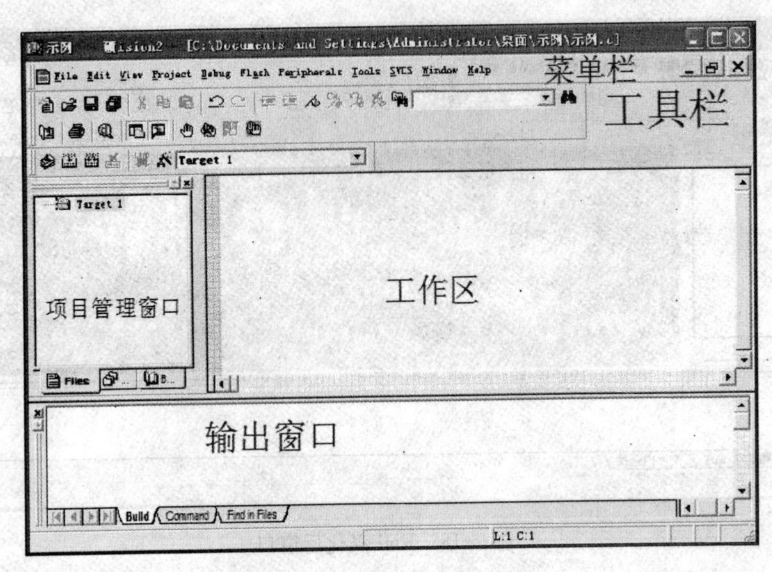

图 2.19 μVision 2 工作界面

光标移到该项即可展开下一层子菜单；凡后面带有省略号的菜单项，在单击后将出现对话框，可按对话框的要求输入。下面分别介绍常用菜单。

(1)“File”菜单。“File”菜单提供各种文件操作功能。表 2.1 列出“File”菜单下各命令的具体功能。

表 2.1 “File”菜单下各命令的功能

命　令	功　能	命　令	功　能
New	创建一个新文件	License Management	产品注册管理
Open	打开一个已存在的文件	Print Setup	设置打印机
Close	关闭当前打开的文件	Print	打印当前文件
Save	保存当前打开的文件	Print Preview	打印预览
Save As	文件另存为	File1. c	最近打开的文件
Save All	保存所有文件	Exit	退出 μVision 2
Device Database	器件库		

(2)“Edit”菜单。“Edit”菜单提供源代码的各种编辑方式。表 2.2 列出了“Edit”菜单下各命令的具体功能。

表 2.2 “Edit”菜单下各命令的功能

命　令	功　能
Undo	取消上次操作
Redo	重复上次操作
Cut	剪切选定的文本
Copy	复制选定的文本

续表 2.2

命　令	功　能
Paste	粘贴
Indent Selected Text	将所选定的文本右移一个制表符
Unindent Selected Text	将所选定的文本左移一个制表符
Toggle Bookmark	设置/取消当前行的标签
Goto Next Bookmark	移动光标到下一个标签
Goto Previous Bookmark	移动光标到上一个标签
Clear All Bookmark	清除当前文件的所有标签
Find	在当前文件中查找文本
Replace	替换特定的字符
Find in Files	在多个文件中查找
Goto Matching Brace	转到对应的括号

(3)“View”菜单。“View”菜单提供各种窗口和工具栏的显示和隐藏。表 2.3 列出了“View”菜单下各命令的具体功能。

表 2.3　“View”菜单下各命令的功能

命　令	功　能
Status Bar	用于显示或隐藏状态条
File Toolbar	用于显示或隐藏文件工具栏
Build Toolbar	用于显示或隐藏编译工具栏
Debug Toolbar	用于显示或隐藏调试工具栏
Project Window	用于显示或隐藏项目管理窗口
Output Window	用于显示或隐藏输出窗口
Source Browser	打开资源浏览器窗口
Disassembly Window	用于显示或隐藏反汇编窗口
Watch& Call Stack Window	用于显示或隐藏观察和堆栈窗口
Memory Window	用于显示或隐藏储存器窗口
Code Coverage Window	用于显示或隐藏代码报告窗口
Performance Analyzer Window	用于显示或隐藏性能分析窗口
Logic Analyzer Window	用于显示或隐藏逻辑分析窗口
Symbol Window	用于显示或隐藏字符变量窗口
Serial Window #1	用于显示或隐藏串口 1 的观察窗口
Serial Window #2	用于显示或隐藏串口 2 的观察窗口
Toolbox	用于显示或隐藏自定义工具条
Periodic Window Update	在程序运行时刷新调试窗口

(4)“Project”菜单。“Project”菜单提供项目的管理和编译。表2.4列出了“Project”菜单下各个命令的具体功能。

表2.4 “Project”菜单下各命令的功能

命 令	功 能
New Project	创建新项目
ImportμVision1 Project	导入 μVision 1 的项目
Open Project	打开一个已存在的项目
Close Project	关闭当前项目
Components,Environment,Books	定义工具、包含文件和库的路径
Select Device for Target‘Target1’	为当前项目选择一个 CPU
Options for Target ‘Target1’	维护一个项目的对象、文件组合
Build Target	编译文件并生成应用
Rebuild all target files	重新编译所有文件并生成应用
Translate	编译当前文件
Stop Build	停止编译

(5)“Debug”菜单。“Debug”菜单提供项目仿真和调试中使用的各种命令。表2.5列出了“Debug”菜单下各个命令的具体功能。

表2.5 “Debug”菜单下各命令的功能

命 令	功 能
Start/Stop Debugging	开始/停止调试模式
Go	运行程序,直到遇到一个断点
Step	单步执行程序,遇到子程序则进入
Step over	单步执行程序,跳过子程序
Step out of Current Function	执行到当前函数的结束
Run to Cursor Line	执行到光标所在行
Stop Running	停止运行程序
Breakpoints	打开断点对话框
Insert/Remove Breakpoint	设置/取消当前行的断点
Enable/Disable Breakpoint	使能/禁止当前行的断点
Disable All Breakpoint	禁止所有断点
Kill All Breakpoints	取消所有断点
Show Next Statement	显示下一条指令
Enable/Disable Trace Recording	使能/禁止程序运行轨迹的标识
View Trace Records	显示程序运行过的指令
Performance Analyzer	打开性能分析窗口
Inline Assembly	对某一行进行重新汇编,可以修改汇编代码
Function Editor	编辑调试函数和调试配置文件

2. 工具栏(Toolbar)

工具快捷按钮共分 4 组,可以通过"View"菜单来选择需要在工具栏上显示的工具快捷按钮组。对于当前可用的工具快捷按钮,显示为彩色的小图标。如果当前状态不可用,则颜色为浅灰色。

3. 项目管理器窗口(Preject Workspace)

项目管理器窗口显示项目结构、寄存器变化情况、参考资料等。

4. 工作窗口(Workspace)

工作窗口可以同时打开多个文件,在文件编辑以及其他调试时使用。

5. 输出窗口(Output Windows)

输出窗口显示编辑的结果、出错信息、调试命令的输入/输出控制台、文件的寻找结果以及与当前相关的信息等。

此外,当进入调试模式时,还会出现存储器窗口(Memory Window)、反汇编窗口(Dissambly Window)、串行窗口(Serial Window)等。可以通过菜单"View"下的相应命令打开或关闭这些窗口。各窗口的大小可以使用鼠标调整。进入调试程序后,输出窗口会自动切换到 Command 页,便于调试命令和输出调试信息。

2.2.2　μVision 2 项目的创建

下面简单介绍如何使用 μVision 2 进行单片机开发。

1. 启动并建立项目文件

启动 μVision 2 集成开发环境,开始创建项目文件,具体步骤如下。

(1)选择"Project"→"New Project"命令,弹出创建新项目对话框,如图 2.20 所示。选择需要保存的目录并输入项目的名称。

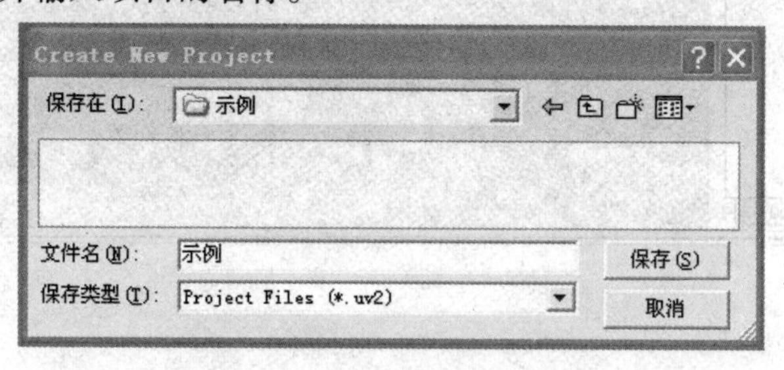

图 2.20　创建新项目对话框

(2)单击"保存"按钮,此时弹出选择 CPU 类型对话框,如图 2.21 所示。用户可在此项中选择所使用的单片机型号,也可以在项目建立后修改。例如,选择 Atmel 公司的单片机 AT89S52,此时在 Description 栏中将会显示该 CPU 的资源情况。

(3)选择完毕后,单击"确定"按钮,此时弹出提示信息,提示是否将 8051 的起始代码添加到项目中,这里一般选择添加,如图 2.22 所示。

(4)单击"是"按钮,此时项目建立完毕,如图 2.23 所示。但是该项目没有任何源文件,属于一个空壳项目。

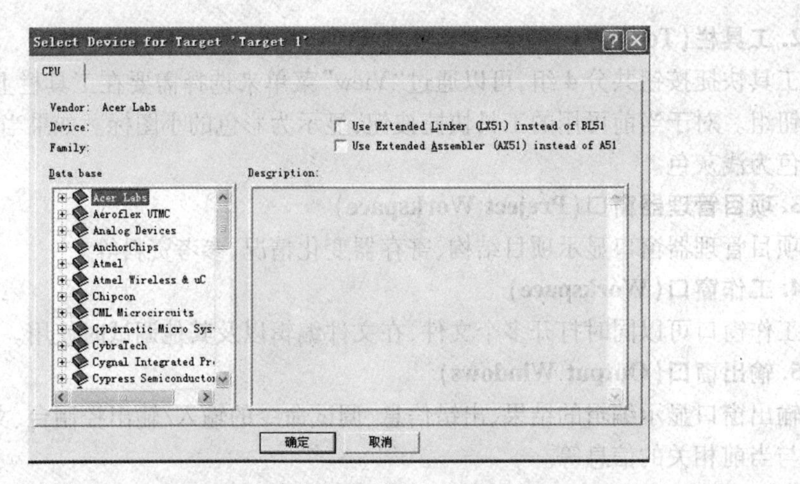

图 2.21　选择 CPU 类型对话框

图 2.22　提示信息对话框

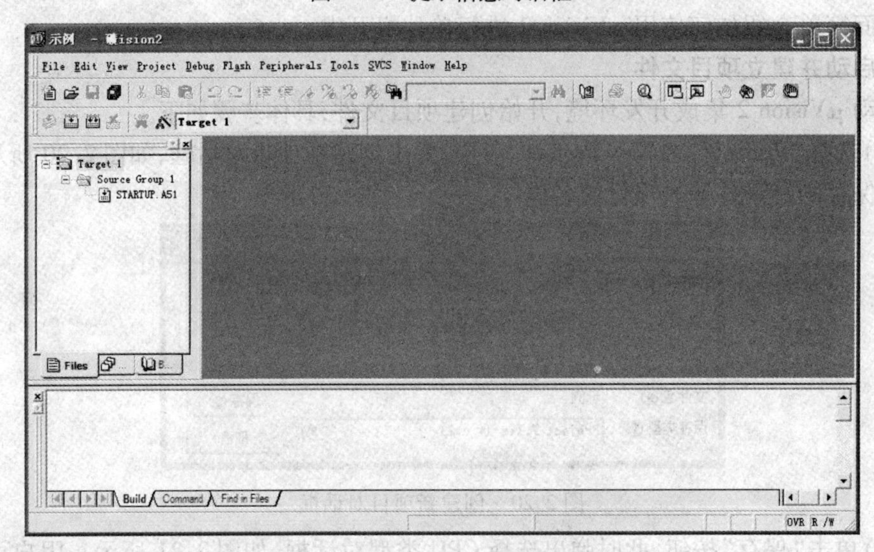

图 2.23　项目文件建立完毕示意图

2. 创建源文件

项目文件建立完毕后，现在开始进行源文件的设计，这里便涉及项目的核心，具体步骤如下。

(1)选择“File”→“New”命令，此时在工作区中弹出一个新的文本编辑窗口，如图 2.24 所示。

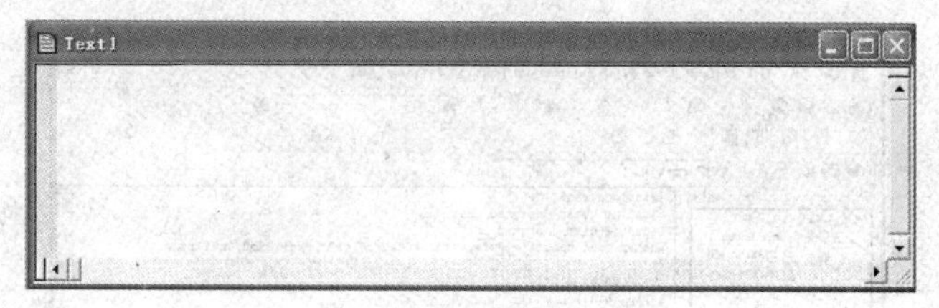

图 2.24　新建的文本编辑窗口

(2)用户在其中输入下列程序代码。

```
#include<reg52.h>
#define uchar unsigned char
#define uint unsigned int
uchar code table[]={0xfe,0xfd,0xfb,0xf7,0xef,0xdf,0xbf,0x7f};
void delay(uint);
void main()
{
    uchar i;
    P2=0xff;
    delay(100);
    while(1)
    {
        for(i=0;i<8;i++)
        {
            delay(50);
            P0=table[i];
            delay(50);
        }
    }
}
void delay(uint x)
{
    uint a,b;
    for(a=x;a>0;a--)
        for(b=1000;b>0;b--);
}
```

(3)代码输入完毕后,可以单击保存按钮,保存为“示例.c”文件。

(4)在项目管理窗口中右击“Source Group”,选择“Add Files to Group‘Source Group1’”命令,在弹出的对话框中选择刚才保存的 C 源文件,并加入项目中即可,如图 2.25 所示。

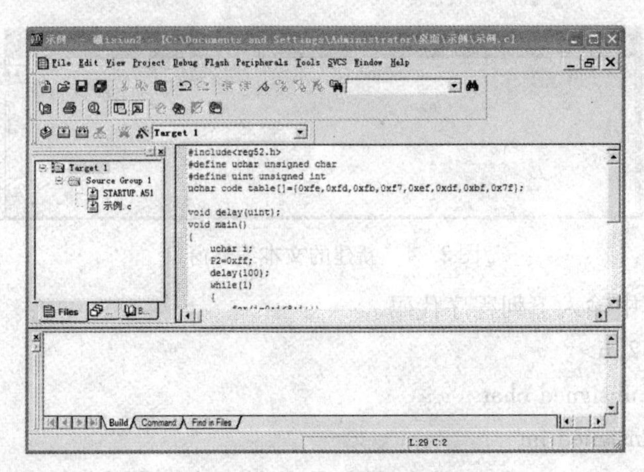

图 2.25　添加了 C 源文件

3. 编译项目

项目及源文件建立完毕后即可编译项目。选择“Project”→“Build target”命令即可编译，如果程序无误，则在输出窗口中显示编译结果，如图 2.26 所示。

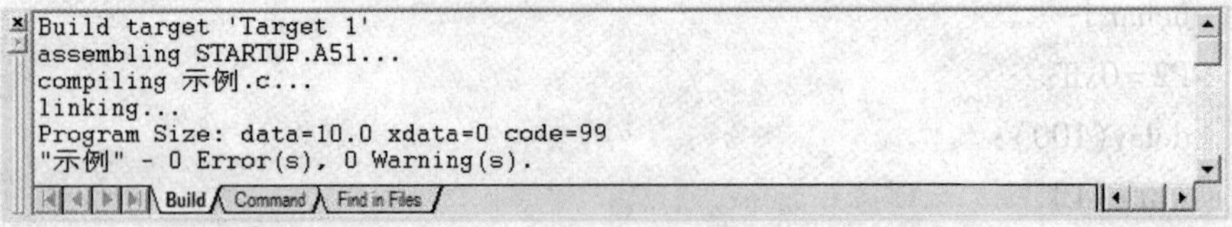

```
Build target 'Target 1'
assembling STARTUP.A51...
compiling 示例.c...
linking...
Program Size: data=10.0 xdata=0 code=99
"示例" - 0 Error(s), 0 Warning(s).
Build  Command  Find in Files
```

图 2.26　编译输出结果

如果需要生成单片机的可执行文件，可以选择“Project”→“Options for Target ‘Target1’”命令，此时弹出“Options for Target ‘Target 1’”对话框，如图 2.27 所示。在“Output”选项卡中，选择复选框“Create Hex File”，并单击“确定”按钮保存设置。此时，重新编译一次，便生成可以下载到单片机中的执行文件 Test.hex，然后利用下载工具将其下载到单片机中执行。

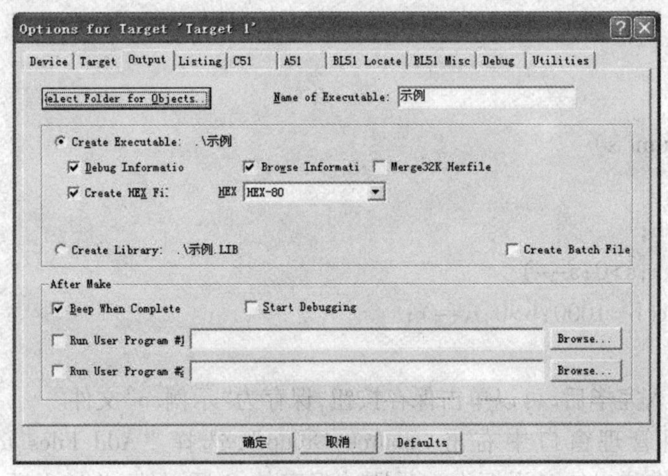

图 2.27　“Options for Target ‘Target 1’”对话框

2.2.3　编译器常见警告与错误信息的解决方法

(1) * * * ERROR1:MISSING STRING TERMINATOR

说明:结束字符串的终止符丢失。

解决方法:加入一个回车符作为字符串终止符。

(2) * * * ERROR2:ILLEGGAL CHARACTER

说明:汇编器检测到一个字符,它不属于 51/251 汇编语言的合法字符,如("′")。

解决方法:找出非法字符并更正。

(3) * * * WARNING280:'i':UNREFERENCED LOCAL VARIABLE

说明:局部变量 i 在函数中未作任何存取操作。

解决方法:清除函数中 i 变量的说明。

(4) * * * ERROR318:CAN'T OPEN FILE 'beep. h'

说明:在程序编译过程中,main. c 虽然用了指令#include<beep. h>,但却找不到 beep. h 文件。

解决方法:编写一个 beep. h 的包含文件并存入到 C:\8051 工作目录中。

(5) COMPLING:C:\8051\LED. C

* * * ERROR237:'LEDON':FUNCTION ALREADY HAS A BODY

说明:LEDON( )函数名称重复定义,即有两个以上一样的函数名称。

解决方法:修正其中的一个函数名称,使得函数名称都是唯一的。

(6) * * * WARNING206:'DELAYX1MS':MISSING FUNCTION-PROTOTYPE C:\8051\INPUT. C

* * * ERROR267:'DELAYX1MS':REQUIRES ANSI-STYLE PROTOTYPE C:\8051\INPUT. C

说明:程序中有调用 DELAYX1MS 函数,但该函数没有定义,即未编写程序内容或函数已定义但未作说明。

解决方法:编写 DELAYX1MS 的内容,编写完后也要作说明或作外部说明。可在 DELAY. H的包含文件中说明成外部函数以便其他函数调用。

(7) * * * ERRORC101:UNCLOSED STRING

说明:字符串没结束。C 语言中规定,字符串常量由双引号内的字符组成,当一个字符串没有用双引号终止时出此错。

解决方法:在缺少双引号的地方加入双引号。

(8) * * * ERRORC130:VALUE OUT OF RANGE

说明:值超出范围。在一个 USING 或 INTERRUPT 标识符后的数字参数是无效的。

解决方法:USING 标识符要求一个 0 ~ 3 之间的寄存器组号。INTERRUPT 标示符要求一个 0 ~ 31 之间的中断矢量号。

(9) * * * ERRORC131:DUPLICATE FUNCTION-PARAMETER

说明:在函数声明中参数名必须是唯一的。

解决方法:找出函数中相同的参数名并更正。

(10) * * * ERRORC208:TOO MANY ACTUAL PARAMETERS

说明:函数调用包含太多的实参。

解决方法:减少函数调用所包含的实参。

2.3 Keil创建简单工程实例

程序代码调试需要通过正确配置 Keil-μVision 2 软件,把程序正确下载到单片机的 RAM 中的 bin 格式二进制可执行文件。

首先,建立一个工程,在 Keil-μVision 2 开发环境中,点击"Project"→"New Project",打开如图 2.28 所示界面。

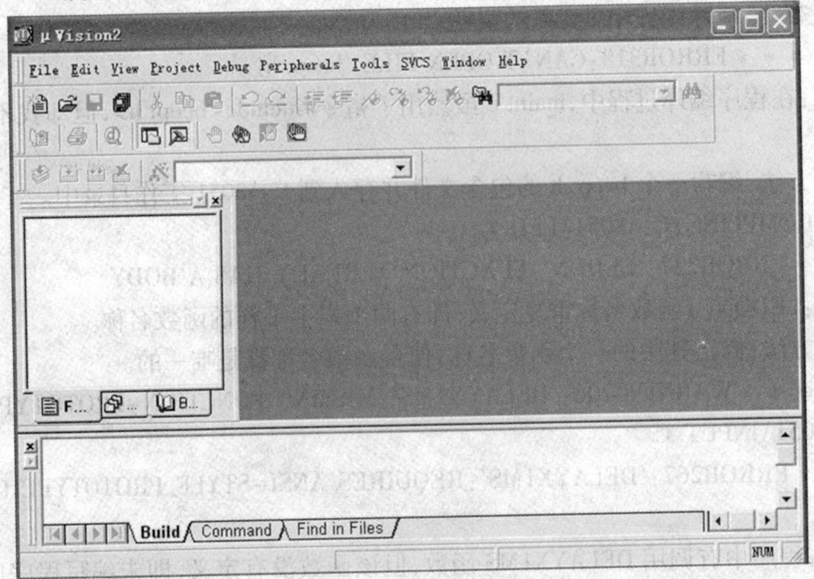

图 2.28　新建工程示意图

选择工程保存路径,工程名最好设置成英文字母,如图 2.29 所示。

图 2.29　保存工程示意图

选择 CPU 型号选择,本例选用 Atmel 公司的 STC89C52,因为 STC89C52 系列单片机内核是 STC89C52,如图 2.30、2.31 所示。

在新建工程下新建文件,可以通过点击"File"→"New"来实现,如图 2.32 所示。

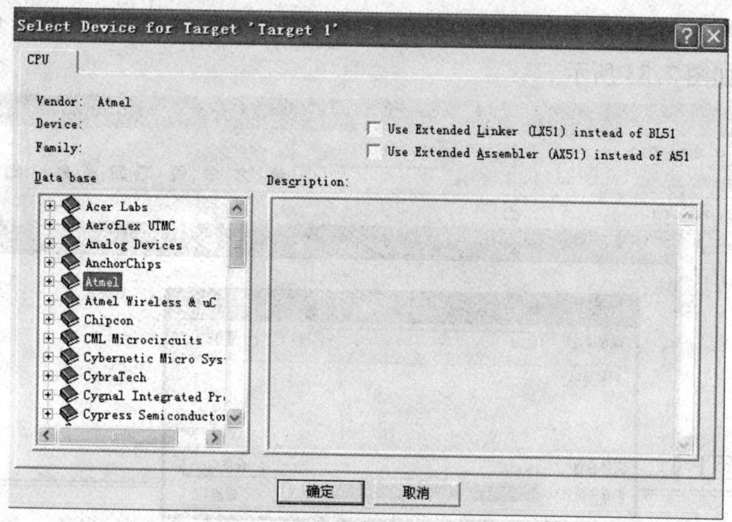

图 2.30　选择芯片系列示意图

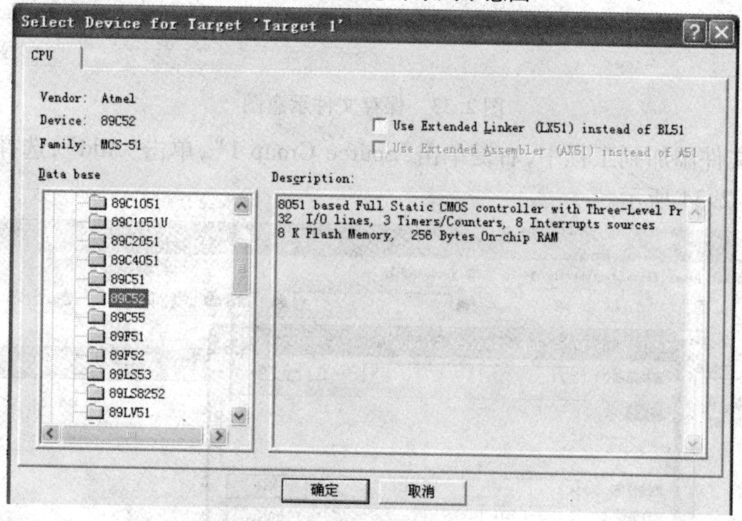

图 2.31　选择芯片型号示意图

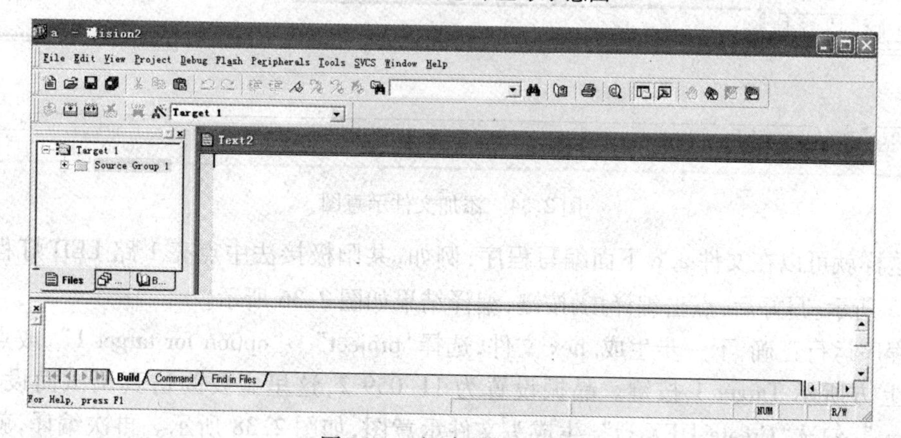

图 2.32　新建文件示意图

点击保存键保存新建文件，此时，保存文件与工程文件名相同，如果用 C 语言编写，后缀加上. c，如图 2.33 所示。

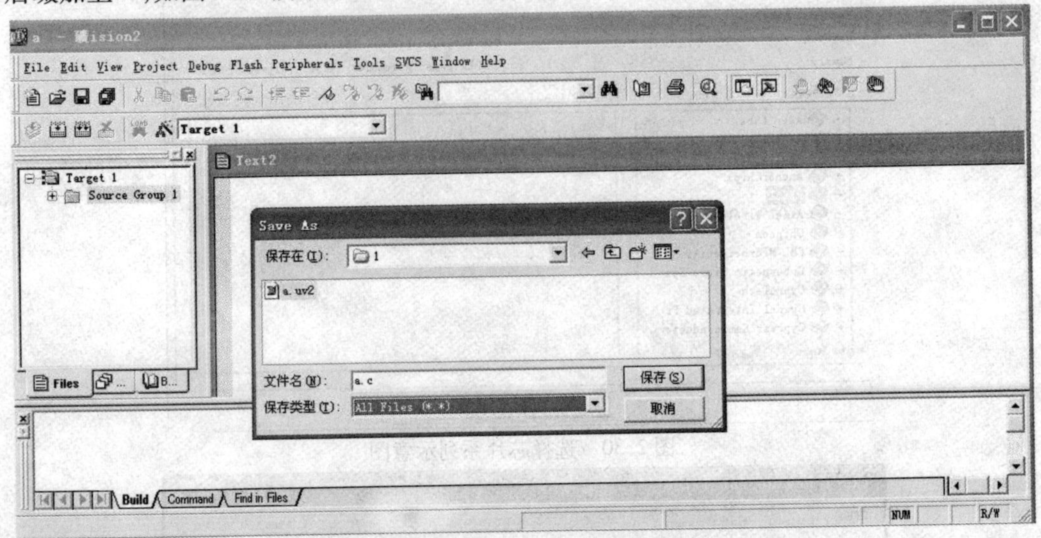

图 2.33　保存文件示意图

最后将文件添加到工程中，右键单击“Source Group 1”，单击“Add”，选择文件添加到工程中，如图 2.34 所示。

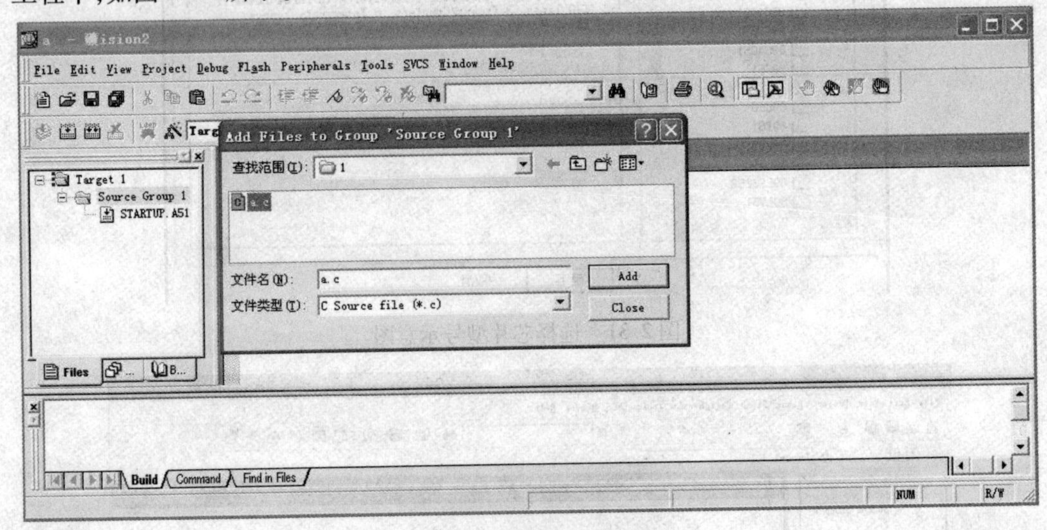

图 2.34　添加文件示意图

这样就可以在文件 a. c 下面编写程序，例如，共阳极接法中点亮 1 路 LED 灯程序如图2. 35 所示。写好后，点击编译按键，编译结果如图 2. 36 所示。

程序运行正确，下一步生成. hex 文件，选择“project”→“option for target 1”，或点击图 2. 37 上方所示 Target 1 按键。晶振设置为 11. 059 2，这里主要为仿真调试而设，点击“Output”，勾选“Create HEX Fi”，生成头文件示意图，如图 2. 38 所示。再次编译，就会生成 hex 文件。

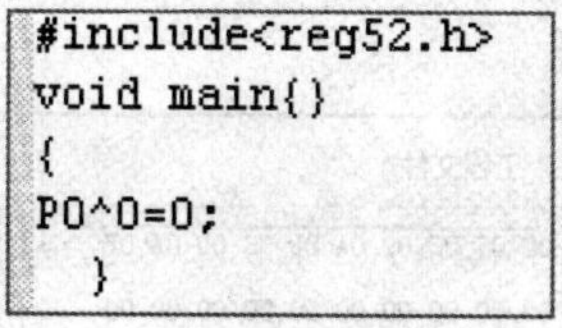

```
#include<reg52.h>
void main(){
{
P0^0=0;
  }
```

图 2.35　程序代码示意图

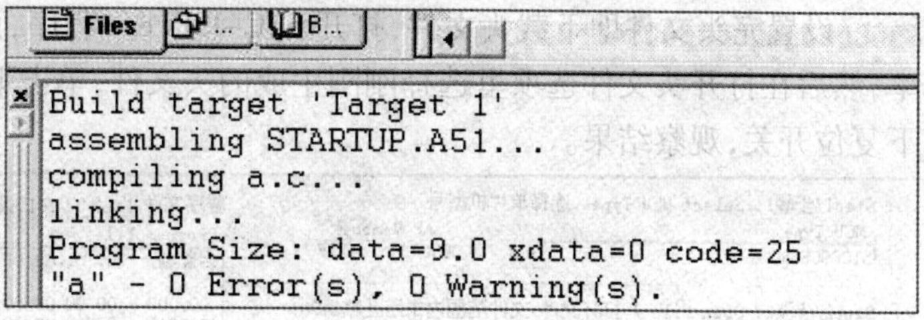

```
Build target 'Target 1'
assembling STARTUP.A51...
compiling a.c...
linking...
Program Size: data=9.0 xdata=0 code=25
"a" - 0 Error(s), 0 Warning(s).
```

图 2.36　程序代码编译结果

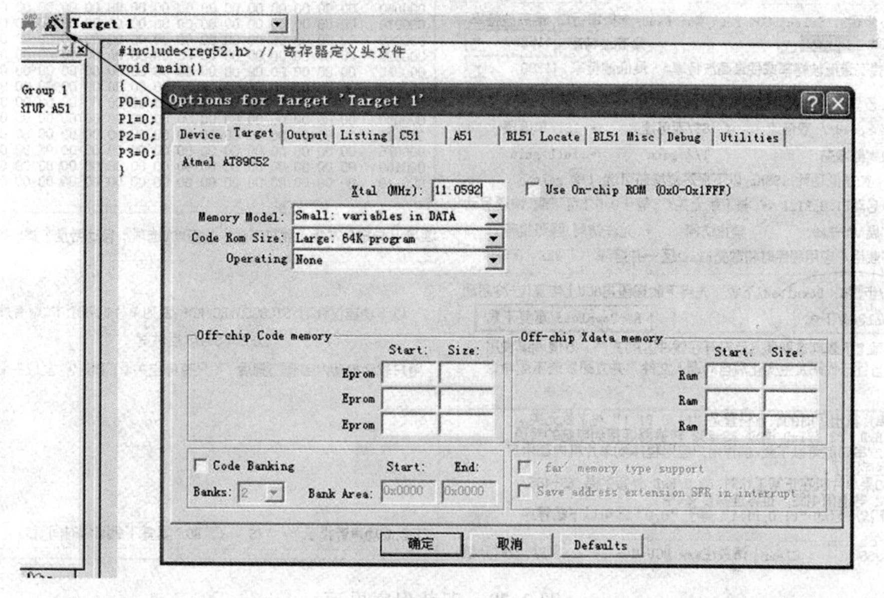

图 2.37　设置程序晶振示意图

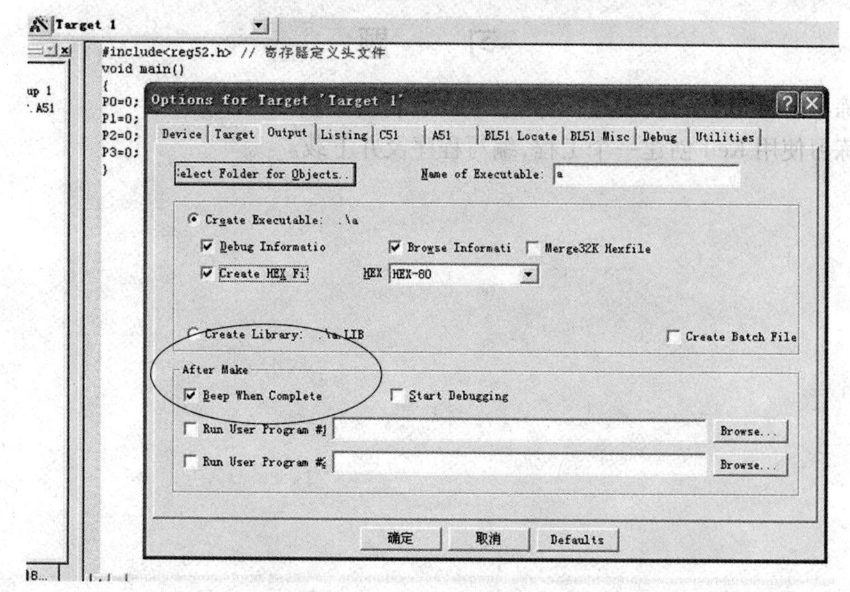

图 2.38　生成头文件示意图

设置完头文件即下载头文件，打开 STC-ISP. exe 程序，设置好 COM 端口和最高波特率，然后在打开头文件选项里选择刚刚生成的头文件，单击下载即可，如图 3.39 所示。按下复位开关，观察结果。

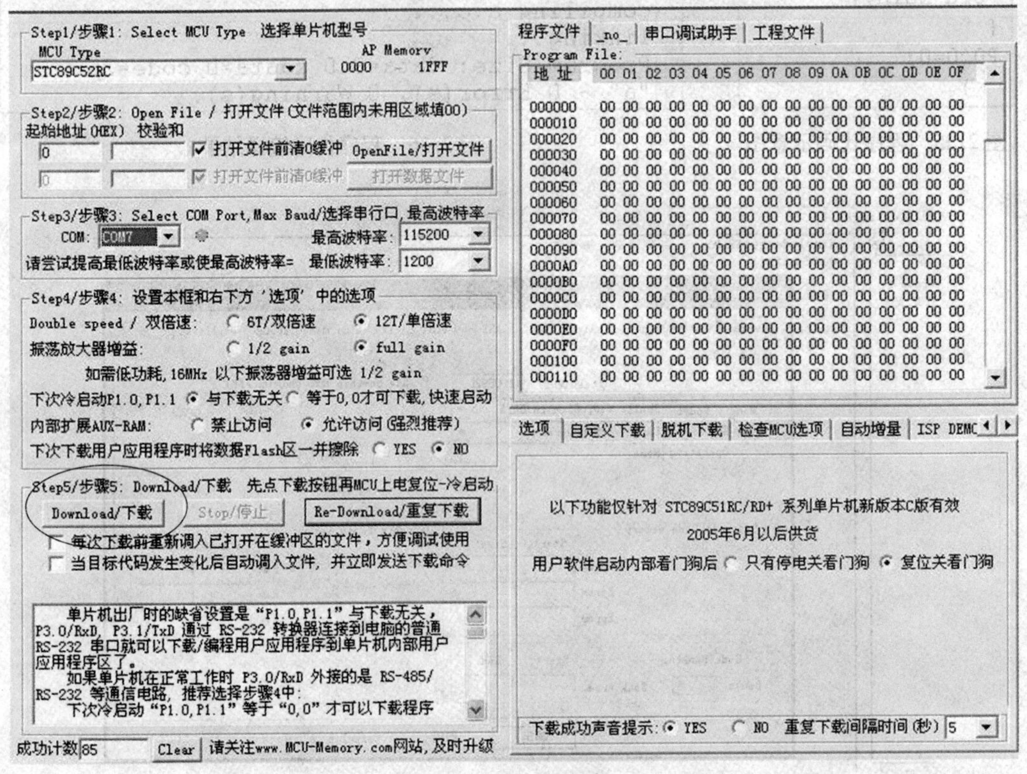

图 2.39 下载程序界面

习 题

1. 练习 Keil 软件的安装过程，熟悉 Keil 软件的编程环境。
2. 练习使用 Keil 创建一个工程，编写程序及并下载。

第 3 章 C51 程序设计

在单片机的开发与应用中,既可以采用汇编语言,也可以采用其他高级语言,如 BASIC 语言、PL/M 和 C51 语言。但在众多语言中,使用单片机 C51 语言进行单片机系统的开发,可以缩短开发周期,降低开发成本。因此,单片机 C51 语言已成为目前最流行的单片机开发语言。

3.1 C51 语言的基础知识

C51 语言和 C 语言的语法结构基本一致,包括头文件、主函数等,只是运行的硬件环境有所不同。C 语言在计算机上运行,而 C51 语言则在单片机上运行。

3.1.1 C51 语言的基本数据类型

任何程序设计都离不开对数据的处理。数据在计算机内存中的存放情况由数据结构决定。C51 语言的数据结构以数据类型出现。C51 语言中的基本数据类型有字符(char)、整型(int)、长整型(long)、浮点型(float)等。C51 语言数据类型的长度及值域见表 3.1。

表 3.1 C51 语言数据类型的长度及值域

数据类型	长　度	值　域
unsigned char	1	0 ~ 255
signed char	1	-128 ~ +127
unsigned int	2	0 ~ 65 535
signed int	2	-32 768 ~ +32 767
unsigned long	4	0 ~ 4 294 967 295
signed long	4	-2 147 483 648 ~ +2 147 483 647
float	4	±1.175 494E-38 ~ ±3.402 823E+38
*	1 ~ 3	对象的地址

续表 3.1

数据类型	长　度	值　域
bit	位	0 或 1
sfr	1	0 ~ 255
sfr16	2	0 ~ 65 535
sbit	位	0 或 1

1. 字符 char

char 类型的长度是一个字节，通常用于定义处理字符数据的变量或常量。分无符号字符类型(unsigned char)和有符号字符类型(signed char)，默认值为 signed char 类型。unsigned char 类型用字节中所有位表示数值，可以表达的数值范围是 0 ~ 255。signed char 类型用字节的最高位表示数据的符号，“0”表示正数，“1”表示负数，负数用补码表示。unsigned char 类形常用于处理 ASCII 码字符或小于等于 255 的整型数。

2. 整型 int

整型 int 是最常用的数据类型。整型的长度是 2 个字节，用于存放一个双字节数据。

int 类型分有符号整型(signed int)和无符号整型(unsigned int)，默认值为 signed int 类型。signed int 类型中字节的最高位表示数据的符号，“0”表示正数，“1”表示负数，负数用补码表示。

3. 长整型 long

长整型 long 的长度为 4 个字节，用于存放一个 4 字节数据。long 类型分为有符号长整型(signed long)和无符号长整型(unsigned long)，默认值为 signed long。signed long 类型中字节的最高位表示数据的符号，“0”表示正数，“1”表示负数，负数用补码表示。

4. 浮点型 float

浮点型 float 用于表示包含小数点的数据。C51 中有 3 种类型的浮点数，即 float 类型、double 类型和 long double 类型。但在 C51 中，不具体区分这 3 种类型，都被当作 float 类型对待，因此它们有相同的精度和取值范围。浮点型数据均为有符号浮点数，C51 中没有无符号浮点数。

5. 指针型 *

指针型 * 本身就是一个变量。在 C51 中，指针指向变量的地址，即存储单元的地址，是一种特殊的数据类型。这个指针变量要占据一定的内存单元，对不同的处理器长度也不尽相同，在 C51 中它的长度一般为 1 ~ 3 个字节。

6. 位类型 bit

位类型 bit 是 C51 的一种扩展数据类型，利用它可定义一个位变量，但不能定义位指针，也不能定义位数组。它的值是一个二进制位，不是 0 就是 1。位的作用有逻辑与、逻辑或、逻辑异或、按位取补、右移和左移。

7. 特殊功能寄存器 sfr

特殊功能寄存器 sfr 也是一种扩充数据类型，占用一个内存单元。利用它可以访问

51 单片机内部的所有特殊功能寄存器。例如：

sfr P0=0x80;　　　//定义 P0 为 P0 端口在片内的存储器,P0 口地址为 80H

sfr P1=0x80;　　　//定义 P1 为 P1 端口在片内的存储器,P1 口地址为 90H

sfr 是声明字节寻址的特殊功能寄存器,比如 sfr P0=0x80;表示 P0 口地址为 80H。注意:"sfr"后面必须跟一个特殊寄存器名;"="后面的地址必须是常数,不允许带有运算符的表达式,这个常数值的范围必须在特殊功能寄存器地址范围内,位于 0×80H 到 0×FFH 之间。

8.16 位特殊功能寄存器 sfr16

sfr16 类型占用两个内存单元。sfr16 和 sfr 都用于操作特殊功能寄存器,所不同的是 sfr16 用于操作占两个字节的寄存器。

9. 可寻址位 sbit

sbit 类型也是 C51 中一种扩充数据类型,利用它可以访问芯片内部的 RAM 中的可寻址位或特殊功能寄存器中的可寻址位,例如：

sbit P1_1=P1^1;　　//P1_1 为 P1 中的 P1.1 引脚

这样在以后的程序语句中就可以用 P1_1 来对 P1.1 引脚进行读写操作。

3.1.2　C51 语言数据类型的扩展

字符型、整型、浮点型等都属于基本数据类型,除此之外,C51 语言还提供一些扩展数据类型,它们都是由基本数据类型构造而成,因此称为构造数据类型。这些按照一定规则构造而成的数据类型包括数组、指针、结构、联合以及枚举。

1. 数组

在程序设计中,为了处理方便,常把具有相同数据类型的若干变量按有序的形式组织起来,这些按序排列的相同数据类型的集合称为数组。数组中的单个变量称为数组元素。一个数组可以分解为多个数组元素,这些数组元素可以是基本数据类型或构造类型。按数组元素的基本数据类型不同,数组又可分为数值数组、字符数组、指针数组、结构数组等各种类别。数组可以是一维的,也可以是多维的。

(1)数组的定义。

一维数组的定义形式如下：

类型说明符　数组名[常量表达式];

例如,定义一个具有 10 个元素的一维整型数组 x,代码如下：

int x[10];　　　//定义了 x[0]～x[9]10 个元素

二维数组的定义形式如下：

类型说明符 数组名[常量表达式 1][常量表达式 2];

例如,定义一个具有 2×6 个元素的字符型二维数组 y,代码如下：

char y[6][6];　//定义了 y[0][0]～y[0][5]和 y[1][0]～y[1][5],共 12 个元素

在定义数组时,对于数组类型说明应注意以下几点：

①数组的类型实际上是指数组元素的取值类型,对于同一个数组,其所有元素的数据

类型都是相同的。

②数组名的书写规则应符合标示符的书写规定。

③数组名不能与其他变量名相同,例如:

```
Void main()
{
int a;
float a[10];
…
}
```

这样的程序书写是错误的。因为定义的变量 a 和定义的数组 a 相同,把其中一个改换成其他名即可。例如:

```
float b[10];
```

④方括号中常量表达式表示数组元素的个数,如 a[5]表示数组 a 有 5 个元素。C51 中,数组的下标从 0 开始计算。

⑤不能在方括号中用变量来表示元素的个数,但是可以是符号常数或变量表达式。因为 C51 语言不支持动态分配数组大小。例如:

```
int a[3+2],b[7+FD];        //是合法的
int n=5;int a[n];          //是错误的
```

⑥C51 语言允许在同一个类型说明中,说明多个数组和多个变量。例如:

```
int a,b,k1[10];            //定义整型变量 a,b 和整型数组 k1,数组大小为 10
```

(2)数组元素的初始化赋值。

数组初始化赋值是指在数组说明时给数组元素赋予初值。数组初始化是在编译阶段进行的。这样可减少运行时间,提高效率。初始化赋值的一般形式为:

类型说明符 数组名[常量表达式]={值,值,…,值};

在花括号中的各数据值即为各元素的初值,各值之间用逗号间隔。例如:

```
int a[10]={0,1,2,3,4,5,6,7,8,9};  //相当于 a[0]=0,…,a[9]=9
```

C51 语言对数组的初始赋值还有以下几点规定。

①可以只给部分元素赋初值。当花括号中值的个数少于元素个数时,只给前面部分元素赋值,后面元素自动赋 0。

②只能给元素逐个赋值,不能给数组整体赋值。例如,给 5 个元素全部赋 1 值,只能写为

```
int a[5]={1,1,1,1,1};
```

而不能写为

```
int a[5]=1;
```

③如果不给可初始化的数组赋初值,则全部元素均为 0。

④如果给全部元素赋值,则在数组说明中,可以不给出数组元素的个数。例如:

```
int a[]={1,2,3,4,5};   //a 有 5 个元素,分别是 1,2,3,4,5
```

2. 指针

指针是C51语言中广泛使用的一种数据类型,利用指针变量不但可以操作各种基本的数据结构和数组等复合数据结构,而且能像汇编语言一样,具有处理内存地址的能力。变量在计算机或单片机内部都占有一块存储区域,变量的值就存放在这块内存区域之中。在程序中,访问或修改变量是通过访问或修改这块区域的内容来实现的。C51语言中对变量访问的另一种形式就是先求出变量的地址,再通过地址对它进行访问。

(1) 指针变量的定义。

计算机中的数据都存放在存储器中。而存储器中的一个字节称为一个内存单元,为了正确地访问这些内存单元,必须为每个内存单元编号,根据一个内存单元的编号即可准确地找到该内存单元。内存单元的编号也称为地址。根据内存单元的编号或地址就可以找到所需的内存单元,通常也把这个地址称为指针。在C51语言中,用一个变量来存放指针,这种变量称为指针变量。一个指针变量的值就是某个内存单元的地址。定义指针的目的是为了通过指针去访问内存单元。

定义指针变量的一般形式为:

类型标示符 * 指针名1, * 指针名2,…;

指针变量名前的" * "号表示该变量为指针变量,但指针变量名应该是指针名1或指针名2等,而不是 * 指针名1或 * 指针名2等。一个指针需要4个方面内容:指针的类型、指针所指向的类型、指针的值及指针本身所占据的内存区。

①指针的类型。

只要把指针声明语句里的指针名去掉,剩下的部分就是此指针的类型。这里指的是指针本身具有的类型。例如:

```
int * ptr;        //指针的类型是 int *
```

②指针所指向的类型。

只要把指针声明语句中的指针名和及其左边的指针声明符 * 去掉,剩下的就是指针所指向的类型。例如:

```
int * prt;     //指针所指向的类型是 int
```

③指针的值。

指针的值是指针本身存储的数值,这个值将被编译器当作一个地址,而不是一个一般的数值。指针所指向的内存区就是从指针的值所代表的那个内存地址开始,长度为指针所指向的类型的一片内存区。

④指针本身所占据的内存区。

指针本身占用了多大的内存只需要用指针的类型测一下即可知道。8位的指针本身占据了1个字节的长度;16位的指针本身占据了2个字节的长度。

(2)指针变量的赋值。

指针变量可以指向任何类型的变量。当定义指针变量时,如果不进行初始化,系统就不能确定它具体的指向。未经赋值的指针变量不能使用,否则将造成整个程序的混乱。指针变量的赋值只能赋予地址,决不能赋予任何其他数据,否则将引起错误。C51语言提供了地址运算符"&",表示变量的地址。

其一般形式为：

& 变量名

例如：&a 表示变量 a 的首地址。

指针变量的赋值有以下几种方式：

①指针变量的初始化赋值，示例如下：

```
int a; int *p=&a;          //初始化赋值，&a 表示取变量 a 的首地址
```

②把变量的地址赋予指针变量，示例如下：

```
int a; int *p;p=&a;        //利用*a 获得变量 a 的首地址，然后赋值给 p
```

③把一个指针变量的赋值予指向相同类型变量的另一个指针变量，示例如下：

```
int a=4,b=2,*p1=&a,*p=*b;  //定义变量和初始化
p2=p1;                     //把 a 的地址赋予指针变量 p2
*p2=*p1;                   //把 p1 指向的内容赋给 p2 所指的区域
```

④把数组的首地址赋予指向数组的指针变量，示例如下：

```
int a[4],*p;   p=a;
或 p=&a[0]      //数组名表示数组的首地址，故可赋予指向数组的指针变量
```

(3)指针变量的引用。

指针变量是含有一个数据对象地址的特殊变量，指针变量中只能存放地址。有关的运算符有两个，它们是地址运算符“&”和间接访问运算符“*”。*p 为指针变量 p 所指向的变量，其含义是获得指针变量所指向的内存地址中的值。需要注意的是，指针运算符“*”和指针变量说明中的指针说明符“*”不同。在指针变量说明中，“*”是类型说明符，表示其后的变量是指针类型；而表达式中出现的“*”则是一个运算符，用以表示指针变量所指的地址中的数据。

由于指针变量可以通过它们的指向间接地访问不同的变量，这样利用指针变量编程使程序代码编写得更为灵活、简捷和有效。

3. 结构

结构是一种构造类型的数据，它是将若干不同类型的数据变量有序地组合在一起而形成的一种数据的集合体。组成该集合的各个数据变量称为结构成员，整个集合体使用一个单独的结构变量名。一般来说，结构中的各个变量之间是存在某些关系的。由于结构是将一组相关联的数据变量作为一个整体来进行处理，因此在程序中使用结构将有利于对一些复杂而又具有内在联系的数据进行有效的管理。

(1)结构和结构变量的定义。

结构是一种构造类型，它是由若干变量组合而成的。结构的一般形式为：

```
struct 结构名
{      类型说明符 变量名;
类型说明符 变量名; …
};
```

示例如下：

```
struct student
```

```
{
char name[15];
int num;
int age;
char sex[3];
};
```

本例中定义了一个结构 student，该结构由 4 个变量组成，分别是 name、num、age、sex。

结构变量的定义有以下 3 种：

①先定义结构，再定义结构变量。例如：

```
struct student Alice, Bob;
```

定义两个结构变量分别是学生 Alice 和 Bob。

②在定义结构的同时定义结构变量。例如：

```
Alice, Bob;
```

③ 直接说明结构变量。例如：

```
struct
{
char name[15];
int num;
int age;
char sex[3];
} Alice, Bob;
```

第三种方法与第二种方法的区别在于第三种方法省去了结构名。说明变量 Alice 和 Bob 为 student 类型后，即可向这两个变量中的各个成员赋值，并使用该变量。

(2)结构变量的引用。

在定义了一个结构变量之后，就可以对它进行引用，即进行赋值、存取和运算。在一般情况下，结构变量的引用是通过对其结构元素的引用来实现的。引用结构元素的一般格式为：

结构变量名. 结构元素

以前面定义的变量为例：Alice. num 即为 Alice 的学号，Bob. sex 即为 Bob 的性别。

4. 联合

联合也是 C51 语言中的一种构造类型的数据结构。在一个联合中可以包含很多个不同类型的数据元素，例如，可以将一个 float 型变量、一个 int 型变量和一个 char 型变量放在同一个地址开始的内存单元中。以上 3 个变量在内存中的字节数不同，但却都从同一个地址开始存放，即采用了所谓的覆盖技术。这种技术可使不同的变量分时使用同一个内存空间，提高内存的利用率。

(1)联合的定义。

一般格式为：

union 联合类型名

{成员列表} 变量列表;

例如:

```
union newdata
{
int a;
float b;
char c;
}
ob,oc;
```

本例中定义了一个名为 newdata 的联合,并定义两个名为 ob、oc 的联合变量。联合变量的长度与其中最大数据长度 b 一致,即占用 4 个字节。

(2)联合变量的引用。

与结构变量类似,对联合变量的引用也是通过对其联合元素的引用来实现的。引用元素的一般格式为:

联合变量名.联合元素

(3)结构和联合的区别。

结构和联合在很多方面都很相似,但它们之间有本质上的区别,主要在于联合变量中的成员占用同一个内存空间,而结构变量中的成员分别独占自己的内存空间,互相不干扰。因此对于由多个不同数据类型成员组成的结构变量和联合变量,在任何同一时刻,联合变量中只存放一个被选中的成员,而结构的所有成员都存在。对于联合变量的不同成员赋值,将会对其他成员重写,原来成员的值就不存在了,因此不能引用;而对于结构变量的不同成员,赋值是相互不影响的。

5.枚举

在实际问题中,有些变量的取值被限定在一个有限的范围内。例如,一年只有 12 个月,发光二极管有红、绿两色,一个星期只有 7 天等。如果把这些量说明为整型、字符型或其他类型显然是不妥当的。因此,C51 语言提供了枚举类型,它实际上是一个有名字的某些整型常量的集合,这些整型常量是该类型变量可取的所有合法值,即在枚举类型的定义中列举出所有可能的取值。被说明为该枚举类型的变量取值不能超过定义的范围。

(1)枚举的定义。

一般格式如下:

enum 枚举名{枚举值列表}变量列表;

例如:enum weekday

{sun,mon,tue,wed,thu,fri,sat};

该枚举名为 weekday,枚举值共有 7 个,即 1 周中的 7 天。凡被说明为 weekday 类型变量的取值只能是 7 天中的某一天。

(2)枚举变量的取值。

在枚举列表中,每一项符号代表一个整数值。在默认情况下,第一项符号取值为 0,第二项符号取值为 1,第三项符号取值为 2,…,以此类推。此外,也可以通过初始化,指定某些项的符号值。某项符号初始化后,该项后续各项符号值随之依次递增。

3.1.3　C51 语言中的运算符

C51 语言中的运算符很丰富,主要有 3 大类运算符:算术运算符、关系与逻辑运算符和位操作运算符。另外,还有一些特殊的运算符,用于完成一些复杂的功能。

1. 算术运算符

算术运算符用于各类数值运算,包括加(+)、减(-)、乘(*)、除(/)、求余(%)、自增(++)、自减(--),共 7 种。

加法运算符“+”:有两个数参与加法运算,具有左结合性。

减法运算符“-”:有两个数参与减法运算,但“-”也可作负值运算符,此时为单目运算,具有左结合性。

乘法运算符“*”:具有左结合性。

除法运算符“/”:具有左结合性,参与运算量均为整型时,结果也为整型,舍去小数;如果运算量中有一个是实型,则结果为双精度实型。

求余运算符“%”:具有左结合性,要求参与运算的量均为整型,其结果等于两数相除后的余数。

自增运算符“++”:使变量的值自增 1。

自减运算符“--”:使变量的值自减 1。

2. 关系与逻辑运算符

(1)关系运算符。

常用的关系运算符主要用于比较操作数的大小,见表 3.2。

(2) 逻辑运算符。

逻辑运算符的操作对象可以是整型数据、浮点型数据以及字符型数据。逻辑运算符主要有3 种,见表3.2。逻辑运算符的操作结果如果是真,则为1;如果为假,则为0。典型的逻辑真值表见表3.3。

表 3.2　C51 语言的关系与逻辑运算符

关系运算符		逻辑运算符	
运算符	含　义	运算符	含　义
>	大于	!	逻辑非运算
>=	大于等于	||	逻辑或运算
<	小于	&&	逻辑与运算
<=	小于等于		
= =	等于		
! =	不等于		

表 3.3　C51 语言的逻辑真值表

A	B	A&&B	A||B	! A
0	0	0	0	1
0	1	0	1	1
1	0	0	1	0
1	1	1	1	0

(3)关系与逻辑运算符的优先级。

关系与逻辑运算符的返回值都是 True(真)和 False(假)。C51 语言中规定,True 的返回值为 1,False 的返回值为 0。关系与逻辑运算符的相对优先级依次为!、>、<、>=、<=、==、! =、&&、‖。

3. 位操作运算符

位运算是对字节或字中的二进制位进行测试、置位、移位或逻辑处理。这里字节或字是针对 C51 标准中的 char 和 int 数据类型而言的,位操作不能用于 float、double、long double 或其他复杂类型。位操作运算符有位与(&)、位或(|)、位取反(~)、位异或(^)、位左移(<<)、位右移(>>)。

位与运算符的运算规则如下:参与运算的两个运算对象,若两者相应的位都为 1,则该位结果值为 1,否则为 0。

位或运算符的运算规则如下:参与运算的两个运算对象,若两者相应的位都为 0,则该位结果值为 0,否则为 1。

位取反运算符的运算规则如下:用来将二进制数按位取反,即 1 变 0,0 变 1。该运算符的优先级比别的算术运算符、关系运算符和其他运算符都高。

位异或运算符的运算规则如下:参与运算的两个运算对象,若两者相应的位值相同,则结果值为 0,若两者相应的位值不同,则结果值为 1。

位左移运算符、位右移运算符的运算规则如下:用来将一个数的二进制位全部左移或右移若干位,移位后,空白位补 0,而溢出的位舍弃。

4. 特殊运算符

除了上面介绍的几种运算符外,C51 还有一些特殊运算符,用于一些复杂的运算,可以起到简化程序的作用。

(1)赋值运算符。

赋值运算符用于赋值运算,分为简单赋值(=)、复合算术赋值(+=、-=、*=、/=、%=)和复合位运算赋值(&=、|=、^=、>>=、<<=)。

(2)"?"运算符。

"?"运算符是三目操作符,其一般形式为:

表达式 1? 表达式 2:表达式 3;

"?"运算符的作用是在计算表达式 1 的值后,如果其值为 True,则计算表达式 2 的值,并将其结果作为整个表达式的结果。如果表达式 1 的值为 False,则计算表达式 3 的值,并将其作为整个表达式的结果。

(3)“,”运算符。

“,”运算符把几个表达式串在一起,按照顺序从左向右计算。“,”运算符左侧的表达式不返回值,只有最右边的表达式的值作为整个表达式的返回值。

(4)地址操作运算符。

地址操作运算符主要有两种:“&”和“ * ”。“&”运算符是一个单目操作符,其返回操作数的地址。“ * ”运算符和“&”运算符相对应,也是单目操作符,其返回位于某个地址内存储的变量值。

(5)“sizeof”运算符。

这个运算符其实更像一个函数,类似于 C51 语言中的 length 函数。“sizeof”运算符是单操作符,其值为变量所占的字节或类型长度字节。

(6)类型转换运算符。

类型转换运算符用于强使某一表达式变为特定类型。它是单目运算符,且与其他单目操作符的优先级相同。其一般形式为:

(类型)表达式

其中,(类型)中的类型必须是 C51 中的一个数据类型。例如:

(float) x/2

其中,为了确保表达式 x/2 的结果具有类型 float,所以使用类型转换运算符强制转换为浮点型数据。

3.1.4　C51语言中的表达式

由运算符把需要运算的各个量连接起来就组成一个表达式。和运算符一样,表达式也是 C51 语言中的基本组成部分。表达式主要由操作数和运算符组成。操作数一般包括常量和变量,有时甚至可以包括函数和表达式等。

1. 算术表达式

算术表达式是指用算术运算符和括号将操作数连接起来,并且符合 C51 语法规则的式子。例如:a+(b+c) * 2-'b',这是一个正确的算术表达式。

2. 赋值表达式

赋值表达式是指由赋值运算符将一个变量和一个表达式连接起来的式子,一般形式为:

<变量><赋值运算符><表达式>

例如:x=3,就是一个简单的赋值表达式。

3. 关系表达式

关系表达式是指用关系运算符将两个表达式连接起来的式子。关系运算又称为比较运算。例如:x<=y, x! =z,(x>4) >=0。

关系表达式的计算结果是逻辑值,即“真”和“假”。当结果为真时,表达式的值为1,反之为0。

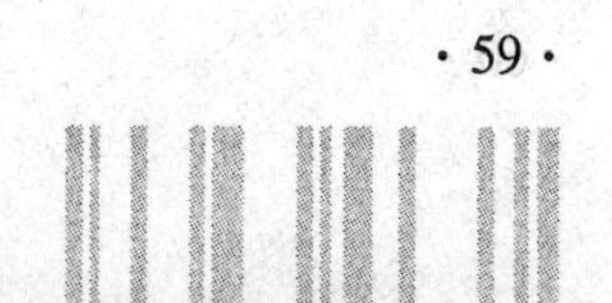

4. 逻辑表达式

逻辑表达式是指用逻辑运算符将两个表达式连接起来的式子。逻辑表达式的值是逻辑值,即“真”和“假”。C51 语言中在给出逻辑运算结果时,以数值 1 代表“真”,以数值 0 代表“假”。例如:

```
#include <stdio.h>
void main( )
{
int a, b, c, d;
a=2;
b=3;
c=a||b;          //计算逻辑表达式
d=! a;
printf("c=%d\nd=%d\n", c, d);
}
```

运行结果为:c=1,d=0

3.1.5　C51 中的常用头文件

C51 中比较常用的头文件有如下几种:

1. 专用寄存器文件 reg51. h

例如,8031、8051 均为 reg51. h,一般系统都必须包括本文件。

2. 绝对地址文件 absacc. h

该文件实际上只定义了几个宏,以确定各存储空间的绝对地址。

(1)动态内存分配函数,位于 stdlib. h 中。

(2)缓冲区处理函数,位于 string. h 中。

(3)其中包括字符串操作程序,如 memccpy、memchr、memcmp、memcpy、memmove、memset,这样很方便地对缓冲区进行处理。

(4)输入输出流函数,位于 stdio. h 中。

3.2　C51 语言流程控制语句

从程序流程的角度来看,程序可以分为 3 种基本结构:顺序结构、选择结构和循环结构。这 3 种基本结构可以组成所有的复杂程序。流程控制语句用于控制程序的流程,以实现程序的各种结构方式。C51 语言有 9 种流程控制语句,可分成以下 3 类:转移语句、选择语句和循环语句。

3.2.1　转移语句

程序中的语句通常总是按顺序方向或按语句功能所定义的方向执行的。如果需要改变程序的正常流向,可以使用转移语句。C51 语言提供了 4 种转移语句:goto、break、continue 和 return。其中 return 只能出现在被调函数中，用于返回主调函数。下面主要介绍前3种转移语句。

1. goto 语句

goto 语句是一个无条件的转向语句，只要执行到这个语句，程序指针就会跳转到 goto 后的标号所在的程序段。一般形式如下：

goto 语句标号；

例如：

```
#include<stdio.h>
void main()
{
int i=0,sum=0;
loop:
sum=sum+i;
i++;
if(i<=100)
goto loop;          //如果满足条件，则转向 loop 处
printf("sum=%d\n", sum);
}
```

goto 语句通常与条件语句配合使用。可用来实现条件转移、构成循环、跳出循环体等功能。但是在结构化程序设计中，一般不主张使用 goto 语句，以免造成程序流程的混乱，使理解和调试程序都产生困难。

2. break 语句

break 语句只能用在 switch 语句或循环语句中，其作用是跳出 switch 语句或跳出本层循环，转去执行后面的程序。一般形式为：

break；

例如：

```
#include<stdio.h>
void main()
{
char ch[]={'s', 'f','r','v','t'};
int i=0;
while(1)
{
if(ch[i]=='v')
break;
i++;
}
printf("ch[%d]=%c\n", i, ch[i]);
```

```
}
```

3. contiune 语句

continue 语句只能用在循环体中。一般格式为:

continue;

该语句的目的是结束本次循环,即不再执行循环体中 continue 语句之后的语句,转入下一次循环条件的判断与执行。continue 语句和 break 语句的区别是:continue 语句是结束本次循环,而不是终止执行整个循环;而 break 语句则是结束整个循环过程,不会再去判断循环条件是否满足。例如:

```
#include<stdio. h>
void main( )
{
char ch[ ] = {'s','F','r','V','t'};
int i=-1;
while(i<4=)
{
i++;
if(ch[i]>='A'&&ch[i]<='Z' )
continue;                //如果是大写字符,则退出本次循环,进入下一次循环
printf("ch[%d]=%c\n", I, ch[i]);
}
}
```

输出结果为:ch[0]=s,ch[2]=r,ch[4]=t。

3.2.2 选择语句

选择语句包括 if 语句和 switch 语句。它使得 C51 单片机具有决策能力。

1. if 语句

if 语句可以构成分支结构。它根据给定的条件进行判断,以决定执行某个分支程序段。C51 语言的 if 语句有 3 种形式:if、if-else、if-else-if。

(1)if 语句。

一般形式为:

if(表达式)语句;

如果表达式的值为真,则执行其后的语句,否则不执行该语句。例如:

```
if (a==b) a++;            //当 a 等于 b 时,就执行 a 加 1
```

(2)if-else 语句。

一般形式为:

```
 if (表达式)
语句 1;
 else
```

语句2；

当表达式为真时，执行语句1，执行完后，继续执行if语句后面的语句。当表达式为假时，执行语句2，执行完后，继续执行if语句后面的语句。例如：

```
if (a==b)
a++;
else
a--;                          //当a等于b时，执行a加1，否则执行a-1
```

（3）if-else-if语句。

一般形式为：

```
if (表达式1) 语句1;
else if (表达式2) 语句2;
else if (表达式3) 语句3;
⋮
else if (表达式n) 语句n;
else 语句n+1;
```

依次判断表达式的值，当出现某个值为真时，则执行其对应的语句。然后跳到整个if语句之外继续执行程序。如果所有的表达式均为假，则执行语句n。然后继续执行后续程序。使用时应注意if和else总是配对使用，缺少任何一个都会出现语法错误。例如：

```
#include <stdio.h>
void main()
{
int score;
char grade;
score=87;
if(score>=95)
grade='A';
else if (score>=80)
grade='B';
else if (score>=70)
grade='C';
else if (score>=60)
grade='D';
else
grade='E';
printf("score=%d, grade=%c\n", score, grade);
```

输出结果为：score=87，grade=B。

2. switch语句

C51语言还提供了另一种用于多分支选择的switch语句，一般形式为：

```
switch(表达式)
{
case 常量表达式1: 语句1;
case 常量表达式2: 语句2;
 ⋮
case 常量表达式n: 语句n;
default:语句n+1;
}
```

计算表达式的值,并逐个与其后的常量表达式值相比较,当表达式的值与某个常量表达式的值相等时,即执行其后的语句,然后不再进行判断,继续执行后面所有 case 后的语句,如果表达式的值与所有 case 后的常量表达式均不相同时,则执行 default 后的语句。例如:

```
#include<stdio.h>
void main()
{
char ch;
ch=getchar();
switch(ch)
{
case 'a': printf("A"); break;
case 'b': printf("B") ; break;
default: printf("not a and b"); break;
}
}
```

在使用 switch 语句时还应该注意以下几点:

(1)在 case 后的各常量表达式的值不能相同,否则会出现错误。

(2)在 case 后允许有多个语句,可以不用{}括起来。

(3)各 case 和 default 子句的先后顺序可以变动,不会影响程序的执行结果。

(4)Default 子句可以省略不用。

3.2.3 循环语句

循环结构是程序中一种很重要的结构,其特点是在给定条件成立时,反复执行某种程序段,直到条件不成立为止。给定的条件称为循环条件,反复执行的程序段称为循环体。C51 语言中有 3 种基本的循环语句:while、do-while 和 for 语句。这几个语句同样起到循环作用,但具体的作用和用法又大不相同。

1. while 语句

一般形式为:

```
while (表达式)
```

```
{
语句;
}
```

当表达式为真时,执行循环体内的语句。其特点是先判断表达式,后执行语句。while 语句的循环过程如图 3.1 所示。

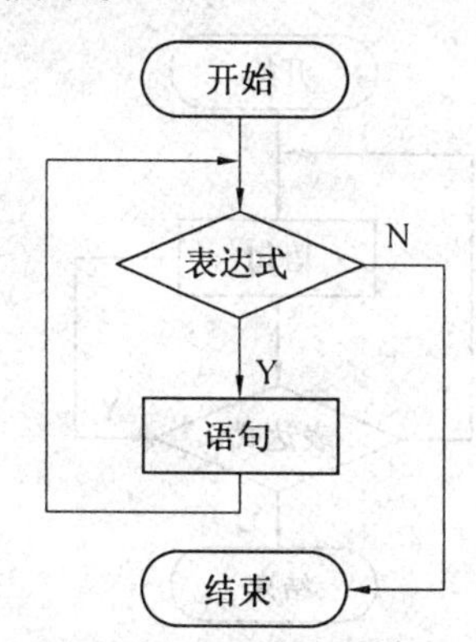

图 3.1 while 语句的循环过程

例如:

```
#include<stdio. h>
void main( )
{
int sum=0, i=100;
while (i>0)
{
sum+=i;
i--;}
printf("sum=%d\n", sum);
}
```

执行结果:sum=5050。

使用 while 语句应注意以下几点:

(1)while 语句中的表达式一般是关系表达或逻辑表达式,只有表达式的值为真(非0),才可继续循环。

(2)循环体如果包括有一个以上的语句,则必须用{}括起来,组成复合语句。

(3)应注意循环条件的选择以避免死循环。

(4)允许 while 语句的循环体又是 while 语句,从而形成双重循环。

2. do-while 语句

一般形式为:

```
do
语句;
```

while(表达式);

先执行循环体语句一次,再判别表达式的值,若为真(非0),则继续循环,否则终止循环。do-while 语句和 while 语句的区别在于 do-while 是先执行后判断,因此 do-while 至少要执行一次循环体。而 while 语句是先判断后执行,如果条件不满足,则一次循环体语句也不执行。do-while 语句的循环过程如图 3.2 所示。

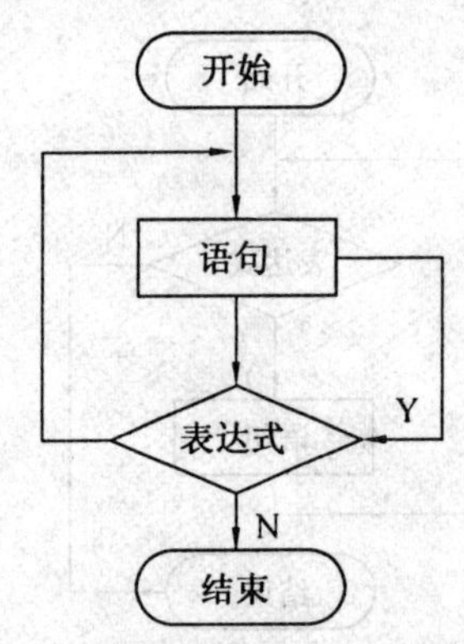

图 3.2　do-while 语句的循环过程

例如:

```
#include<stdio.h>
void main()
{
int i=100, sum=0;
do
{
sum=sum+i;
i--;
}
while(i>0);
printf("sum=%d\n", sum);
}
```

执行结果为 sum=5050。

在使用 do-while 语句还应注意以下几点:

(1)在 if 语句、while 语句中,表达式后面都不能加分号,而在 do-while 语句的表达式后面则必须加分号。

(2)do-while 语句也可以组成多重循环,而且也可以和 while 语句相互嵌套。

(3)在 do 和 while 之间的循环体由多个语句组成时,也必须用{}括起来组成一个复合语句。

(4)do-while 和 while 语句相互替换时,要注意修改循环控制条件。

3. for 语句

C51 语言中的 for 语句使用最为灵活,不仅可以用于循环次数已经确定的情况,而且可以用于循环次数不确定且只给出循环结束条件的情况。一般形式为：

```
for(表达式1;表达式2;表达式3)
{
语句;
}
```

表达式1为赋值语句，给循环变量初始化赋值；表达式2是一个关系逻辑表达式，作为判断循环条件的真假；表达式3定义循环变量每次循环后按什么方式变化。当由表达式1初始化循环变量后，则由表达式2和表达式3可以确定循环次数。该语句首先计算表达式1的值；再计算表达式2的值，若值为真(非0)，则执行循环体一次，否则跳出循环；然后计算表达式3的值，转回第2步重复执行。在整个for循环过程中，表达式1只计算一次，表达式2和表达式3则可能计算多次。循环体可能多次执行，也可能一次都不执行。

例如：

```
#include<stdio.h>
void main()
{
int i, sum=0;
for(i=0;i<=100;i++)
{
sum=sum+i;
}
printf("sum=%d\n",sum);
}
```

使用for语句时，要注意以下几点：

(1)语句可以是语句体，但必须用{}括起来。

(2)for语句中的3个表达式都是可选择项，可以省略，但";"不能省略。

(3)与while循环一样，for语句循环允许多层循环嵌套。

3.3　程序结构和函数

51单片机的C语言程序结构是函数定义的集合体，集合中仅有一个名为main的主函数，主函数是程序的入口，其中所有语句执行完毕，则程序执行结束。

3.3.1　程序结构

C51语言程序的一般组成结构如下：

```
全局变量申明
main()
{
```

```
局部变量申明
执行语句
}
函数1(形参表)
形参申明
{
局部变量申明
执行语句
}
⋮
函数n(形参表)
形参申明
{
局部变量申明
执行语句
}
```

C程序的执行从main()函数开始,调用其他函数后返回到主函数main()中,最后在main()函数中结束整个程序的运行。C语言程序是由函数组成的,函数是C程序的基本构成单位。

3.3.2 函数

C51的编程采用模块化程序设计方法,每个模块的功能就是用函数来实现的。函数是C51源程序的基本模块,通过对函数模块的调用实现特定的功能。

所谓函数,就是能够实现一定功能的特定代码段。C51语言中的函数和其他高级语言的子程序或函数基本类似。一个C51程序常由一个主函数和若干个子函数构成。由主函数调用其他函数,其他函数之间也可以相互调用。同一个函数可以被一个或多个函数调用任意次。在C51语言中,所有的函数定义,包括主函数main()在内都是平行的。也就是说,在一个函数的函数体内,不能再定义另一个函数,即不能嵌套定义。但是函数之间允许相互调用,也允许嵌套调用。习惯上把调用者称为主调函数。函数还可以自己调用自己,称为递归调用。main()函数是主函数,它可以调用其他函数,而不允许被其他函数调用。

1. 函数的定义和分类

函数与变量一样,在使用前必须先定义。函数由类型说明符、函数名、参数表和函数体4部分组成。定义函数可以有传统格式和现代格式两种方式。传统格式的一般形式为:

```
类型说明符 函数名(形式参数列表)
形参类型说明
{
```

类型说明
语句
}
其中：

(1)"类型说明符"定义了函数中return语句返回值的类型，该返回值可以是任何有效类型。

(2)"形式参数列表"是一个用逗号分隔的变量表，当函数被调用时，这些变量接受调用参数的值。

(3)"形参类型说明"定义参数的类型。为了避免差错，常采用现代格式，在编译时易于进行查错，从而保证函数说明和定义的一致性。

例如：

```
#include<stdio.h>
int max(int a, int b)                //定义函数，用于求两个数中的最大值
{
if(a>b)
return a;
else
return b;
}
void main()
{
int a=10,b=4;
printf("%d\n",max(a,b));
}
```

在C51程序中，一个函数的定义可以放在任意位置，既可放在主函数main()之前，也可放在main()之后。如果放在main()之后，需要在main()之前对该函数进行声明。

可以从以下不同角度对函数分类：

(1)从函数定义的角度看，函数可分为库函数和用户定义函数两种。库函数由C51编译系统提供，用户无须定义，也不必在程序中作类型说明，只需在程序前包含该函数原型的头文件即可在程序中直接调用。用户定义函数由用户按需要自定义编写的函数。对于用户定义函数，不仅要在程序中定义函数本身，而且在主调函数模块中必须对该被调函数进行类型说明，然后才能使用。

(2)C51语言函数兼有其他语言中的函数和过程两种功能，从这个角度看，又可把函数分为有返回值函数和无返回值函数两种。

①有返回值函数。此类函数被调用执行完后将向调用者返回一个执行结果，称为函数返回值。

②无返回值函数。此类函数用于完成某项特定的处理任务，执行完成后不向调用者返回函数值。

(3)从主调函数和被调函数之间数据传送的角度看,函数又可分为无参函数和有参函数两种。

①无参函数。无参函数是指函数定义、函数说明及函数调用中均不带参数。主调函数和被调函数之间不进行参数传送。

②有参函数。有参函数也称为带参函数,在函数定义及函数说明时都有参数,称为形式参数。函数调用时也必须给出参数,称为实际参数。进行函数调用时,主调函数将把实参的值传送给形参,供被调函数使用。

2. 函数的调用

函数调用的一般形式为:

函数名(实参列表)

通常,函数按在程序中出现的位置分为以下3种调用方式。

(1)函数语句。

把函数作为一个语句,例如:

```
delay();
```

(2)函数表达式。

函数出现在表达式中,例如:

```
c=min(x,y);      //函数 min 求 x,y 中的最小值
```

(3)函数参数。

函数作为另一个函数的实参,例如:

```
c=min(x,min(y,z));      //函数 min 求 x,y,z 中的最小值
```

(4)赋值调用。

这种方法是把参数的值复制到函数的形式参数中。这样,函数中的形式参数的任何变化不会影响到调用时所使用的变量。

(5)引用调用。

这种方法是把参数的地址复制给形式参数,在函数中,这个地址用来访问调用中所使用的实际参数。这意味着形式参数的变化会影响调用时所使用的那个变量。

(6)递归调用。

递归是指自身定义的过程,也可称为循环定义。在递归调用中,主调函数又是被调函数。执行递归函数将反复调用其自身,每调用一次就进入新的一层。例如,用递归法计算n!。

```
#include<stdio.h>
long nn(int n)
{
long f;
if(n>1)
f=n*nn(n-1);      //递归调用
else
f=1L;
```

```
return f;
}
void main( )
{
int n1;
long y;
n1=5;
y=nn(n1);
printf("5! =%ld\n",y);
printf("end");
}
```

输出结果为:5! =120 end。

特别需要强调的是,编写递归函数时,必须在函数的某些地方使用if语句,强迫函数在未执行递归调用前返回。如果不这样,在调用函数后,它永远不会返回。

(7)嵌套调用。

C51语言中不允许作嵌套的函数定义。但是,C51语言允许在一个函数的定义中出现对另一个函数的调用。这样就出现了函数的嵌套调用,在被调函数中又调用其他函数。

例如:计算 $s=(3\%2)^2+(5\%2)^2$。

```
#include<stdio.h>
int sqr(int k)
{
int a;
a=k*k;
return a;
}
int ff(int n)
{
int k,m;
k=n%2;
m=sqr(k);
return m;
}
void main( )
{
int i=3,j=5;
int d;
d=ff(i);
d+=ff(j);
```

```
printf("%d\n",d);
}
```

输出结果为:2。

3. 常用函数

除了可以自定义函数外,在 C51 语言中还有一些常用的函数,如 main()函数和 C51 的库函数等。

(1)main 函数。

一个 C51 程序必须有且只有一个主函数 main()。C51 程序的执行总是从 main()函数开始,如果有其他函数,则完成对其他函数的调用后再返回到主函数,最后由 main()函数结束整个程序。main()函数作为主调函数允许调用其他函数并传递参数。main()函数既可以是无参函数,也可以是有参函数。

main()函数带参数的形式为:

```
int main(int argc, char *argv[])
```

main()函数无参数的形式为:

```
void main()
```

(2)库函数。

C51 语言为用户提供一些常用的、能完成基本任务的函数,如输入输出函数等。所谓库函数就是存放函数的仓库。在编写程序时,如果需要使用某个库函数,就要在程序开头指明这个库函数存放的位置,以便编译时调用这个函数。这个指令称为文件包含指令。

一般形式如下:

```
#include <文件名.h>
```

其中,#include 是包含的意思;<文件名.h>是要使用的库函数所在的文件。有了这些库函数,在需要完成某些任务时,找到相应的库函数调用一下即可,不需要再逐条编写程序代码。例如:

```
#include<stdio.h>
#include<math.h>
void main()
{
int a=-7;
float b=-3.6;
printf("abs(a)=%d\n",abs(a));
printf("fabs(b)=%f\n",fabs(b));
}
```

输出结果为:

abs(a)=7

fabs(b)=3.600000

其中,“studio.h”为库函数;“math.h”为数学函数;“abs”为求绝对值的函数,将返回整型数 a 的绝对值。函数 abs 用于求整型数 a 的绝对值,并返回 a 的绝对值。函数 fabs

用于求浮点数 b 的绝对值,并返回 b 的绝对值。

(3)中断函数。

C51 编译器允许用户创建中断服务程序,即允许编程者对中断的控制和寄存器组的使用。这样编程者可以创建高效的中断服务程序,用户只需在 C51 语言下关心中断号和必要的寄存器组切换操作,编译器会自动产生中断向量和程序的出入栈代码。

中断函数定义的一般形式如下:

void 函数名(void) interrupt n using n

其中,interrupt 后面的 n(取 0 ~ 31)代表中断号;using 后面的 n(取 0 ~ 3)代表寄存器组。

例如:设单片机的 f_{osc} = 12 MHz,要求用内部中断 T0 的方式 1 编程,在 P1.0 脚输出周期为 2 ms 的方波。程序如下:

```
#include<reg51.h>
sbit P1_0=P1^0;
void timer0(void) interrupt 1 using 1
{
P1_0=! P1_0;
TH0=-(1000/256);
TL0=-(1000%256);
}
void main()
{
TMOD=0x01;
P1_0=0;
TH0=-(1000/256);
TL0=-(1000%256);
EA=1;
ET0=1;
TR0=1;
do
    {
    }
while(1);
}
```

在编写中断服务程序时必须注意中断的处理是需要一定时间的,因此尽量减少中断程序的工作量,以保证中断能够快速返回;否则,中断处理占用很长时间时,会影响下次中断的响应,使程序出现问题。中断函数中如果调用了其他函数,则应保证使用相同的寄存器组,否则会出错。中断函数一般没有返回值。中断函数不能进行参数的传递。

3.4 C51 程序设计举例

例 3.1 编写 LED 闪烁的简单试验程序，利用延时实现 P2 口 LED 流水灯效果。C51 程序代码如下：

```
#include <reg51.h>      //此文件中定义了 51 的一些特殊功能寄存器
#include <intrins.h>
void delayms(unsigned char ms)
//延时子程序
{
    unsigned char i;
    while(ms--)
    {
        for(i = 0; i < 120; i++);
    }
}
main()
{
    unsigned char LED;
    LED = 0xfe;  //0xfe = 1111 1110
    while(1)
    {
        P2 = LED;
        delayms(250);
        LED = LED << 1;      //循环右移 1 位，点亮下一个 LED "<<"为左移位
        if(LED == 0x00 ) {LED = 0xfe;  } // 0xfe = 1111 1110

    }
}
```

例 3.2 P2 口 8 个灯作跑马灯，利用延时实现跑马灯效果。C51 语言程序代码如下：

```
#include <reg52.h>
void delay(unsigned int i);      //声明延时函数
char LED;
main()
{
  unsigned char i;
    while (1)
  { LED = 0xfe;
```

```
    for (i = 0 ;i < 8 ; i++)
    {
    P2   = LED;
    delay(500);
    LED = LED << 1;              // 左移
    LED = LED | 0x01;            // 移位后,后面的位为高电平
    if (LED == 0x7f) break;  //提前退出 for 循环
    }
    for (i = 0 ;i < 8 ; i++)
    {
      P2   = LED;
      delay(500);
      LED = LED >> 1;            // 右移
      LED = LED | 0x80;          // 移位后,后面的位为高电平
      }
    }
}
/*******延时函数**************/
void delay(unsigned int i)
{
    unsigned char j;
    for(i; i > 0; i--)
        for(j = 255; j > 0; j--);
}
```

习　　题

1. C51 语言的基本数据类型有哪些？都是什么？
2. 编写一段延时的程序。
3. 利用延时函数编写一段 P2 口小灯隔 1 s 闪烁一次的 C51 程序。
4. 利用延时函数编写一段一个小灯隔 1 s 闪烁一次的 C51 程序。
5. C51 语言流程控制的有哪些基本类型？
6. 什么是 C51 语言的函数？
7. 简述局部变量和全局变量的区别,并举例说明。
8. 利用中断函数编写 P2 口小灯闪烁的 C51 程序。

第 4 章

汇编语言程序设计

4.1 概 述

4.1.1 指令系统概述

1. 指令的格式

指令的第一种格式就是机器码格式,即数字的形式,但是这种形式很难记;指令的另一种格式是助记符格式,如 MOV P1,#0FFH。这两种格式之间完全等价,只是形式不同而已。

2. 汇编

写指令时使用汇编格式,而计算机只懂机器码格式,所以要将汇编格式的指令转换为机器码格式,这种转换有两种方法:手工汇编和机器汇编。手工汇编就是查表,利用助记符与机器码一一对应的关系查找,但手工查表过于麻烦,所以常用的方法是利用计算机来替代手工查表,即机器汇编。

4.1.2 寻址方式

寻址方式就是寻找操作数或操作数地址的方式。51 系统提供了与操作数有关和与 I/O 端口地址有关的两类寻址方式。与操作数有关的寻址方式有 7 种,即立即寻址、寄存器寻址、直接寻址、寄存器间接寻址、寄存器相对寻址、基址加变址寻址、相对基址加变址寻址;与 I/O 端口有关的寻址方式有直接端口寻址和间接端口寻址。

例如,MOV P1,#0FFH 指令中,其中 MOV 是命令,表示数据的传递的操作,参数要实现从源操作数到目的操作数的传递操作,这条指令的含义就是将数 FFH 送达到 P1 寄存器中。在这条指令中,送给 P1 是这个数本身,换言之,执行这条指令后,P1 中的值是 FFH。

如果直接使用数所在单元的地址找到了操作数,就称这种方法为直接寻址。如果把操作数放在工作寄存器中,从工作寄存器中寻找数据,则称为寄存器寻址。例如:MOV A,R0 就是将 R0 工作寄存器中的数据送到累加器 A 中。

思考:如果选择工作寄存器组0,则R0就是RAM的00H单元,因此,将R0工作寄存器中的数据送到累加器A是否可以用MOV A,00H来代替?

这两条指令执行的结果是完全相同的,都是将00H单元中的内容送到A中去,但是执行的过程不同,执行第一条指令MOV A,R0需要2个指令周期,而第二条MOV A,00H则只需要1个指令周期,第一条指令变成最终的目标码要两个字节(E5H 00H),而第二条则只要一个字节(E8H)就可实现。对于12 MHz晶振的51单片机来说,就相差1 ms时间,如果只执行一次,则可以忽略,但是如果在循环里面,在实时控制时,结果就大相径庭。

此外可以通过直接赋值的方式(立即寻址)和直接给出数所在单元地址的方式(即直接寻址)寻找操作数。例如,要求从30H单元开始,取20个数,分别送入累加器A。要从30H单元取数,就用MOV A,30H,然后就是31H单元的,如果仍然用MOV A,31H,那么20个数,至少20条指令才能表达。比较简单的方法不是把地址直接写在指令中,而是把地址放在另外一个寄存器单元中,根据这个寄存器单元中的数值决定该到哪个单元中取数据。此时,指令可以写为如下方式:

```
MOV R7,#20              //将立即数20送到R7
MOV R0,#30H             //将立即数30H送入R0工作寄存器中
LOOP:MOV A,@R0          //取30H这个地址单元的内容送入A中
     INC R0             //R0中的值加1,因此执行完后,R0中的值就是31H
     DJNZ R7,LOOP       //将R7中的值减1,若结果不等于0,则转到LOOP处
```

直到R7中的值逐次相减等于0,也就是循环20次为止,就实现了从30H单元开始取20个数分别送入累加器A的功能。在这种方式中,由于数据是间接地被找到的,所以就称之为间接寻址。注意,在间接寻址中,只能用R0或R1存放等寻找的数据。总的来说,常用的寻址方式有以下几种:

1. 直接寻址

直接寻址时,指令中的地址码部分直接给出了操作数的有效地址。

例如:MOV A,4FH ;A←(4FH)

可用于直接寻址的空间有内部RAM的低128字节(包括其中的位寻址区与特殊功能寄存器)。操作数的有效地址只与偏移量有关,其值就存放在代码段中指令的操作码之后位移量的值,即操作数的有效地址。

2. 寄存器直接寻址

寄存器寻址时,指令中地址码给出的是某一通用寄存器的编号,寄存器的内容为操作数。

例如:MOV A,R7 ;A←(R7)

可用于寄存器寻址的空间有R0~R7、ACC、CY(位)、DPTR、B。

3. 寄存器间接寻址

寄存器间接寻址时,指令中给出的寄存器的内容为操作数的地址,而不是操作数本身。

例如:MOV A,@R0 ;A←[(R1)]

可用于寄存器间接寻址的空间只能是R0和R1,用DPTR或PC可间接寻址64 K字

节外部的 RAM 或 ROM 中。操作数的有效地址或者包含基址寄存器内容或者包含变址寄存器的偏移量。因此,有效地址就在某个寄存器中,而操作数则在某个存储器中。

4. 立即寻址

立即寻址时,指令中地址码部分给出的就是操作数本身。

例如:MOV A,#0FFH ;A←0FFH

操作数直接放在指令中,紧跟在操作码之后,它作为代码的一部分放在代码段里,这种操作数称为立即数。此外,立即寻址方式用来表示常数,它用来给寄存器赋初值,并且只能用于源操作数字段,而不能用于目的操作数字段,且源操作数长度应与目的操作数长度一致。

5. 变址寻址

变址寻址时,指定变址寄存器的内容与指令中给出的偏移量相加 DPTR,所得的结果作为操作数的地址。

例如:MOVC A,@A+DPTR ; A←[(A)+(DPTR)]

无论用 DPTR 或 PC 作为基准指针,变址寻址只适用于程序存储器(即 ROM),通常用于读取数据表。

6. 相对寻址

相对寻址时,由程序计数器 PC 提供的基准地址与指令中提供的偏移量 rel 相加,得到操作数的地址。

例如:SJMP rel ;PC←(PC)+2+rel

7. 位寻址

位寻址时,操作数是二进制数的某一位,其位地址出现在指令中。

例如:SETB bit ;(bit)←1

可用于位寻址的空间有内部 RAM 的可位寻址区和 SFR(特殊功能寄存器)中的字节地址可以被 8 整除(即地址以 0、8、F 结尾)的寄存器空间。

4.2 指令系统

用单片机的编程语言编程时,经常要用到数据的传递,事实上数据传递是单片机编程时的一项重要工作,一共有 28 条指令(单片机共有 111 条指令)。

4.2.1 数据传递类指令

1. 以累加器为目的操作数的指令

MOV A,Rn

MOV A,direct

MOV A,@Ri

MOV A,#data

第一条指令中,Rn 代表的是 R0 ~ R7。第二条指令中,direct 就是指直接地址。第三条指令已介绍。第四条指令是将立即数 data 送到 A 中。

例如：

MOV A,R1 ;将工作寄存器 R1 的值送入 A,R1 的值保持不变

MOV A,30H ;将内存 30H 单元中的值送入 A,30H 单元中的值保持不变

MOV A,@R1;先看 R1 中是什么值,把这个值作为地址,并将这个地址单元中的值送入 A 中。如执行命令前 R1 中的值为 20H,则将 20H 单元中的值送入 A 中

MOV A,#34H;将立即数 34H 送入 A 中,执行完本条指令后,A 中的值是 34H

2. 以寄存器 Rn 为目的操作的指令

MOV Rn,A

MOV Rn,direct

MOV Rn,#data

功能:把源地址单元中的内容送入工作寄存器,源操作数不变。

3. 以直接地址为目的操作数的指令

MOV direct,A

例如：

MOV 20H,AMOV direct,Rn MOV 20H,R1

MOV direct1,direct2 MOV 20H,30H

MOV direct,@Ri MOV 20H,@R1

MOV direct,#data MOV 20H,#34H

4. 以间接地址为目的操作数的指令

MOV @Ri,A

例如：

MOV @R0,AMOV @Ri,direct MOV @R1,20H

MOV @Ri,#data MOV @R0,#34H

5. 16 位数的传递指令

MOV DPTR,#data16

功能:将一个 16 位的立即数送入 DPTR 中去。其中高 8 位送入 DPH,低 8 位送入 DPL。这是唯一的一条 16 位立即数传递指令。

例如：

MOV DPTR,#1234H

则执行完后,DPH 中的值为 12H,DPL 中的值为 34H。反之,如果分别向 DPH、DPL 送数,则结果也一样。如有下面两条指令：

MOV DPH,#35H

MOV DPL,#12H

则就相当于执行了 MOV DPTR,#3512H。

6. 累加器 A 与片外 RAM 之间的数据传递类指令

MOVX A,@Ri

MOVX @Ri,A

```
MOVX A,@ DPTR
MOVX @ DPTR,A
```

在51单片机中,与外部存储器RAM打交道的只可以是A累加器。所有需要送入外部RAM的数据必须要通过A送出,而所有要读入的外部RAM中的数据也必须通过A读入。内部RAM间可以直接进行数据的传递,而外部则不行,比如,要将外部RAM中某一单元(设为0100H单元的数据)送入另一个单元(设为0200H单元),也必须先将0100H单元中的内容读入A,然后再送到0200H单元中去。

要读或写外部的RAM,当然也必须要知道RAM的地址,在后两条指令中,地址是被直接放在DPTR中的。而前两条指令,由于Ri(即R0或R1)只是一个8位的寄存器,所以只提供低8位地址。因为有时扩展的外部RAM的数量比较少,即少于或等于256个,就只需要提供8位地址。使用时应当首先将要读或写的地址送入DPTR或Ri中,然后再用读写命令。

例如:将外部RAM的100H单元中的内容送入外部RAM的200H单元中。

```
MOV DPTR,#0100H
MOVX A,@ DPTR
MOV DPTR,#0200H
MOVX @ DPTR,A
```

7. 程序存储器向累加器A传送指令

```
MOVC A,@ A+DPTR
```

本指令是将ROM中的数送入A中。本指令也被称为查表指令,常用此指令来查在ROM中一个已做好的表格。此条指令引出一个新的寻址方法,即变址寻址。本指令是要在ROM的一个地址单元中找出数据,显然必须知道这个单元的地址,这个单元的地址是这样确定的:在执行本指令寄存器DPTR中有一个数,A中有一个数,执行指令时,将A和DPTR中的数相加,就是要查找的单元地址。查找到的结果被放在A中,因此,本条指令执行前后,A中的值不一定相同。

例如:有一个数在R0中,要求用查表的方法确定它的平方值(此数的取值范围是0~5)。

```
MOV DPTR,#TABLE
MOV A,R0
MOVC A,@ A+DPTR
…
TABLE: DB 0,1,4,9,16,25
```

设R0中的值为2,送入A中,而DPTR中的值则为TABLE,则最终确定的ROM单元的地址就是TABLE+2,也就是到这个单元中去取数,取到的是4,显然它是2的平方。其他数据也可以类推。

标号表示从这个地方也可以看到另一个问题,我们使用标号来替代具体的单元地址。事实上,标号的真实含义就是地址数值。在这里它代表0,1,4,9,16,25这几个数据在ROM中存放的起点位置。而在以前我们学过的如LCALL DELAY指令中,DELAY则代表以 DELAY 为标号的那段程序在 ROM 中存放的起始地址。事实上,CPU 正是通过这个地址才找到这段程序的。

例如:

```
MOV DPTR,#100H
MOV A,R0
MOVC A,@ A+DPTR
ORG 0100H.
DB 0,1,4,9,16,25
```

如果 R0 中的值为 2,则最终地址为 100H+2,即 102H,到 102H 单元中找到的是 4。

4.2.2 堆栈操作

指令格式:

```
PUSH direct
POP direct
```

第一条指令称之为推入,就是将 direct 中的内容送入堆栈中;第二条指令称之为弹出,就是将堆栈中的内容送回到 direct 中。推入指令的执行过程是,首先将 SP 中的值加 1,然后把 SP 中的值当作地址,将 direct 中的值送进以 SP 中的值为地址的 RAM 单元中。

例如:

```
MOV SP,#5FH
MOV A,#100
MOV B,#20
PUSH ACC
PUSH B
POP B
POP ACC
```

分析:将 SP 中的值加 1,即变为 60H,然后将 A 中的值送到 60H 单元中,因此执行完本条指令后, 内存 60H 单元的值就是 100,同样,执行 PUSH B 时,是将 SP+1,即变为 61H,然后将 B 中的值送入到 61H 单元中,即执行完本条指令后,61H 单元中的值变为 20。

POP 指令的执行是这样的,首先将 SP 中的值作为地址,并将此地址中的数送到 POP 指令后面的那个 direct 中,然后 SP 减 1。

则执行过程是:将 SP 中的值(现在是 61H)作为地址,取 61H 单元中的数值(现在是 20)送到 B 中,所以执行完本条指令后 B 中的值是 20,然后将 SP 减 1,因此本条指令执行完后,SP 的值变为 60H,然后执行 POP ACC,将 SP 中的值(60H)作为地址,从该地址中取数(现在是 100),并送到 ACC 中,所以执行完本条指令后,ACC 中的值是 100。

因为,ACC 中的值本来就是 100,B 中的值本来就是 20,是的,在本例中,的确没有意义,但在实际工作中,则在 PUSH B 后往往要执行其他指令,而且这些指令会把 A 中的值和 B 中的值改掉,所以在程序的结束,如果要把 A 和 B 中的值恢复原值,则指令就有意义了。此外,如果不用堆栈,比如说在 PUSH ACC 指令处用 MOV 60H,A,在 PUSH B 处用指令 MOV 61H,B,然后用 MOV A,60H,MOV B,61H 来替代两条 POP 指令,不是也一样吗?是的,从结果上看是一样的,但是从过程看是不一样的,PUSH 和 POP 指令都是单字节,单周期指令,而 MOV 指令则是双字节,双周期指令。更何况,堆栈的作用不止如此,所以一般的计算机上都设有堆栈,而我们在编写子程序需要保存数据时,通常也不采用后面的方法,而是用堆栈的方法来实现。

例如:写出以下程序的运行结果。

```
MOV 30H,#12
MOV 31H,#23
PUSH 30H
PUSH 31H
POP 30H
POP 31H
```

结果是 30H 中的值变为 23,而 31H 中的值则变为 12。也就是两者进行了数据交换。从这个例子可以看出:使用堆栈时,入栈的书写顺序和出栈的书写顺序只有必须相反,才能保证数据被送回原位,否则就出错了。

4.2.3 算术运算类指令

1. 不带进位位的加法指令

```
ADD A,#DATA          ;例:ADD A,#10H
ADD A,direct         ;例:ADD A,10H
ADD A,Rn             ;例:ADD A,R7
ADD A,@Ri            ;例:ADD A,@R0
```

功能:将 A 中的值与其后面的值相加,最终结果返回到 A 中。

例:

```
MOV A,#30H
ADD A,#10H
```

则执行完本条指令后,A 中的值为 40H。

2. 带进位位的加法指令

```
ADDC A,Rn
ADDC A,direct
ADDC A,@Ri
ADDC A,#data
```

功能:将 A 中的值和其后面的值相加,并且加上进位位 C 中的值。

说明:由于 51 单片机是一种 8 位机,所以只能作 8 位的数学运算,但 8 位运算的范围只有 0~255,这在实际工作中是不够的,因此就要进行扩展,一般是将 2 个 8 位的数学运算合起来,成为一个 16 位的运算,这样,可以表达的数的范围就可以达到 0~65 535。如何合并呢?其实很简单,让我们看一个十进制数的例子:66+78。

这两个数相加,先作6+8(低位),然后再作6+7(高位)。之所以要分成两次来做,是因为这两个数超过了一位数所能表达的范围(0~9)。

在作低位时产生了进位,应在适当的位置点一下,然后再作高位加法时将这一点加进去。那么在计算机中作16位加法时同样如此,先作低8位,如果两数相加产生了进位,也要点一下作个标记,这个标记就是进位位CY,它在PSW的第一位中。在进行高位加法时将这个CY加进去。

例如:1067H+10A0H,先作67H+A0H=107H,而107H显然超过了0FFH,因此最终保存在A中的是7,而1则到了PSW中的CY位,换言之,CY就相当于是100H。然后再作10H+10H+CY,结果是21H,所以最终的结果是2107H。

3. 带借位的减法指令

SUBB A,Rn

SUBB A,direct

SUBB A,@Ri

SUBB A,#data

设每个H(R2)=55H,CY=1,执行指令SUBB A,R2之后,A中的值为73H。

说明:没有不带借位的减法指令,如果需要作不带位的减法指令(在作第一次相减时),只要将CY清零即可。

4. 乘法指令

MUL AB

功能:将A和B中的两个8位无符号数相乘,两数相乘结果一般比较大,因此最终结果用1个16位数来表达,其中高8位放在B中,低8位放在A中。在乘积大于FFFFFH(65 535)时,OV置1(溢出),否则OV为0,而CY总为0。

例如:(A)=4EH,(B)=5DH,执行指令MUL AB后,乘积是1C56H,所以B中存放的是1CH,而A中存放的则是56H。

5. 除法指令

DIV AB

功能:将A中的8位无符号数除以B中的8位无符号数(A/B)。除法一般会出现小数,但计算机中可没法直接表达小数,它用的是商和余数的概念,如13/5,商是2,余数是3。商放在A中,余数放在B中。CY和OV都是0。如果在作除法前B中的值是00H,也就是除数为0,那么OV=1。

6. 加1指令

INC A

INC Rn

INC direct

INC @Ri

INC DPTR

功能:将后面目标中的值加1。例如:(A)=12H,(R0)=33H,(21H)=32H,(34H)=22H,DPTR=1234H。执行下面指令:

INC A　　　;(A)= 13H
INC R2　　　;(R0)= 34H
INC 21H　;(21H)= 33H
INC @ R0　;(34H)= 23H
INC DPTR　;(DPTR)= 1235H

后结果如上所示。

说明:从结果上看 INC A 和 ADD A,#1 差不多,但 INC A 是单字节,单周期指令,而 ADD #1 则是双字节,双周期指令,而且 INC A 不会影响 PSW 位,如(A)= 0FFH,INC A 后(A)= 00H,而 CY 依然保持不变。如果是 ADD A ,#1,则(A)= 00H,而 CY 一定是 1。因此,加 1 指令 INC 并不适合作加法,事实上它主要是用来作计数、地址增加等用途。另外,加法类指令 ADD 都是以 A 为核心的计算;其中一个数必须放在 A 中,而运算结果也必须放在 A 中,而加 1 类指令的对象则广泛得多,可以是寄存器、内存地址、间接寻址的地址等。

7. 减 1 指令

DEC A
DEC RN
DEC direct
DEC @ Ri

其功能与加 1 指令类似。

4.2.4　逻辑运算类指令

1. 对累加器 A 的逻辑操作

(1)CLR A:将 A 中的值清 0,单周期单字节指令,与 MOV A,#00H 效果相同。

(2)CPL A:将 A 中的值按位取反。

(3)RL A:将 A 中的值逻辑左移。

(4)RLC A:将 A 中的值加上进位位进行逻辑左移。

(5)RR A:将 A 中的值进行逻辑右移。

(6)RRC A:将 A 中的值加上进位位进行逻辑右移。

(7)SWAP A:将 A 中的值高、低 4 位交换。

例如:

(1)若 A 累加器的值为 35H,执行完 CLR A 指令后,A 累加器的值变为 00H。

(2)若 A 累加器中存放的数值为 73H,即二进制 01110011B,则执行 CPL A 后,将 A 累加器中的数值逐位取反,即为 10001100B,此时 A 累加器中的数值为 8CH。

(3) RL A 将累加器 A 中的值的第 7 位送到第 0 位,第 0 位送 1 位,以次类推。若 A 累加器中的值为 68H,其二进制为 01101000B,执行 RL A,A 累加器中的值变为二进制 11010000B,即 D0H。

(4) RLC A 指令指将 A 累加器中的值带上进位位 CY 进行移位,若 A 中的值为 68H,CY 中的值为 1,则执行 RLC A 后,A 累加器中的值变为 11010001B,即 D1H。此时进位位

CY的值为0。

RR A和RRC A的循环变换方式与RL A和RLC A类似。

(5)SWAP A指令是将A中的值的高、低4位进行交换。若A累加器的值为39H,则执行SWAP A之后,A中的值就是93H。注意:此指令变换时要将A累加器的内容化成二进制后再交换。

2. 逻辑与指令

ANL A,Rn:A与Rn中的值按位"与",结果送入A中。

ANL A,direct:A与direct中的值按位"与",结果送入A中。

ANL A,@Ri:A与间址寻址单元@Ri中的值按位"与",结果送入A中。

ANL A,#data:A与立即数data按位"与",结果送入A中。

ANL direct,A:direct中值与A中的值按位"与",结果送入direct中。

ANL direct,#data:direct中的值与立即数data按位"与",结果送入direct中。

逻辑与指令是指按位与操作,十六进制数71H和56H进行按位与操作的过程如下:

首先将十六进制数转为二进制数,71H=01110001B;56H=00100110B。其次,对两个数值进行按位与,即两个参与运算的值只要其中有一个位上是0,则这位的结果就是0,两个同是1,结果才是1。最后得到01110001B和00100110B按位与运算结果为二进制00100000B,转换为十六进制为20H。

3. 逻辑或指令

ORL A,Rn:A和Rn中的值按位"或",结果送入A中。

ORL A,direct:A和与间址寻址单元@Ri中的值按位"或",结果送入A中。

ORL A,#data:A和direct中的值按位"或",结果送入A中。

ORL A,@Ri:A和立即数data按位"或",结果送入A中。

ORL direct,A:direct中的值和A中的值按位"或",结果送入direct中。

ORL direct,#data:direct中的值和立即数data按位"或",结果送入direct中。

逻辑或指令是指按位或操作,十六进制数71H和56H进行按位与操作的过程如下:

首先将十六进制数转为二进制数,71H=01110001B;56H=00100110B。其次,对两个数值进行按位与,即两个参或运算的值只要其中有一个位上是1,则这位的结果就是1,两个同是0,结果才是0。最后得到01110001B和00100110B按位或运算结果为二进制01111011B,转换为十六进制为7BH。

4. 异或指令

XRL A,Rn:A和Rn中的值按位"异或",结果送入A中。

XRL A,direct:A和direct中的值按位"异或",结果送入A中。

XRL A,@Ri:A和间址寻址单元@Ri中的值按位"异或",结果送入A中。

XRL A,#data:A和立即数data按位"异或",结果送入A中。

XRL direct,A:direct中的值和A中的值按位"异或",结果送入direct中。

XRL direct,#data:direct中的值和立即数data按位"异或",结果送入direct中。

逻辑异或指令是指按位异或操作,十六进制数71H和56H进行按位与操作的过程如下:

首先将十六进制数转为二进制数,71H=01110001B;56H=00100110B。其次,对两个数值进行按位与,即两个参与异或运算的值只要其中两个数相同位相同(同为0或者同为1)结果为0,相异为1。最后得到01110001B和00100110B按位异或运算结果为二进制01010111B,转换为十六进制为57H。

利用逻辑运算指令分析下面的程序段:

```
MOV A,#45H        ;将数值45H放在A累加器中
MOV R1,#25H       ;令R1的值为25H
MOV 25H,#79H      ;将25H存储单元中放入数值79H
ANL A,@R1         ;45H与79H按位与,结果送入A中为41H,此时A累加器中的
                  ;值为41H
ORL 25H,#15H      ;25H中的值为十六进制数79H与十六进制立即数15H按位或,
                  ;此时地址25H存储单元里面的内容为7DH
XRL 25H,A         ;25H中的值为十六进制数7DH与A累加器中的值十六进制
                  ;41H相异或,执行后地址25H存储单元里面的内容为03H
```

4.2.5 控制转移类指令

1. 无条件转移类指令

(1)短转移类指令。

AJMP addr11

(2)长转移类指令。

LJMP addr16

(3)相对转移指令。

SJMP rel

上面三条指令的区别:在跳转距离上,AJMP跳转程序间隔2 kb距离,LJMP路转64 kb距离,而SJMP只跳转256 bit距离;在存储空间上,AJMP和SJMP是双字节指令,占2个存储(ROM)单元,而LJMP是三字节指令,占3个存储单元。

(4)间接转移指令。

JMP @A+DPTR

这条指令的用途也是跳转,而跳转到何处则由标号决定。例如:

```
MOV DPTR,#TAB        ;将TAB所代表的地址送入DPTR
MOV A,R0             ;从R0中取数
MOV B,#2
MUL A,B              ;A中的值乘2
JMP A,@A+DPTR        ;跳转
TAB: AJMP S1         ;跳转表格
AJMP S2
AJMP S3
```

2.有条件跳转类指令

条件转移指令是指在满足一定条件时进行相对转移。

(1)零跳转类指令。

判断A内容是否为0转移指令。

```
JZ rel
JNZ rel
```

第一条指令的功能是:如果(A)=0,则转移,否则顺序执行(执行本指令的下一条指令)。转移到什么地方去呢?这条指令可以这样理解:JZ 标号,即转移到标号处。例如:

```
MOV A,R0
JZ L1
MOV R1,#00H
AJMP L2
L1:MOV R1,#0FFH
L2:SJMP L2
END
```

在执行上面这段程序前如果R0的值为0,就转移到L1执行,因此最终的执行结果是R1的值为0FFH。而如果R0的值不为0,则顺序执行,也就是执行 MOV R1,#00H 指令。最终的执行结果是R1的值为0。

第一条指令的功能清楚了,当然第二条指令就好理解了,如果A中的值不等于0,就转移。把上例中的JZ改成JNZ,看看程序执行的结果是什么?

(2)比较转移指令。

```
CJNE A,#data,rel
CJNE A,direct,rel
CJNE Rn,#data,rel
CJNE @Ri,#data,rel
```

第一条指令的功能是将A中的值和立即数data比较,如果两者相等,就顺序执行(执行本指令的下一条指令),如果不相等,就转移,同样,可以将rel理解成标号,即:CJNE A,#data,标号。利用这条指令,我们就可以判断两个数是否相等,这在很多场合是非常有用的。但有时还想得知两个数比较之后哪个大、哪个小,本条指令也具有这样的功能,如果两数不相等,则CPU还会反映出哪个数大、哪个数小,这是用CY(进位位)来实现的。如果前面的数(A中的)大,则CY=0,否则CY=1,因此在程序转移后再次利用CY就可判断出A中的数比data大还是小了。

例如:

```
MOV A,R0
CJNE A,#10H,L1
MOV R1,#0FFH
AJMP L3
L1:JC L2
```

```
MOV R1,#0AAH
AJMP L3
L2: MOV R1,#0FFH
L3: SJMP L3
```

本例中 JC 的原型是 JC rel,其作用和上 JZ 类似,但是它是判 CY 是 0 还是 1 进行转移,如果 CY=1,则转移到 JC 后面的标号处执行,如果 CY=0,则顺序执行(执行它的下一条指令)。

分析:如果(A)=10H,则顺序执行,即 R1=0。如果(A)≠10H,则转到 L1 处继续执行,在 L1 处,再次进行判断,如果(A)>10H,则 CY=1,将顺序执行,即执行 MOV R1,#0AAH指令,而如果(A)<10H,则将转移到 L2 处指行,即执行 MOV R1,#0FFH 指令。因此最终结果是:本程序执行前,如果(R0)=10H,则(R1)=00H,如果(R0)>10H,则(R1)=0AAH,如果(R0)<10H,则(R1)=0FFH。

第二条指令是把 A 中的值和直接地址中的值比较;第三条指令则是将直接地址中的值和立即数比较;第四条是将间址寻址得到的数和立即数比较。例如:

```
CJNE A,10H      ;把A中的值和10H中的值比较(注意和上例的区别)
CJNE 10H,#35H  ;把10H中的值和35H中的值比较
CJNE @R0,#35H;把R0中的值作为地址,从此地址中取数并和35H比较
```

(3)循环转移指令。

```
DJNZ Rn,rel
DJNZ direct,rel
```

第二条指令,将 Rn 改成直接地址,例如:

```
DJNZ 10H,LOOP
```

3. 调用与返回指令

(1)在完成一项任务时,对于任务中重复出现的同一子任务,可将重复出现的子任务设计成子程序,主程序每次使用时调用了程序,运行完毕后返回主程序。

(2)调用及返回过程:主程序调用了子程序,子程序执行完之后必须再回到主程序继续执行,调用及返回如图 4.1 所示。

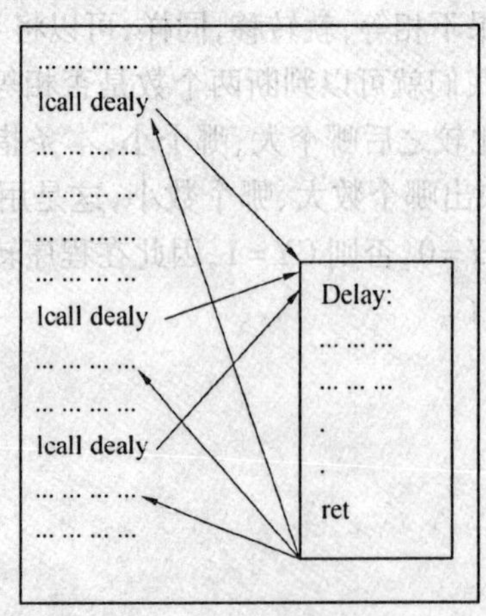

图 4.1 调用及返回示意图

(3)Lcall addr16:长调用指令,用于调用 2^{16} 存储范围以内的指令。

(4)acall addr11:短调用指令,用于调用 2^{13} 存储范围以内的指令。

上面两条指令都是在主程序中调用子程序,两者有一定的区别,但在初学时,可以不加以区分,而且可以用 LCALL 标号及 ACALL 标号来理解,即调用子程序。

(5)返回指令:用于跳转后返回主程序的指令。

4. 空操作指令

nop 空操作,即停一个周期,一般用作短时间的延时。

4.2.6　位及位操作指令

通过前面流水灯的例子,我们已经习惯了“位”,一位就是一盏灯的亮和灭,而我们学的指令却全都是用“字节”来表示的,包括字节的移动、加法、减法、逻辑运算、移位等。用字节来处理一些数学问题,比如说:控制冰箱的温度、电视的音量等很直观,可以直接用数值来表示。可是如果用它来控制一些开关的打开和闭合,灯的亮和灭,就有些不直接了。还记得流水灯的例子吗?我们知道送往 P1 口的数值后并不能马上知道哪个灯亮和灭,而是要化成二进制才知道。工业中有很多场合需要处理这类开关输出和继电器吸合,用字节来处理就显得有些麻烦,所以在 51 单片机中特意引入一个位处理机制。

在 51 单片机中,有一部分 RAM 和一部分 SFR 是具有位寻址功能的,也就是说,这些 RAM 的每一个位都有自己的地址,可以直接用这个地址来对此进行操作。

内部 RAM 的 20H ~ 2FH 这 16 个字节就是 8051 的位寻址区,如图 4.2 所示。可见,这里的每一个 RAM 中的每个位都可能直接用位地址来找到它们,而不必用字节地址,然后再用逻辑指令的方式。

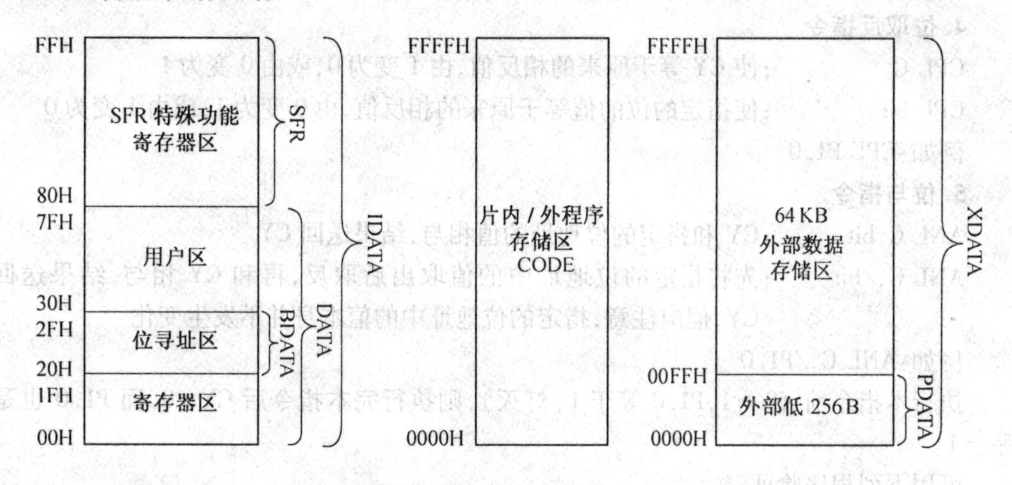

图 4.2　8051 的位寻址区

51 单片机中有一些 SFR 是可以进行位寻址的,这些 SFR 的特点是其字节地址均可被 8 整除,如累加器 A、寄存器 B、PSW、IP(中断优先级控制寄存器)、IE(中断允许控制寄存器)、SCON(串行口控制寄存器)、TCON(定时器/计数器控制寄存器)、P0 ~ P3(I/O 端口锁存器)。

在 MCS-51 单片机的硬件结构中,有一个位处理器(又称为布尔处理器),它有一套位变量处理的指令集。在进行位处理时,CY(就是我们前面讲的进位位)称为累加器。有自己的位 RAM,也就是内部 RAM 的 20H~2FH 这 16 个字节单元,即 128 个位单元,还有自己的位 I/O 空间(即 P0.0~P0.7,P1.0~P1.7,P2.0~P2.7,P3.0~P3.7)。在物理实体上它们与原来的以字节寻址用的 RAM 及端口是完全相同的,或者说这些 RAM 及端口都可以有位和字节操作两种用法。

1. 位传送指令

MOV C,BIT

MOV BIT,C

功能:实现位累加器(CY)和其他位地址之间的数据传递。例如:

MOV P1.0,CY ;将 CY 中的状态送到 P1.0 引脚上去

如果是作算术运算,就可以通过观察知道现在 CY 是多少。

2. 位修正指令

位清 0 指令。

CLR C ;使 CY=0

CLR bit ;使指令的位地址等于 0

例如:CLR P1.0 ;使 P1.0 变为 0

3. 位置 1 指令

SETB C ;使 CY=1

SETB bit ;使指定的位地址等于 1。

例如:SETB P1.0 ;使 P.0 变为 1

4. 位取反指令

CPL C ;使 CY 等于原来的相反值,由 1 变为 0,或由 0 变为 1

CPL bit ;使指定的位的值等于原来的相反值,由 0 变为 1,或由 1 变为 0

例如:CPL P1.0

5. 位与指令

ANL C,bit ;CY 和指定的位地址的值相与,结果送回 CY

ANL C,/bit ;先将指定的位地址中的值取出后取反,再和 CY 相与,结果送回 CY,但应注意,指定的位地址中的值本身并不发生变化

例如:ANL C,/P1.0

执行本指令前,CY=1,P1.0 等于 1(灯灭),则执行完本指令后 CY=0,而 P1.0 也是等于 1。

可用下列程序验证:

```
ORG 0000H
AJMP START
ORG 30H
START: MOV SP,#5FH
MOV P1,#0FFH
```

```
SETB C
ANL C,/P1.0
MOV P1.1,C     ;将做完的结果送 P1.1,结果应当是 P1.1 上的灯亮,而 P1.0 上的灯
               ;还是不亮
```

6. 位或指令

```
ORL C,bit
ORL C,/bit
```

第一条指令指 CY 和指定的位地址进行或运算,再将值返回给 CY。

第二条指令指 CY 与位地址中取反后的值进行位或运算,结果返回 CY 中。

7. 位条件转移指令

判 CY 转移指令:

```
JC rel
JNC rel
```

第一条指令的功能是如果 CY 等于 1 就转移,如果不等于 1 就顺序执行。那么转移到什么地方去呢? 我们可以这样理解:JC 标号,如果等于 1,就转到标号处执行。

第二条指令则和第一条指令相反,即如果 CY=0,就转移,如果不等于 0,就顺序执行。当然,我们也同样理解: JNC 标号。

判位变量转移指令:

```
JB bit,rel
JNB bit,rel
```

第一条指令如果指定的 bit 位中的值是 1,则转移,否则顺序执行。同样,我们可以这样理解这条指令:JB bit,标号。

第二条指令请读者先自行分析。

下面举个例子说明:

```
ORG 0000H
LJMP START
ORG 30H
START:MOV SP,#5FH
MOV P1,#0FFH
MOV P3,#0FFH
L1: JNB P3.2,L2       ;P3.2 上接有一个按键,按下时,P3.2=0
JNB P3.3,L3           ;P3.3 上接有一个按键,按下时,P3.3=0
LJM P L1
L2: MOV P1,#00H
LJMP L1
L3: MOV P1,#0FFH
LJMP L1
END
```

4.3 伪指令

所谓伪指令就是没有对应的机器码的指令,它用于告诉汇编程序如何进行汇编的指令,它既不控制机器的操作,也不被汇编成机器代码,只能为汇编程序所识别并指导汇编如何进行。现介绍几种常用的伪指令。

1. ALTNAME

功能: 用来自定义名字,以替换源程序中原来的保留字,替换的保留字均可等效地用于子程序中。

指令格式: ALTNAME 保留字 自定义名

注意: 自定义名与保留字之间首字符必须相同。

2. BIT

功能:用于将一个位地址赋给指定的符号名。

指令格式:符号名 BIT 位地址

注意:经 BIT 指令定义过的位符号名不能更改。

例如:

X_ON BIT 60H ;定义一个绝对位地址

X_OFF BIT 24h.2 ;定义一个绝对位地址

3. BSEG

功能:指令 BSEG 选择绝对位寻址数据段,称为绝对选择指令。

指令格式:BSEG [AT 绝对地址表达式]

4. CODE

功能:用于将程序存储器 ROM 的地址赋给指定的符号名。

指令格式:符号名 CODE 表达式

例如:RESET CODE 00H

5. CSEG

功能:用于选择绝对代码段。

指令格式:CSEG [AT 绝对地址表达式]

6. DATA(BYTE)

功能:用于将一个内部 RAM 的地址赋给指定的符号名。

指令格式:符号名 DATA 表达式

数值表达式的值应在 0 ~ 255 之间,表达式必须是一个简单再定位表达式。

例如:

REGBUF DATA(BYTE) 40H

=PORT0 DATA(BYTE) 80H

DATA 与 BYTE 的区别: DATA 与 BYTE 是相类似的伪指令,当程序运行到 DATA 伪指令定义的符号名时,该符号名将被显示;而由 BYTE 定义的符号名不被显示。

7. DB

功能:用于定义一个连续的存储区,给该存储区的存储单元赋值。该伪指令的参数即为存储单元的值,在表达式中对变元个数没有限制,只要此条伪指令能容纳在源程序的一行内即可。

指令格式:标号: DB 表达式

只要表达式不是字符串,每个表达式的值都被赋给一个字节。计算表达式的值时按16位处理,但其结果只取低8位,若多个表达式出现在一个DB伪指令中,它们必须以逗号分开。

表达式中有字符串时,以单引号“'”作分隔符,每个字符占一个字节,字符串不加改变地被存在各字节中,但并不能将小写字母转换成大写字母。

例如:

DB 00H 01H 03H 46H

DB 'This is a demo!'

8. DBIT

功能:在内部数据区的BIT段以位为单位保留存储空间。

指令格式:[标号:] DBIT　数值表达式

其操作类似于DB指令。

9. DS

功能:用于定义存储内容的伪指令,用它定义一个存储区,并用指定的参数填满该存储区。DS伪指令包含两个变元,第一个变元定义存储区的长度的字节数,在汇编时,汇编程序将跳过这些单元把其他指令汇编在这些字节之后,因此在使用DS伪指令时第一个变元不可活动,第二个变元表示在这些单元中填入什么值,第二个变元可以活动,活动时,这些字节将不处理。例如:0173处有一条DS 9,则空出9个字节,下一条指令被汇编到017C处;在017C处空出1BH个单元,在这些字节中被27H所填充。

指令格式:标号: DS 表达式1,表达式2

表达式1定义存储区的长度(以字节为单位)。这个变元不能省略。表达式2是可选择的,它的值的低8位用以填入所定义的存储区。若省略,则这部分存储单元不处理。例如:

0000 04 INC A

0001 DS 9

000A 04 INC A

000B DS 1BH,27H

0026 04 INC A

10. DSEG

功能:选择内部绝对数据段。

指令格式:DSEG [AT 绝对地址表达式]

11. DW

功能:DW为以字节为单元(16位二进制)来给一个的存储区赋值。

指令格式:标号: DW 表达式

例如: 0000 3035 D46B DW 12341,54379,10110100101110B

12. END

功能:标志源代码结束,汇编程序遇到 END 语句后立即停止运行。若没有 END 语句,汇编将报错。END 语句有一个参数,可以是数值 0,也可以是表达式。

指令格式:标号: END 表达式

它的值就是程序的地址,并且作为一个特殊的记录写入 HEX 文件。若这个表达式被省略,则 HEX 文件中的值就是 0。

13. EQU(=)

功能:存储器名赋给一个指定符号名。

指令格式:符号名 EQU(=)表达式

符号名 EQU(=)寄存器名

经过 EQU 指令赋值的符号可在程序的其他地方使用,以代替其赋值。

例如:MAX EQU 2000

在程序的其他地方出现 MAX,就用 2000 代替。

14. EXTRN

功能:EXTRN 是与 PUBLIC 配套使用的,要调用其他模块的函数,就必须先在模块前声明。

指令格式:EXTRN 段类型(符号,符号,……)

例如:EXTRN CODE (TONGXING,ZHUANHUAN)

调用外部 TONGXING 和 ZHUANHUAN 程序。

15. IDATA

功能:用于将一个间接寻址的内部 RAM 地址赋给指定的符号名。

指令格式:符号名 IDATA 表达式

例如:FULLER IDATA 60H

16. IF

条件伪操作格式:

```
IF    表达式
   [ 程序块 1 ]
[ ELSE ]
   [ 程序块 2 ]
ENDIF
```

当 IF 指令中的表达式为真时,被汇编的代码段是程序块 1;当 IF 指令中的表达式为假时,被汇编的代码段是程序块 2。在一个条件结构中,仅有一个代码段被汇编,其他的则被忽略。

17. INCLUDE

功能: 利用此伪指令可将一个源文件插入到当前源文件中一起汇编,最终成为一个完整的源程序。

指令格式：INCLUDE［驱动器名：］［路径名］文件名

注意：

(1)文件名中若没有扩展名，则系统默认是.ASM(该文件必须是能打开的)。

(2)被插入的源程序中不能包含END伪指令，否则汇编会停止运行。被链接文件的每一行，在程序清单中以“I”开头。

(3)链接伪指令可有8级嵌套，若要求嵌套得多，则要修改DOS中的CONFIG.SYS文件的FILES参数。

18. ISEG

功能：用于选择内部间接寻址绝对数据段idata.

指令格式：ISEG［AT 绝对地址表达式］

19. MACRO

宏指令格式：

［宏指令名］　MACRO　［形式参数，……］

代码段

ENDM

宏调用格式

［宏指令名］［实参，……］

20. LIST

指令格式：$ LIST

功能：用于显示汇编时产生程序清单，但即使不用该指令，汇编也会自动产生清单。但如果使用了NOLIST伪指令后需要继续产生清单，则必须使用LIST伪指令来实现。

21. NAME

功能：用来给当前模块命名。

指令格式：NAME 模块名

例如：NAME TIMER

定义一个名为TIMER的模块。

22. NOCODE

功能：使条件汇编程序结构中那些真值为假的条件不产生清单。有关条件汇编结构在下面介绍。如果没有这条伪指令，汇编将产生所有条件下的清单，不论其真值是否为真。但若是假的条件，则不产生目标码。而NOCODE伪指令使汇编清单中只列出那些由汇编程序用到的部分，因此，当使用NOCODE伪指令时，程序清单与源程序并非逐行对应。

指令格式：$ NOCODE

23. NOLIST

功能：使源代码在汇编时不产生列表文件，所有包含此伪指令及在这条伪指令之后的语句都不进入列表文件。

指令格式：$ NOLIST

实际上，当不需要任何列表文件，并且不需要显示程序清单时，可以在启动汇编时不加"/L"附加项,且在源代码的第一行加上 NOLIST 指令。二者的不同之处在于 NOLIST 伪指令可加在源程序中,与 LIST 伪指令配合使用,使源程序中某些部分不产生清单。而不加附加项"/L"则不产生任何程序清单。不过,不管有无 $ NOLIST 伪指令,程序在汇编时检查到的错误都将在屏幕上显示出错的源代码行及错误信息。

24. PAGE

功能:用于定义新的一页或行数。若表达式缺省,则开始新的一页,若有表达式,则每页行数重新定义。

指令格式: $ PAGE

汇编开始时页长为 66 行,这一格式适用于标准打印纸。如果汇编时如果变元值小于 66 行,则页内可打印的源代码行将相应减少,页长最小值为 12,若小于 12 时,每页内只打印一行源程序。

25. PUBLIC

功能:声明可被其他模块使用的公共函数名。

指令格式:PUBLIC 符号 [,符号,符号[,……]]

PUBLIC 后可跟多个函数名,用逗号隔开。每个函数名都必须是在模块内定义过的。

例如:PUBLIC INTER,_OUTER

其中_OUTER 可供 C 调用。

26. RSEG

功能:用于选择一个已在前面定义过的再定义段作为当前段。

指令格式:RSEG 段名

段名必须是在前面声明过的再定位段。

例如:

```
DATAS SEGMENT DATA    ;声明一个再定位 DATA 段
CODES SEGMENT CODE    ;声明一个再定位 CODE 段
BSEG AT 60H
RSEG CODES ;选择前面声明的再定位 CODE 段作为当前段
```

27. SEGMENT

功能:用来声明一个再定位段和一个可选的再定位类型。段类型用于指定所声明的段将处的储存器地址空间,可用的段类型有 CODE、/XDATA/DATA/IDATA 和 BIT。

指令格式:再定位段型 SEGMENT 段类型(再定位类型)

例如:FLAG SEGMENT BIT

PONITER SEGMENT IDATA

28. SET

功能:SET 指令类似于 EQU 指令,不同的是 SET 指令定义过的符号可重新定义。

指令格式:符号名 SET 表达式

符号名 SET 寄存器名

例如:MAX SET 2000

MAX SET 3000

29. TTILE

功能:用于给列表文件页头建立一个标题。

指令格式: $ TITLE 标题行

标题行可定义60个字符。若标题行省略,则原定义的标题行省略。

30. XDATA

功能:用于将一个外部RAM的地址赋给指定的符号名。

指令格式:符号名 XDATA 表达式

```
例如:RSEG XSEG1        ;选择一个外部数据段
ORG 100H
MING DS 10             ;在标号 MING 处保留 10 个字节
HOUR XDATA MING+5
MUNIT XDATA HOUR+5
```

31. XSEG

功能:用于选择外部绝对数据段xdata的指令。括号内为可选项,用于指定当前绝对段的基地址,表示在外端数据存储空间定义一个绝对地址段。

指令格式:XSEG [AT 绝对地址表达式]

4.4 汇编语言程序设计举例

例4.1 在P2口的每个引脚按LED灯,利用延时实现P2口8位LED流水灯依次点亮效果,LED灯低电平有效。汇编语言程序代码如下:

```
ORG 0000H              ;程序从 000H 地址开始运行
    AJMP MAIN          ;跳转到 MAIN 程序
    ORG 030H           ;MAIN 程序从 030H 开始运行
MAIN:
    MOV P2,#0FEH
    ACALL DEL          ;调用延时子程序
    MOV P2,#0FCH
    ACALL DEL          ;调用延时子程序
    MOV P2,#0F8H
    ACALLDEL
    MOV P2,#0F0H
    ACALL DEL
    MOV P2,#0E0H
    ACALL DEL
    MOV P2,#0C0H
    ACALLDEL
    MOV P2,#080H
```

```
    ACALL DEL
    MOV P2,#000H
    ACALL DEL
    MOV P2,#0FFH
    AJMP MAIN           ;跳转到 MAIN 程序
;延时子程序
DEL:  MOV R5,#02H
DEL1: MOV R6,#0F0H
DEL2: MOV R7,#0F0H
DEL3: DJNZ R7, DEL3
    DJNZ R6, DEL2
    DJNZ R5, DEL1
    RET
    END
```

例 4.2 P2 口 8 个灯作跑马灯,利用延时实现跑马灯效果。汇编语言程序代码如下:

```
    ORG   0000H
    AJMP  START
    ORG  0030H
START:
    MOV A,#0ffH
    CLR C
    MOV R2,#08H         ;循环 8 次
LOOP:  RLC A            ;带进位左移
    MOV P2,A            ;输出到 P1 口
    CALL DELAY          ;延时一段时间
    DJNZ R2,LOOP        ;反复循环
    MOV R2,#07H         ;再往回循环
LOOP1:RRC A             ;带进位右移
    MOV P2,A            ;输出到 P1 口
    CALL DELAY          ;延时一段时间
    DJNZ R2,LOOP1       ;反复循环
    JMP START           ;重新开始
DELAY:MOV R3,#20        ;延时子程序
D1:MOV R4,#20
D2:MOV R5,#248
    DJNZ R5, $
    DJNZ R4,D2
    DJNZ R3,D1
```

```
    RET
END
```

例 4.3　编写 P2 口 LED 闪烁，利用延时程序实现。汇编语言程序代码如下：

```
    ORG 0000H              ;程序从此地址开始运行
    LJMP MAIN              ;跳转到 MAIN 程序处
    ORG 030H               ;MAIN 从 030H 处开始
MAIN:
    MOV P2 ,#00H           ;P2 口为低电平 LED 灯亮
    ACALL DELAY            ;调用延时子程序
    MOV P2 ,#0FFH
    ACALL DELAY
    AJMP MAIN              ;跳转到主程序处

DELAY:MOV R5,#04H          ;将立即数传给寄存器 R5
F3:MOV R6,#0FFH
F2:MOV R7,#0FFH
F1:DJNZ R7,F1              ;若为 0,则程序向下执行,若不为 0,则程序跳转到标号 F1
    DJNZ R6,F2
    DJNZ R5,F3
    RET
    END
```

例 4.4　利用中断控制 P2.0 小灯。汇编语言程序代码如下：

```
    ORG0     000H
    AJMP     MAIN
    ORG      000BH
    AJMP     INT_TIMER
    ORG      0030H
MAIN:MOV TMOD,#01H         ;设置定时器工作方式寄存器
    MOV   TH0,#HIGH(65536-10000)
    MOV   TL0,#LOW(65536-10000);设 10 ms 初始值
    MOV   IE,#82H          ;设置中断允许寄存器
    MOV 30H,#10;
    MOV 31H,#6             ;30H 和 31H 是两个软件计数器
    SETB TR0               ;启动定时
    AJMP $                 ;原地踏步
INT_TIMER:                 ;定时器 0 中断服务程序
    MOVTH0,#HIGH(65536-10000);
    MOVTL0,#LOW(65536-10000)      ;重设 10 ms 定时
```

```
    DJNZ30H,L1;
    MOV30H,#10;
    DJNZ31H,L1;
    MOV31H,#6           ;软件计数
    CPL   p2.0          ;10×6×10 ms=600 ms时间到,P1.1取反
L1:RETI                 ;中断返回
END
```

习　题

1. 什么是汇编语言？它与C51编程语言有什么区别？
2. 写出汇编语言各指令的一般格式。
3. 什么是寻址方式？汇编语言的寻址方式都有哪几种？
4. 写出单片机汇编语言的数据传送类指令。
5. 写出单片机汇编语言的算术运算类指令。
6. 什么是汇编语言的伪指令？
7. 利用延时函数编写一个小灯隔1 s闪烁一次的汇编语言程序。

第5章 最小系统板制作

5.1 单片机最小系统

单片机最小系统，或者称为最小应用系统，是指用最少的元件组成的单片机可以工作的系统。对STC系列单片机来说，最小系统一般包括：单片机外围电路、晶振电路、复位电路及电源电路。图5.1所示给出一个单片机的最小系统电路图。

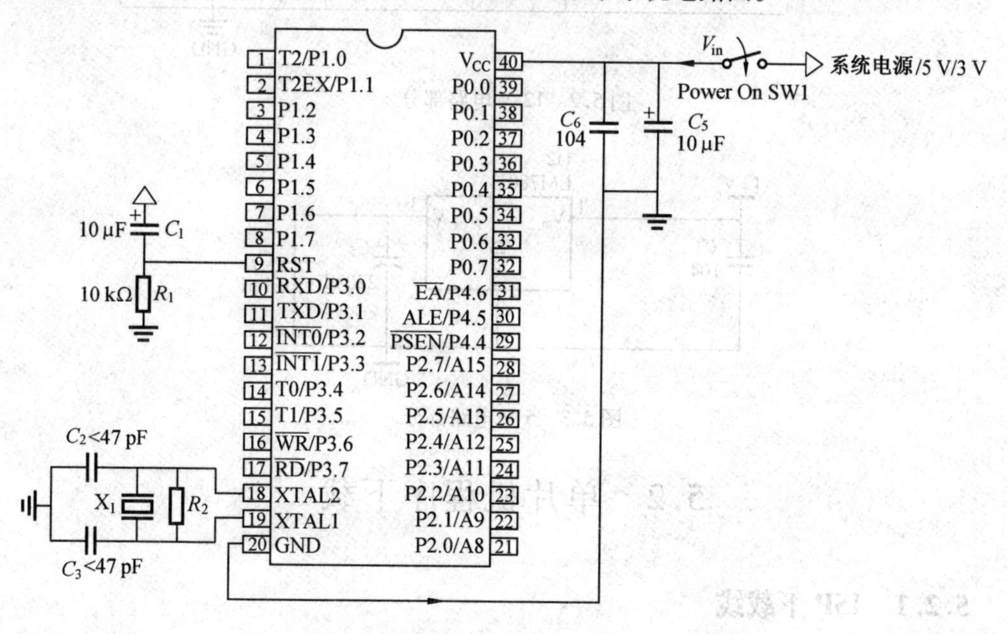

图5.1　单片机的最小系统电路图

1. 复位电路

复位电路就好比计算机的重启部分，当计算机在使用中出现死机时，按下重启按钮计算机内部的程序从头开始执行。单片机也一样，当单片机系统在运行中受到环境干扰出现程序跑飞时，按下复位按钮，内部的程序就自动从头开始执行。

复位电路由电容串联电阻构成，根据电容电压不能突变的性质可知：当系统一上电

时，RST 脚将会出现高电平，并且这个高电平持续的时间由电路的 R、C 值来决定。典型的 STC 单片机当 RST 脚的高电平持续两个机器周期以上就将复位，所以适当组合 R、C 的取值就可以保证可靠的复位。一般教材中推荐电容 C 取 10～30 μF，R 取 8.2 kΩ，当然也有其他取法，原则就是要让 R、C 组合可以在 RST 脚上产生不少于 2 个机周期的高电平，至于如何具体定量计算，可以参考电路分析相关书籍。

2. $\overline{EA}$

当接高电平时，单片机在复位后从内部 ROM 的 0000H 开始执行；当接低电平时，复位后直接从外部 ROM 的 0000H 开始执行。这一点是初学者容易忽略的。

3. 电源电路

利用 LM7812 和 LM7805 芯片得到 12 V 和 5 V 的电压，12 V 电压用于驱动电机等元器件（图 5.2），5 V 电压则给单片机供电（图 5.3）。

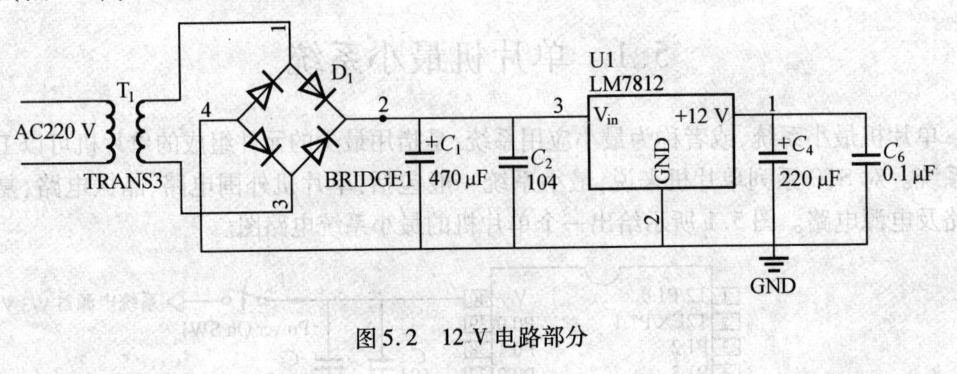

图 5.2　12 V 电路部分

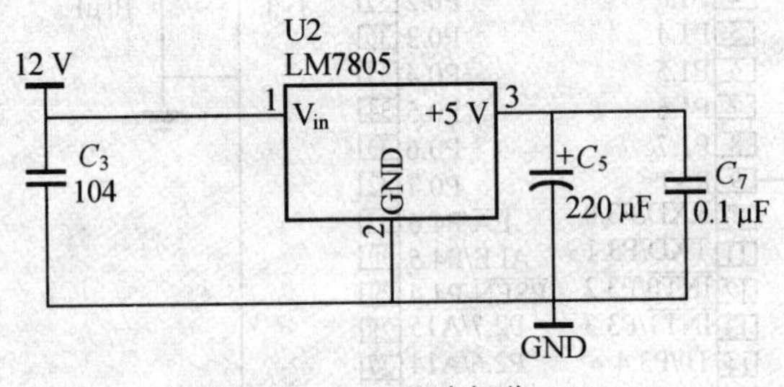

图 5.3　5 V 电路部分

5.2　单片机程序下载

5.2.1　ISP 下载线

ISP（In-System Programming）在系统可编程，指电路板上的空白器件可以编程写入最终用户代码，而不需要从电路板上取下器件，已经编程的器件也可以用 ISP 方式擦除或再编程。ISP 技术是未来的发展方向。

ISP 的实现相对要简单一些，一般通用做法是内部的存储器可以由 PC 的软件通过串口来进行改写。对于单片机来讲，可以通过 SPI 或其他的串行接口接收上位机传来的数据并写入存储器中。即使将芯片焊接在电路板上，只要留出和上位机接口的这个串口，就可以实现芯片内部存储器的改写,而无须再取下芯片。

ISP 技术的优势使得单片机系统在开发时,不需要编程器就可以进行单片机的实验和开发,单片机芯片可以直接焊接到电路板上,调试结束即成成品,免去了调试时由于频繁地插入取出芯片而对芯片和电路板带来的不便。

STC 系列单片机程序的下载是通过 PC 机的 RS232-C 串口与单片机的串口进行通信的,但由于 PC 机 RS232-C 串口的逻辑电平(逻辑“0”:+5 ~ +15 V,逻辑“1”:-5 ~ -15 V)与单片机的逻辑电平不匹配,因此 RS232-C 不能与 TTL 电平直接相连,使用时必须进行电平转换,通常采用 MAX232 或者 STC232 专用芯片。STC 系列单片机用户程序的下载电路如图 5.4 所示。

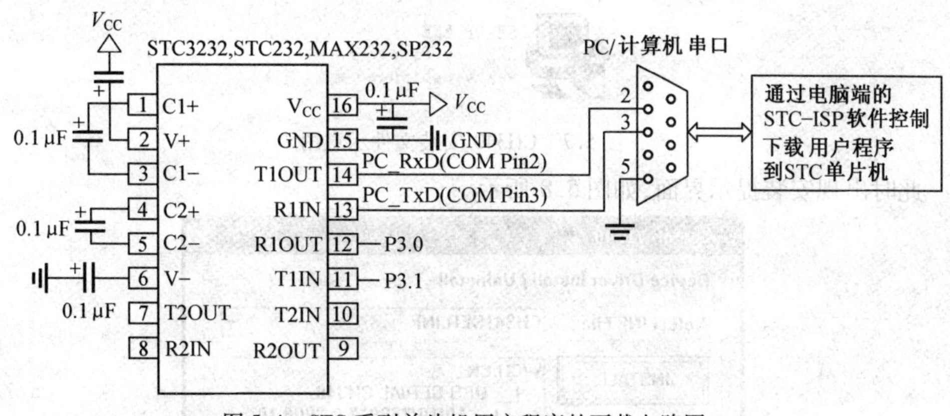

图 5.4　STC 系列单片机用户程序的下载电路图

5.2.2　USB 下载

随着电子技术的发展,笔记本包括台式机都渐渐地舍弃了并口、串口,USB-ISP 下载是势在必行了。图 5.5 所示为 USB-ISP 下载电路图。

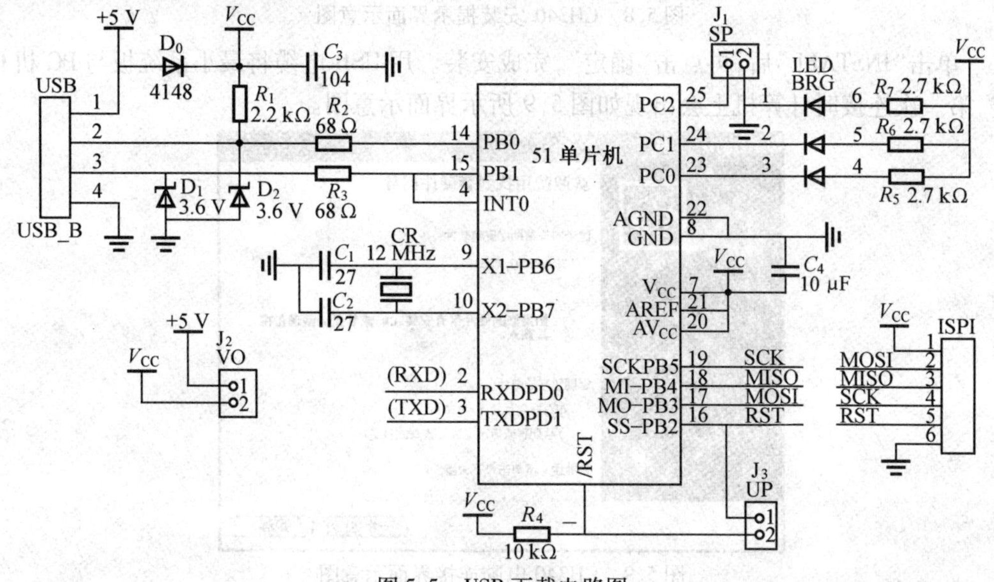

图 5.5　USB 下载电路图

为了利用笔记本方便调试程序，常常需要安装 USB 驱动，CH340 压缩文件，打开文件夹，如图 5.6 所示。

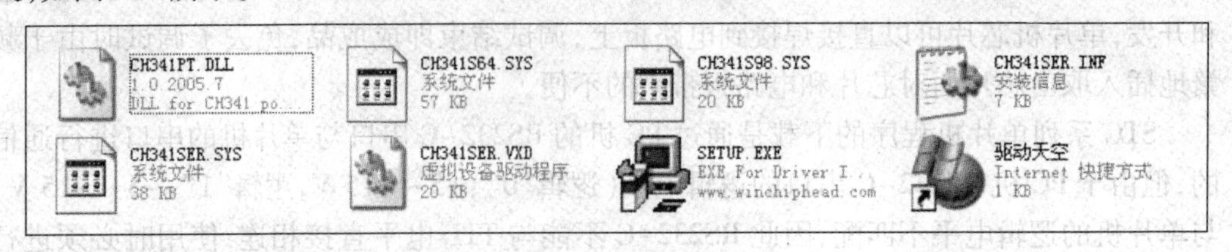

图 5.6　CH340 压缩示意图

此时双击安装文件，如图 5.7 所示。

图 5.7　CH340 安装文件示意图

此时出现安装提示界面，如图 5.8 所示。

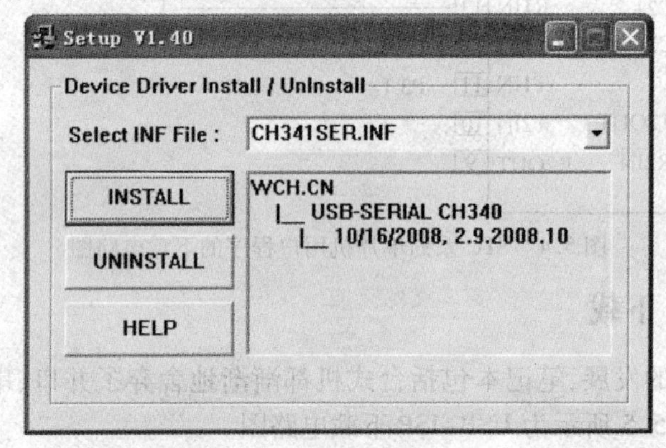

图 5.8　CH340 安装提示界面示意图

单击“INSTALL”后，再点击“确定”，完成安装。用 USB 电缆将最小系统板与 PC 机相连，第一次连接时计算机上会出现如图 5.9 所示界面示意图。

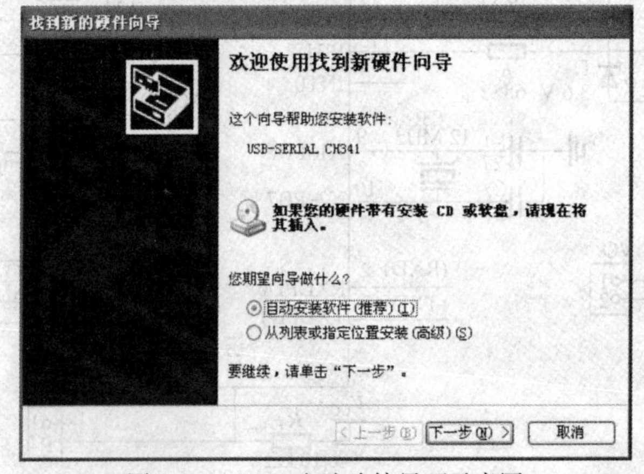

图 5.9　CH340 电脑连接界面示意图

在跳出的窗口中点击“下一步”，出现如图5.10所示界面，硬件安装完毕。点击“完成”，即可完成USB设备安装。

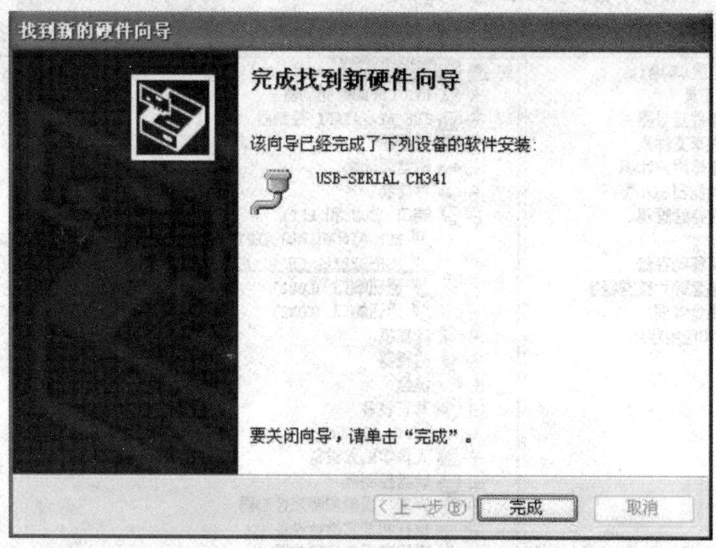

图5.10　并口安装完毕界面示意图

此时在计算机的右下角会提示USB设备已连接正常。USB安装全部结束，USB驱动只需要在第一次使用时安装，以后再使用时无需安装，即插即用，方便快捷。安装完成后，计算机将多出一个串口，点击“计算机管理”，出现如图5.11所示界面。

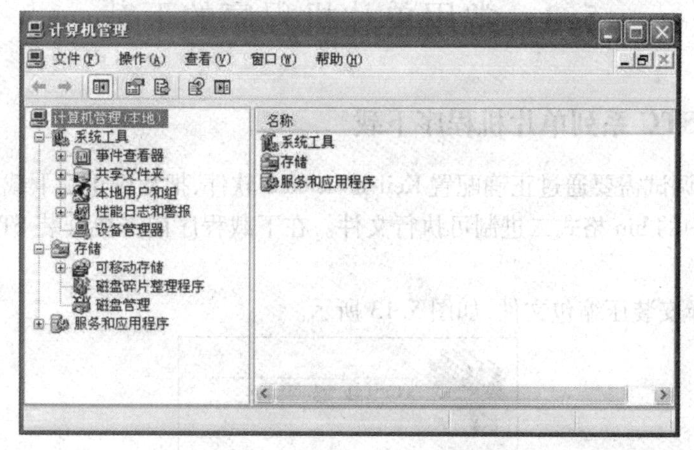

图5.11　“计算机管理”界面示意图

在“计算机管理”界面左侧点击“设备管理器”，选择端口，此时将会看到如图5.12所示界面。此时，USB转串口芯片CH340模拟了一个串口（COM3），根据插入USB口的不同，虚拟出来的COM口也不同，下载时选择相应的COM口即可。

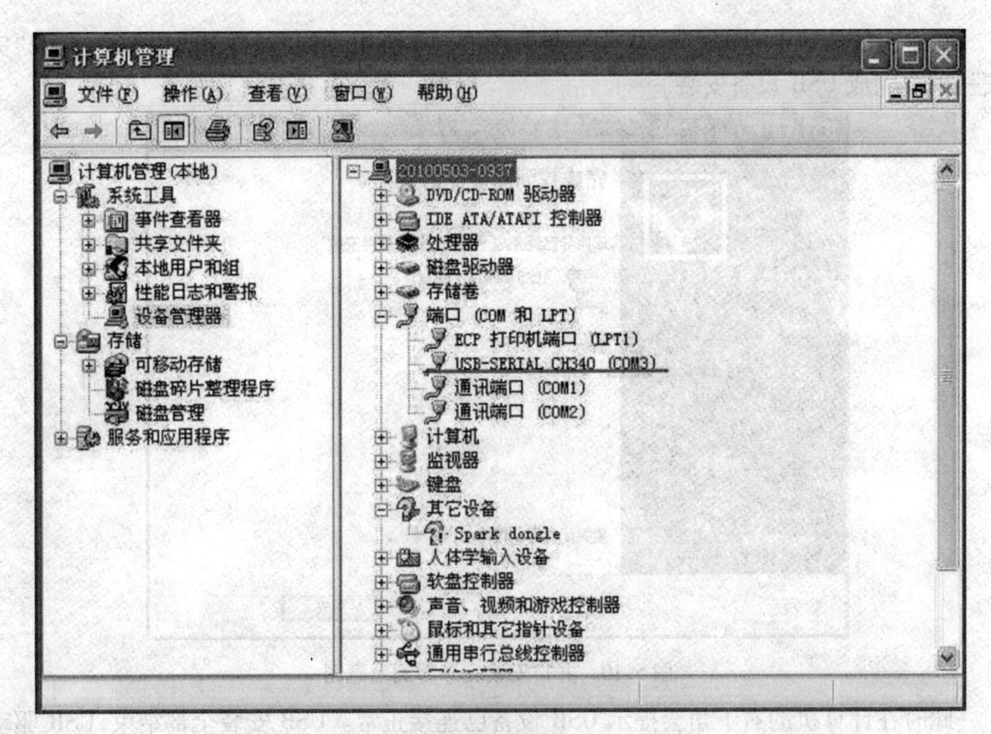

图 5.12　USB 驱动成功界面示意图

5.3　常用单片机程序的下载

5.3.1　STC 系列单片机程序下载

程序代码调试需要通过正确配置 Keil-μVision 2 软件，把程序正确下载到 STC 系列单片机的 RAM 中的 bin 格式二进制可执行文件。在下载程序前需要安装 STC-ISP 下载软件。

首先，选择安装压缩包文件，如图 5.13 所示。

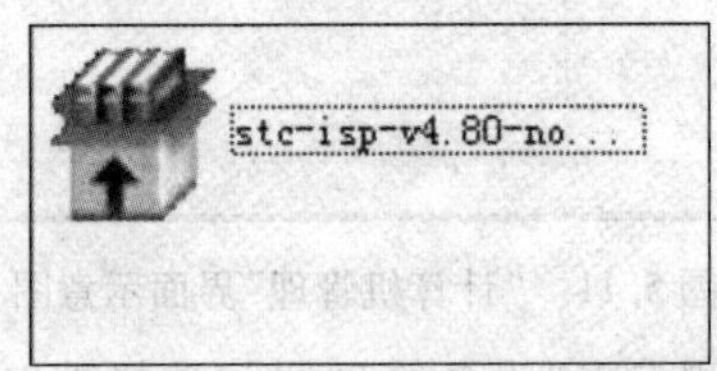

图 5.13　STC-ISP 安装压缩包示意图

此时双击解压所有文件，跳出如图 5.14 所示界面。在图 5.14 界面中选择目标文件，然后点击“安装”。

安装完成后，此时双击如图 5.15 所示图标，就可以运行下载程序。此时，用鼠标双击该图标，或者用鼠标右键单击“运行”时，出现程序下载界面，如图 5.16 所示。

若想把 Keil 软件编写的程序下载到 STC 单片机中，首先，需要在 Keil 软件中建立一

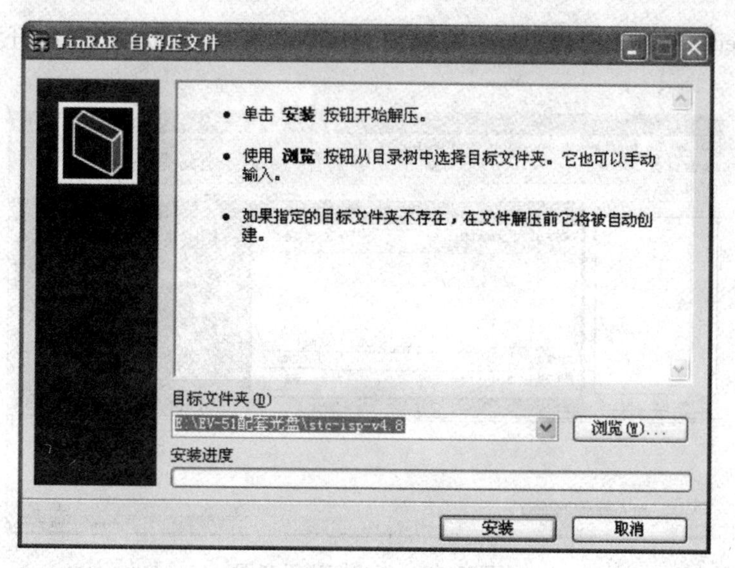

图 5.14　STC-ISP 安装界面示意图

图 5.15　STC-ISP 运行示意图

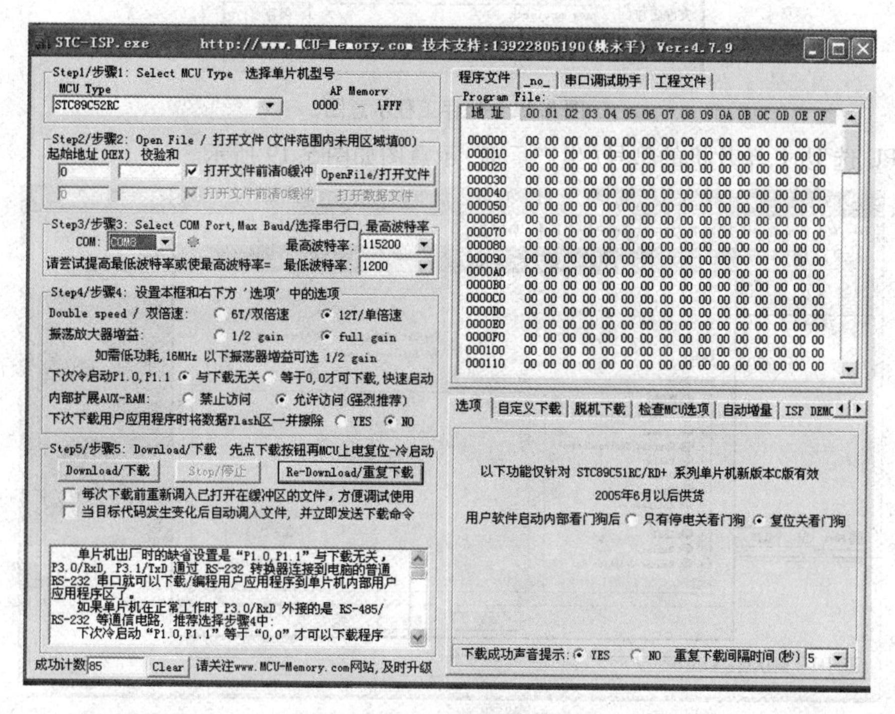

图 5.16　程序下载界面示意图

个工程,在 Keil-μVision 2 开发环境中,点击“Project”→“New Project”,打开如图 5.17 所示界面。

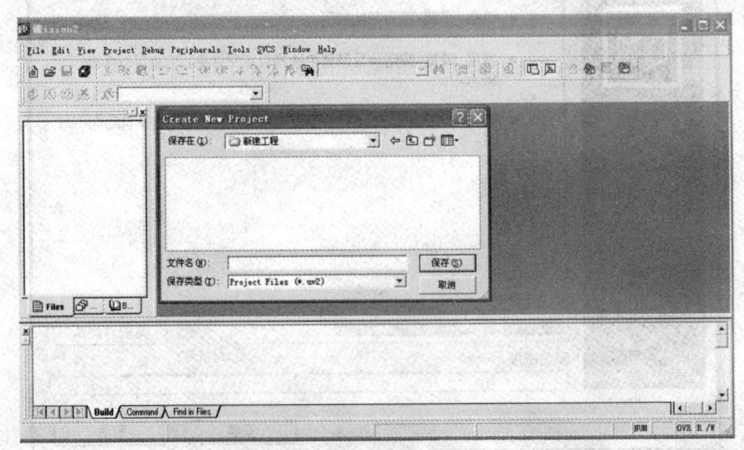

图 5.17　新建工程示意图

选择工程保存路径,工程名最好设置成英文字母,如图 5.18 所示。

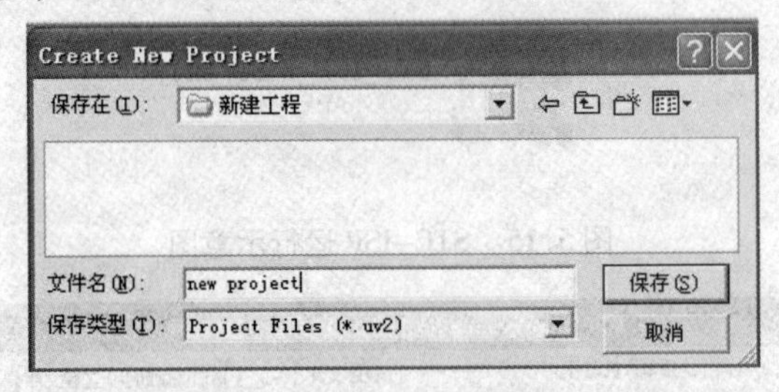

图 5.18　保存工程示意图

CPU 选型时,单片机的型号(生产厂商)示意图如图 5.19 所示。

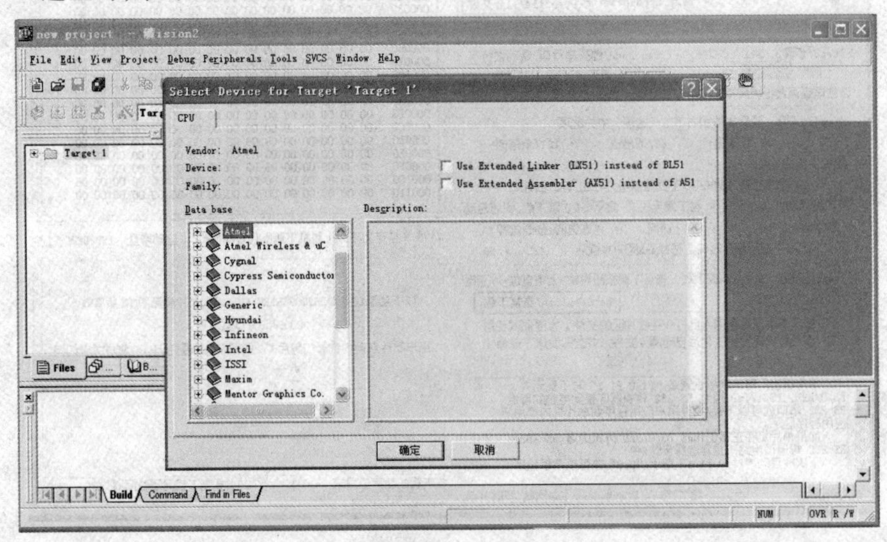

图 5.19　选择芯片系列示意图

选择 CPU 型号,这是 Atmel 公司的 STC89C52,因为 STC89C52 系列单片机内核是 STC89C52,如图 5.20 所示。

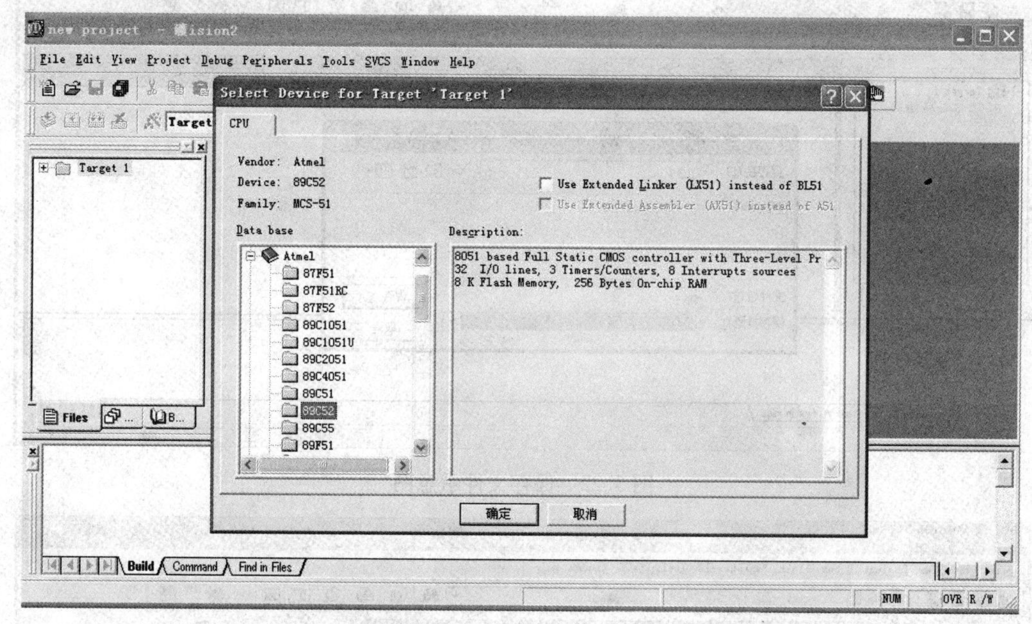

图 5.20　选择芯片型号示意图

在新建的工程下,新建文件,可以通过点击“File”→“New”来实现,如图 5.21 所示。

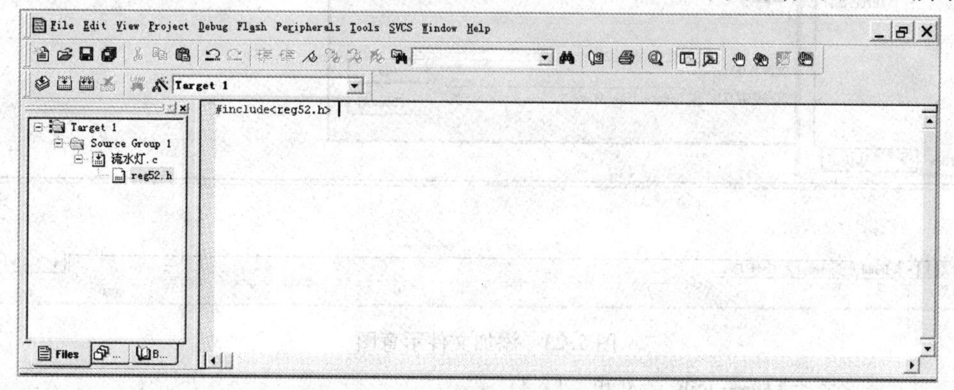

图 5.21　新建文件示意图

点击保存快捷键保存新建文件,此时,保存文件与工程文件名字相同,如果用 C 语言编写,后缀加上.c,如图 5.22 所示。

最后将文件添加到工程中,右键单击“Source Group 1”,单击“Add”,选择文件添加到工程中,如图 5.23 所示。

这样就可以在文件 a.c 下面编程程序,写好后,点击编译按键,编译结果如图 5.24 所示。

程序运行正确,下一步生成.hex 文件,选择“project”→“option for target 1”,或点击图 5.25 所示按键。晶振设置为 11.059 2 MHz,这里主要为仿真调试时而设,点击“Output”,

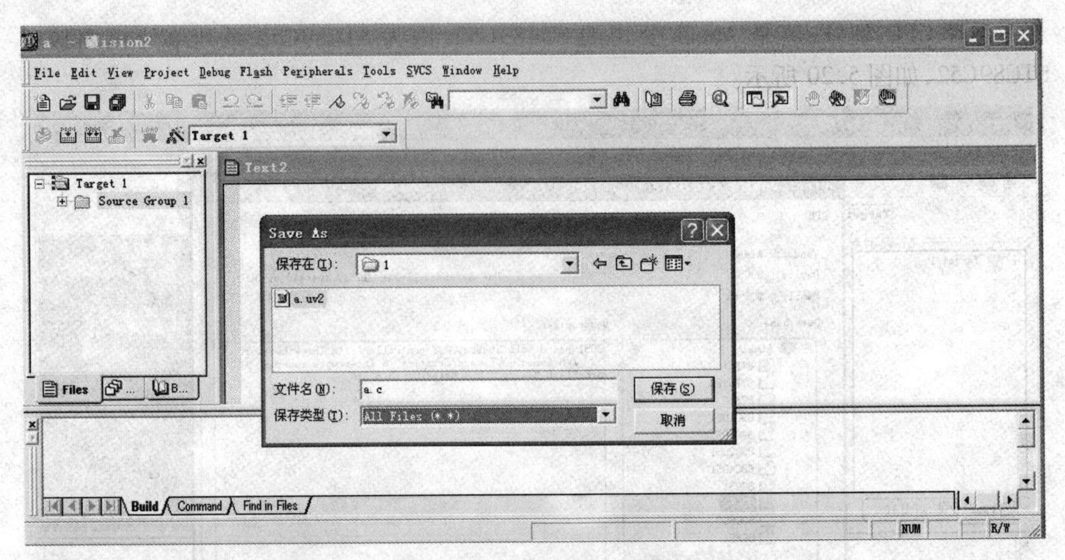

图5.22　保存文件示意图

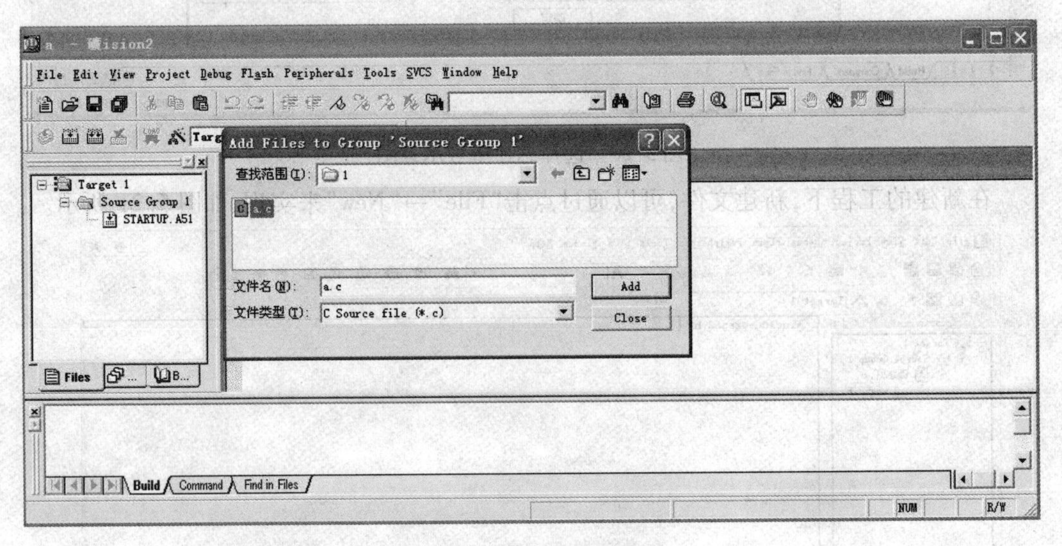

图5.23　添加文件示意图

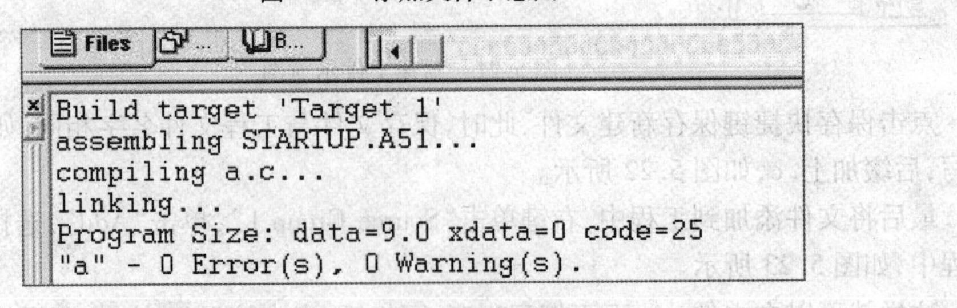

图5.24　程序代码编译结果

将“Create HEX Fi”勾选,生成头文件示意图,如图5.26所示。再次编译,就会生成.hex文件。

设置完头文件即下载头文件,打开STC-ISP.exe程序,设置好COM端口和最高波特

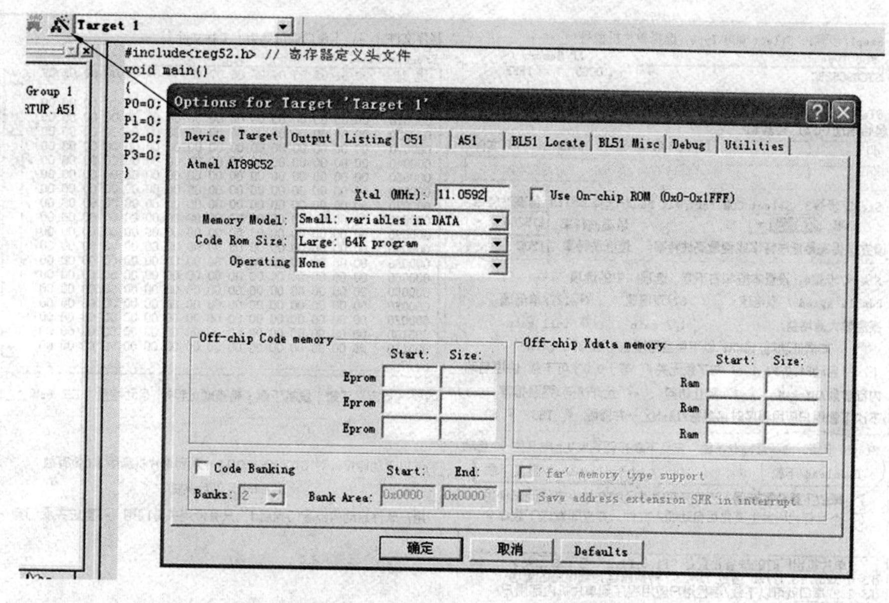

图 5.25　设置程序晶振示意图

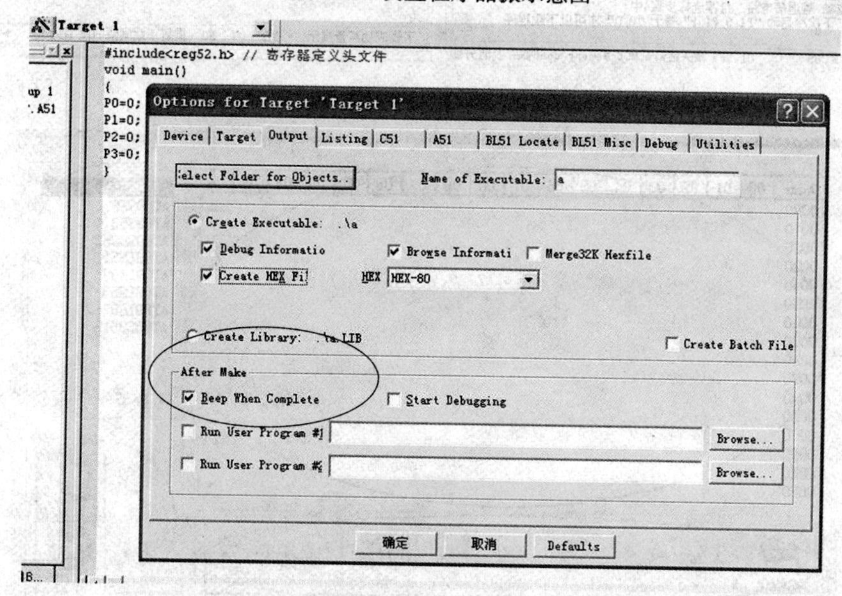

图 5.26　生成头文件示意图

率，然后在打开头文件选项里面选择刚刚生成的头文件，点击“下载”，按下复位开关，观察结果。

5.3.2　AT系列单片机程序下载

AT89S51单片机下载器是专门用于下载程序到单片机系统中，该软件使用方便。启动软件之后进入如图5.27所示的界面。

在图5.28中AT89S51系列单片机下载程序分为以下4个区域：

(1)区域1：为程序代码显示区。

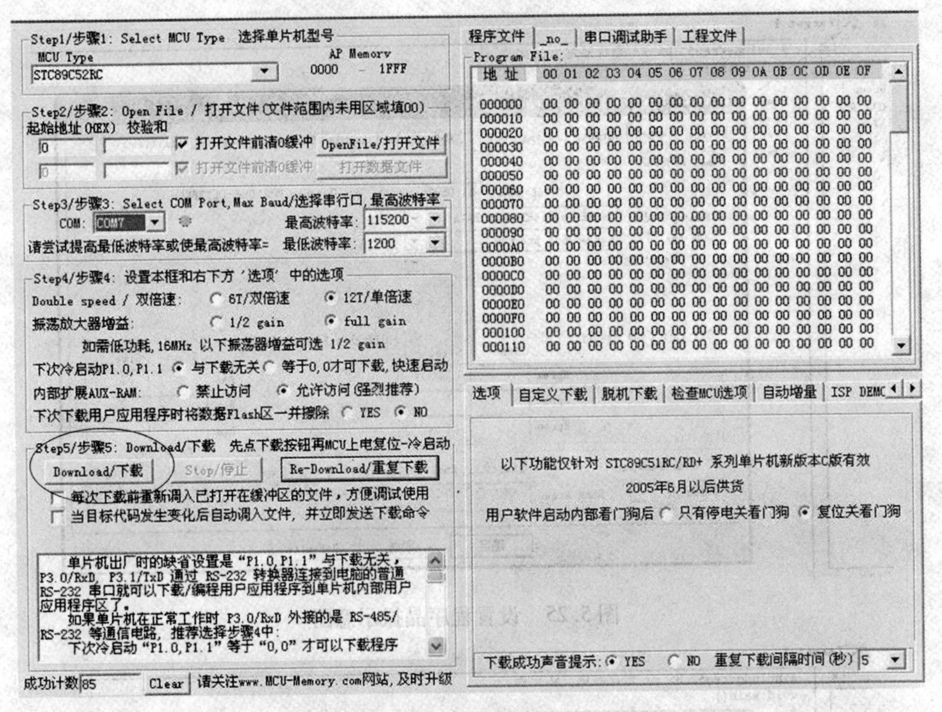

图 5.27 下载程序界面

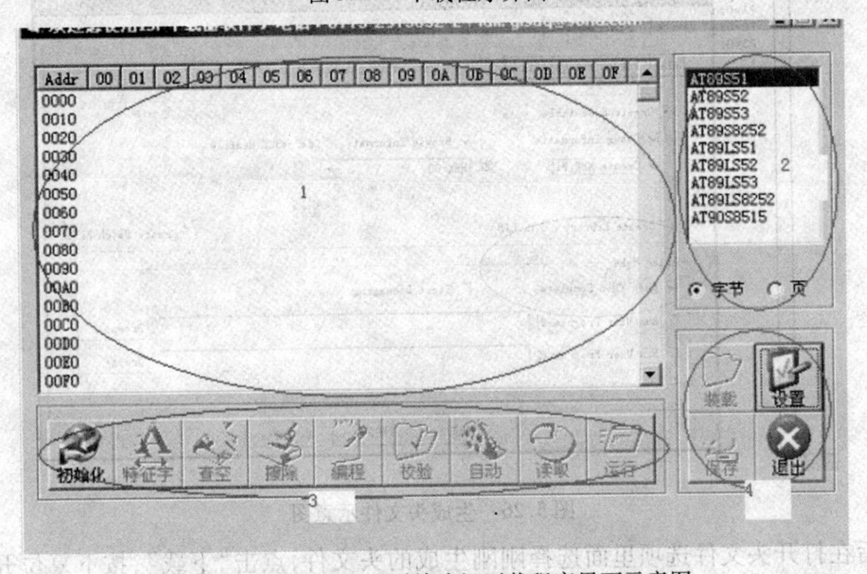

图 5.28 AT89S51 系列单片机下载程序界面示意图

(2)区域 2:为下载芯片选择区。该软件支持多种芯片的程序在线下载,系统板上的单片机 AT89S51 是其中一种,软件在默认情况下为 AT89S51 单片机。

(3)区域 3:为在线下载的操作区,它可以提供如下操作:

①初始化。启动 AT89S51 单片机进入 ISP 下载状态,点击"确定"键,若启动成功,则操作区后的操作按钮就会变成如图 5.29 所示的状态。否则,会有"初始化失败"的红色字样提示。

图5.29　AT89S51系列单片机初始化界面示意图

②特征字。点击一下,会读出单片机的芯片的特征字,对于AT89S51单片机的特征字为:1E 51 06,出现如图5.30所示界面。

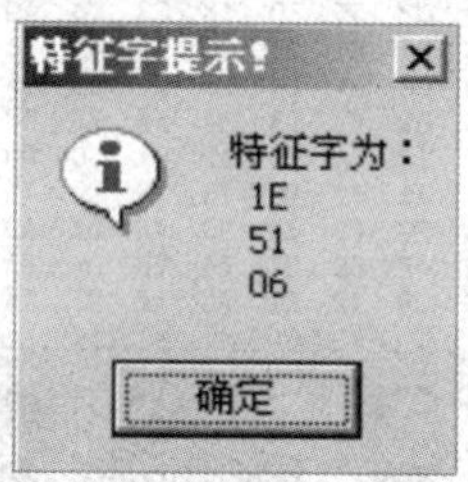

图5.30　AT89S51系列单片机特征字界面示意图

③查空。检查单片机是否擦写干净。

④擦除。把单片机的内容擦除干净。

⑤编程。把代码区中的程序代码下载到单片机的内部ROM中。注意:在编程之前,要对单片机芯片进行擦除操作。

⑥检验。经过编程之后,在执行下载命令时,若程序下载过程中完全正确,则提示校验正确,否则提示出现错误。

⑦读取。包括从单片机内部ROM中读取内容到代码显示区中。

(4)区域4:包括装载、设置、保存和退出4个功能。

①装载。把经过Keil C软件转化成hex格式的文件装入区域1中,当点击“装载”按钮时,出现如图5.31所示的对话框。

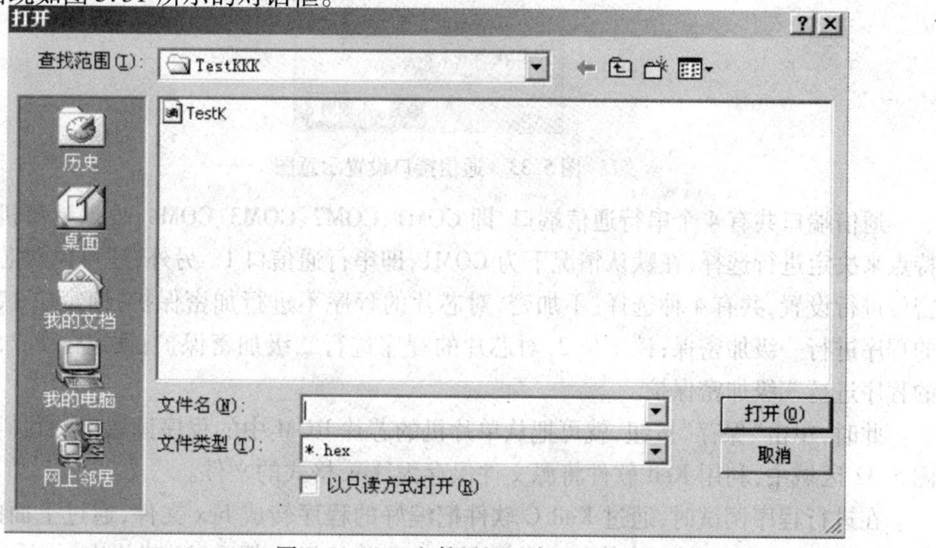

图5.31　hex文件界面示意图

此时,选择.hex后缀文件,选中并打开,把程序装入代码区域1中。装载后程序如图5.32所示。此时就可以把代码显示1中的代码装入AT系列单片机中。

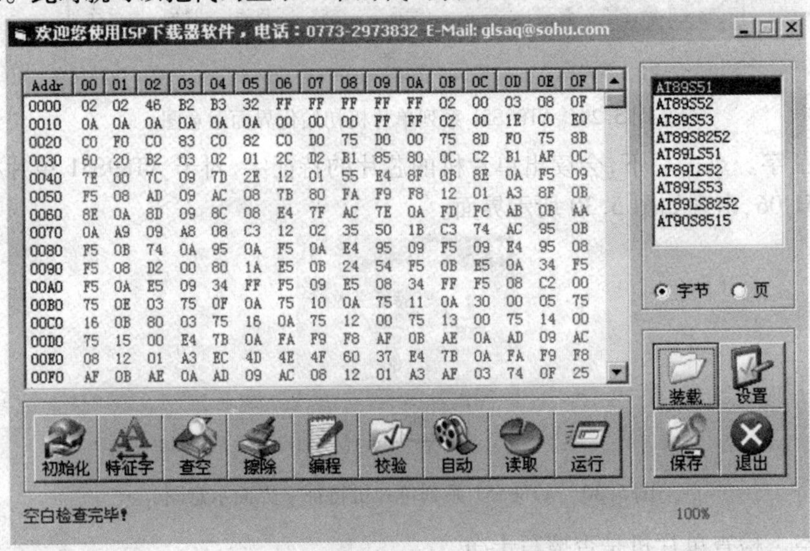

图5.32　装载程序界面示意图

②设置。对该软件一些操作方式进行设置,点击"确定"按钮后,出现如图5.33所示的界面。

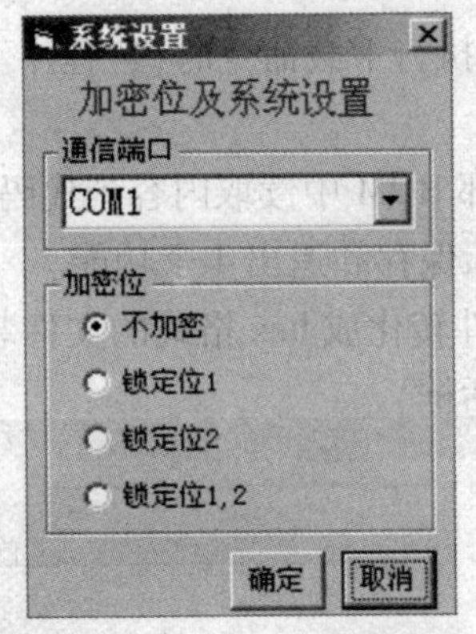

图5.33　通信接口设置示意图

通信端口共有4个串行通信端口,即COM1、COM2、COM3、COM4,根据计算机的硬件特点来决定进行选择,在默认情况下为COM1,即串行通信口1。另外,还可以对芯片的加密位进行设置,共有4种选择:不加密,对芯片的程序不进行加密保护;锁定位1,对芯片的程序进行一级加密保;锁定位2,对芯片的程序进行二级加密保护;锁定位1、2,对芯片的程序进行三级加密保护。

此时,单击"保存"按钮,就可把从单片机的芯片ROM中的程序读取出的代码显示在图5.32区域中,利用Keil软件将源文件保存为.hex格式的文件。

在进行程序调试时,通过Keil C软件把编好的程序转成hex文件,通过上面的方法,装载程序之后,点击"自动"按钮,程序就下载到单片机内部ROM芯片中,最后点击"运行”,即可以看到程序的结果。注意:每次重新更新程序时,要点击“初始化”按钮才可以进行相应的操作。

习　题

1. 什么是单片机最小系统？举例说明各元件的取值范围。
2. 单片机程序下载的方法都有哪些？分别举例说明。
3. CH430 引脚如何连接？试画出 CH430 硬件连接原理图。
4. 51 直插式单片机一共有多少个引脚？分别说明各个引脚的功能。
5. 简述利用 STC-ISP 程序下载软件下载程序的方法。
6. 简述利用 AT 系列单片机程序下载软件下载程序的方法。
7. 简述 CH430 接口的安装方法。
8. 说明 MAX232 进行 ISP 下载的功能。试画出其硬件连接原理图。

第 6 章

单片机基础实验项目

6.1 单路 LED 小灯闪烁

6.1.1 实验任务

试设计在 P1.0 端口上接一个发光二极管 L_1，使 L_1 在不停地一亮一灭，其时间间隔为 0.2 s。

6.1.2 电路原理图

单路 LED 小灯闪烁电路原理图如图 6.1 所示，此时 P1.0 端口低电平时，发光二极管点亮。

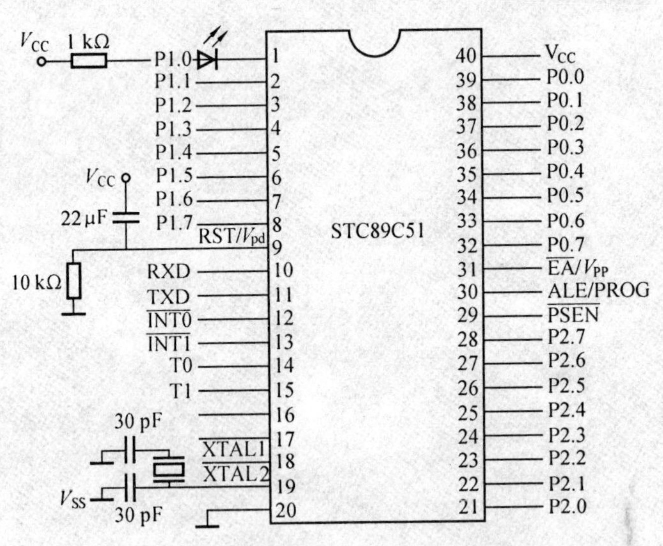

图 6.1 单路 LED 小灯闪烁电路原理图

6.1.3　软件设计

1. 延时程序的设计方法

单片机指令执行的时间是很短的,数量达微秒级,因此要求闪烁时间间隔为0.2 s,但相对于微秒来说相差太大,所以在执行某一指令时,利用插入延时程序来达到设计要求,连接中采用的晶振为12 MHz。

由晶振周期可以推得机器周期为1 μs,可得10 ms的延时程序如下:

```
    MOV R6,#20              ;2 个机器周期,2 μs
D1: MOV R7,#248             ;2 个机器周期,2 μs
    DJNZ R7, $              ;2 个机器周期,2×248 =496 μs
DJNZ R6,D1                  ;2 个机器周期,2×20=40 μs
```

由以上分析可知,内循环延时为2+2×248=498 μs,外循环延时为20×498=10 002 μs,则系统的总延时为10.002 ms。

本实验要求0.2 s=200 ms,10 ms×R_5=200 ms,则R_5=20。延时子程序如下:

```
DELAY: MOV R5,#20
D1: MOV R6,#20
D2: MOV R7,#248
    DJNZ R7, $
    DJNZ R6,D2
    DJNZ R5,D1
RET
```

2. 输出控制

当P1.0端口输出高电平,即P1.0=1时,根据发光二极管的单向导电性可知,这时发光二极管L_1熄灭;当P1.0端口输出低电平,即P1.0=0时,发光二极管L_1亮;我们可以使用SETB P1.0指令使P1.0端口输出高电平,使用CLR P1.0指令使P1.0端口输出低电平。

3. 系统流程图

单路LED小灯闪烁系统流程图如图6.2所示。

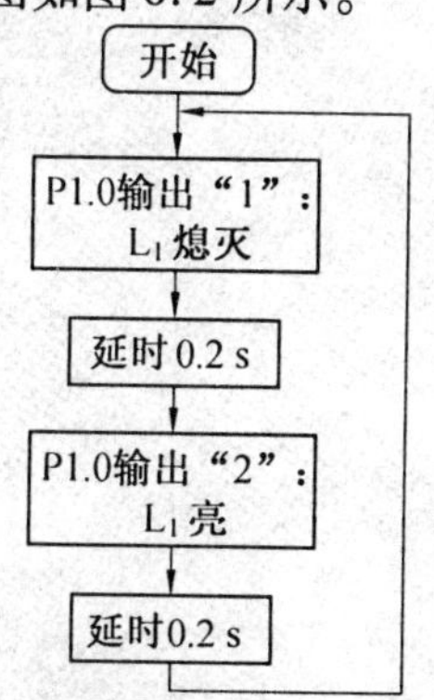

图6.2　单路LED小灯闪烁系统流程图

4. 参考程序

(1)汇编语言程序。

```
        ORG 0
START:  CLR P1.0
        LCALL DELA
        SETB P1.0
        LCALL DELAY
        LJMP START
DELAY:  MOV R5,#20          ;调用 0.2 ms 延迟程序
D1:     MOV R6,#20
D2:     MOV R7,#248
        DJNZ R7, $
        DJNZ R6,D2
        DJNZ R5,D1
     RET
  END
```

(2)C51 程序。

```
#include<reg52.h>                    //寄存器定义头文件
sbit L1 = P1^0;
void delay02s(void)                  //延时 0.2 ms
{
    unsigned char i,j,k;
    for(i=20;i>0;i--)
    for(j=20;j>0;j--)
    for(k=248;k>0;k--
}
Void main(void)
{
  while(1)
    {
      L1 = 0
      delay02s();
      L1 = 1;
      delay02s();
    }
}
```

6.2　LED 灯移位(延时方式)

6.2.1　实验任务

做单一灯的左移右移,8 个发光二极管 L_1 ~ L_8 分别接在单片机的 P1.0 ~ P1.7 接口上,输出 0 时,发光二极管亮,开始时 P1.0→P1.1→P1.2→P1.3→…→P1.7→P1.6→…→P1.0 亮,重复循环。

6.2.2　电路原理图

LED 小灯移位电路原理图如图 6.3 所示。

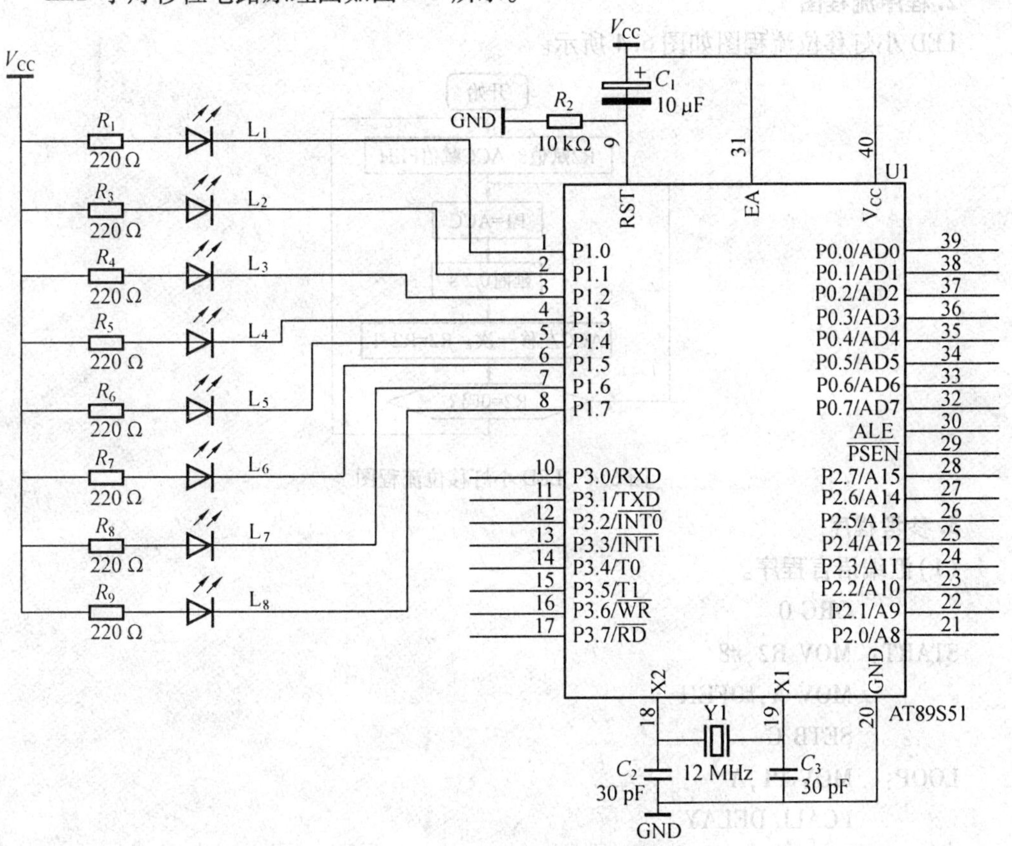

图 6.3　LED 小灯移位电路原理图

6.2.3　软件设计

1. 设计方法

设计时,可以运用输出端口指令 MOV P1,A 或 MOV P1,#DATA,只要给累加器值或常数值,然后执行上述指令,即可达到输出控制的动作,每次送出的数据是不同的,具体数据见表 6.1。

表 6.1 移位送出数据表

P1.7	P1.6	P1.5	P1.4	P1.3	P1.2	P1.1	P1.0	说明
1	1	1	1	1	1	1	0	L_1 亮
1	1	1	1	1	1	0	1	L_2 亮
1	1	1	1	1	0	1	1	L_3 亮
1	1	1	1	0	1	1	1	L_4 亮
1	1	1	0	1	1	1	1	L_5 亮
1	1	0	1	1	1	1	1	L_6 亮
1	0	1	1	1	1	1	1	L_7 亮
0	1	1	1	1	1	1	1	L_8 亮

2. 程序流程图

LED 小灯移位流程图如图 6.4 所示。

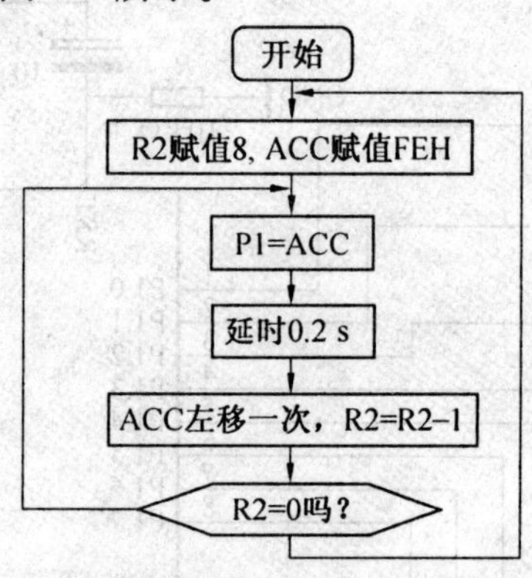

图 6.4 LED 小灯移位流程图

3. 参考程序

(1)汇编语言程序。

```
        ORG 0
START：  MOV R2,#8
        MOV A,#0FEH
        SETB C
LOOP：   MOV P1,A
        LCALL DELAY
        RLC A
        DJNZ R2,LOOP
        MOV R2,#8
LOOP1：  MOV P1,A
        LCALL DELAY
        RRC A
        DJNZ R2,LOOP1
```

```
        LJMP START
DELAY:  MOV R5,#20
D1:     MOV R6,#20
D2:     MOV R7,#248
        DJNZ R7, $
        DJNZ R6,D2
        DJNZ R5,D1
RET
END
```

(2)C51 程序。

```
#include <AT89X51.H>
unsigned char i;
unsigned char temp;
unsigned char a,b;
void delay(void)
{
  unsigned char m,n,s;
  for(m=20;m>0;m--)
  for(n=20;n>0;n--)
  for(s=248;s>0;s--);
}
void main(void)
{
  while(1)
  {
    temp=0xfe;
    P1=temp;
    delay();
    for(i=1;i<8;i++)
    {
      a=temp<<i;
      b=temp>>(8-i);
      P1=a|b;
      delay();
    }
    for(i=1;i<8;i++)
    {
      a=temp>>i;
```

```
            b=temp<<(8-i);
            P1=a|b;
            delay();
        }
    }
}
```

6.3 LED 灯移位(查表方式)

6.3.1 实验任务

利用查表的方法,使端口 P1 作单一灯的变化:左移 2 次,右移 2 次,闪烁 2 次(延时的时间为 0.2 s)。

6.3.2 电路原理图

LED 小灯移位查表方式电路原理图如图 6.5 所示。

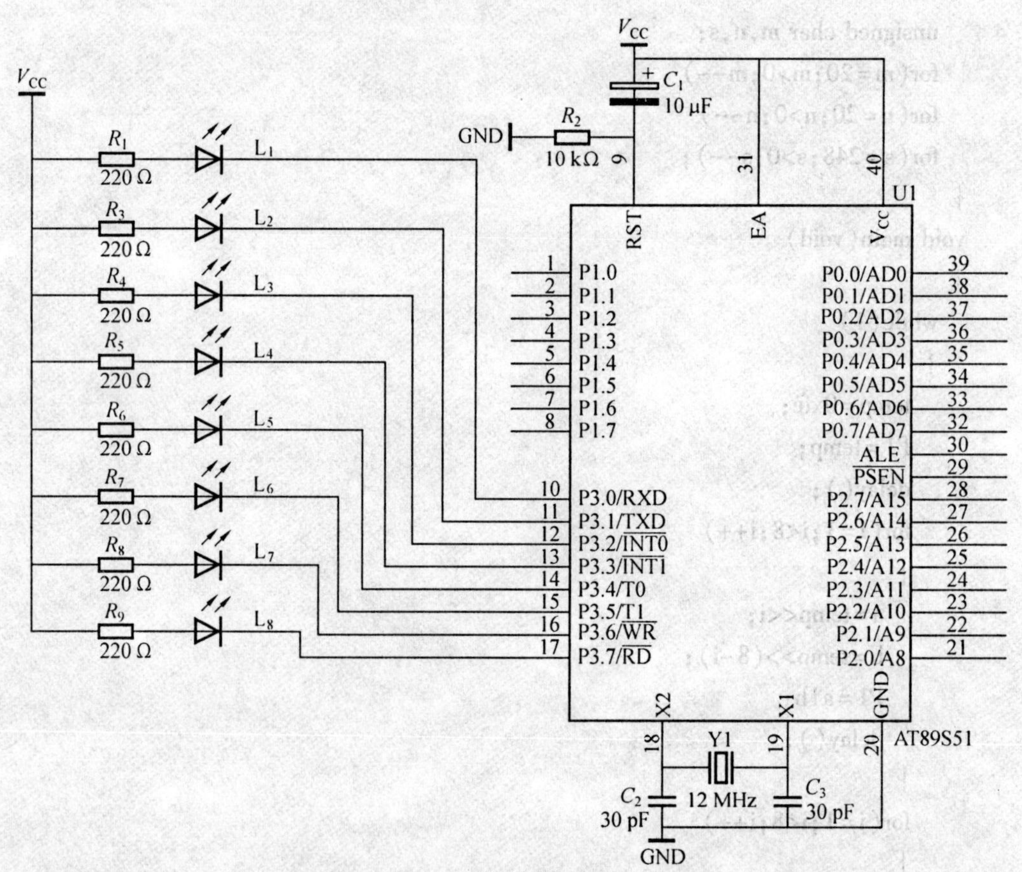

图 6.5 LED 小灯移位查表方式电路原理图

6.3.3　软件设计

1. 设计思想

在用表格进行程序设计时,利用 MOV DPTR,#DATA16 指令来使数据指针寄存器指到表的开头;再利用 MOVC A,@ A+DPTR 指令,根据累加器的值再加上 DPTR 的值,就可以使程序计数器 PC 指到表格内所要取出的数据。因此,只要把控制码建成一个表,而利用 MOVC A,@ A+DPTR 作取码的操作,就可方便地处理一些复杂的控制动作。

2. 软件流程图

LED 小灯移位查表方式流程图如图 6.6 所示。

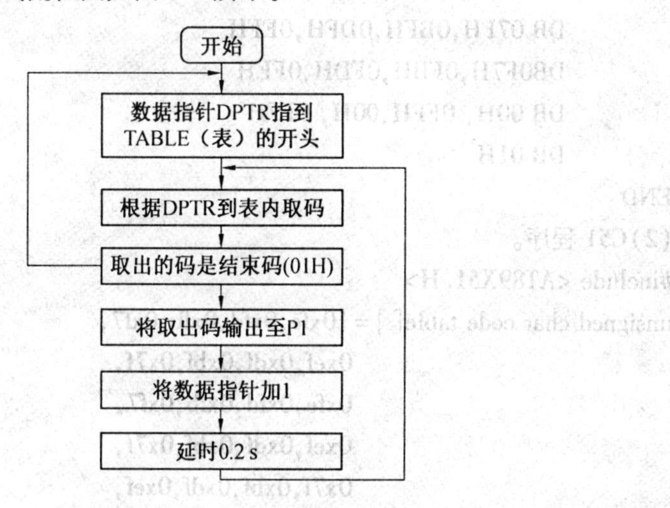

图 6.6　LED 小灯移位查表方式流程图

3. 参考程序

(1)汇编语言程序。

```
        ORG 0
START:  MOV DPTR,#TABLE
LOOP:   CLR A
        MOVC A,@ A+DPTR
        CJNE A,#01H,LOOP1
        JMP START
        LOOP1: MOV P3,A
        MOV R3,#20
        LCALL DELAY
        INC DPTR
        JMPLOOP
DELAY:  MOV R4,#20
D1:     MOV R5,#248
        DJNZ R5, $
```

```
          DJNZ R4,D1
          DJNZ R3,DELAY
          RET
TABLE:    DB 0FEH,0FDH,0FBH,0F7H
          DB 0EFH,0DFH,0BFH,07FH
          DB 0FEH,0FDH,0FBH,0F7H
          DB 0EFH,0DFH,0BFH,07FH
          DB 07FH,0BFH,0DFH,0EFH
          DB0F7H,0FBH,0FDH,0FEH
          DB 07FH,0BFH,0DFH,0EFH
          DB0F7H,0FBH,0FDH,0FEH
          DB 00H, 0FFH,00H, 0FFH
          DB 01H
END
```

(2)C51 程序。

```
#include <AT89X51.H>
unsigned char code table[ ] = {0xfe,0xfd,0xfb,0xf7,
                               0xef,0xdf,0xbf,0x7f,
                               0xfe,0xfd,0xfb,0xf7,
                               0xef,0xdf,0xbf,0x7f,
                               0x7f,0xbf,0xdf,0xef,
                               0xf7,0xfb,0xfd,0xfe,
                               0x7f,0xbf,0xdf,0xef,
                               0xf7,0xfb,0xfd,0xfe,
                               0x00,0xff,0x00,0xff,
                               0x01};
unsigned char i;
void delay(void)
{
    unsigned char m,n,s;
    for(m=20;m>0;m--)
    for(n=20;n>0;n--)
    for(s=248;s>0;s--);
}
void main(void)
{
    while(1)
        {
```

```
            if(table[i]! =0x01)
            {
                P3=table[i];
                i++;
                delay();
            }
            else
            {
                i=0;
            }
        }
}
```

6.4　单路模拟开关

6.4.1　实验任务

K_1 为拨动开关,将其接在 P3.0 端口上,用发光二极管 L_1(接在单片机 P1.0 端口上)显示开关状态,如果开关合上,L_1 亮,开关打开,L_1 熄灭。

6.4.2　电路原理图

单路模拟开关电路原理图如图 6.7 所示。

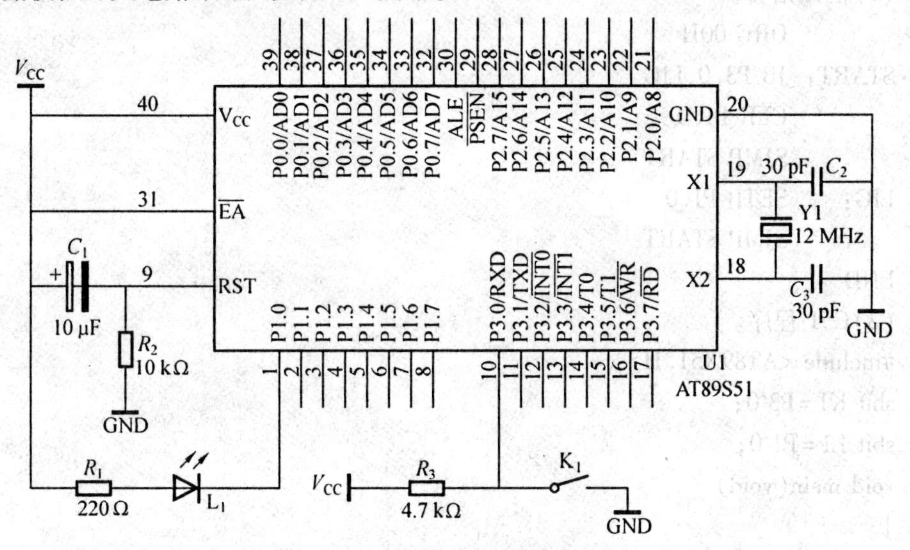

图 6.7　单路模拟开关电路原理图

6.4.3 软件设计

1. 设计思想

开关状态的检测过程:单片机对开关状态的检测相对于单片机来说,是从单片机的P3.0端口输入信号,而输入的信号只有高电平和低电平两种,当拨开开关 K_1 拨上去,即输入高电平,相当于开关断开,当拨动开关 K_1 拨下去,即输入低电平,相当于开关闭合。单片机可以采用JB BIT,REL或者JNB BIT,REL指令来完成对开关状态的检测。

输出控制由P1.0来实现,当P1.0端口输出高电平,即P1.0=1时,根据发光二极管的单向导电性可知,这时发光二极管 L_1 熄灭;当P1.0端口输出低电平,即P1.0=0时,发光二极管 L_1 亮;用SETB P1.0指令使P1.0端口输出高电平,使用CLR P1.0指令使P1.0端口输出低电平。

2. 系统流程图

单路模拟开关流程图如图6.8所示。

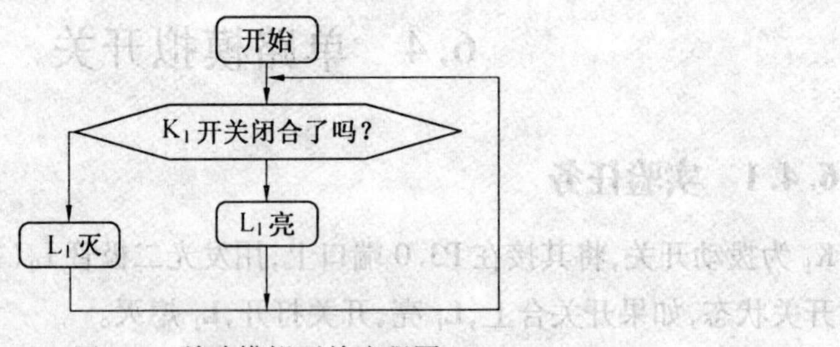

图6.8 单路模拟开关流程图

3. 参考程序

(1)汇编语言。

```
        ORG 00H
START:  JB P3.0,LIG
        CLR P1.0
        SJMP START
LIG:    SETB P1.0
        SJMP START
END
```

(2)C51程序。

```
#include <AT89X51.H>
sbit K1=P3^0;
sbit L1=P1^0;
void main(void)
{
  while(1)
  {
    if(K1==0)
```

```
        }
        L1 = 0;        //灯亮
        }
    else
        L1 = 1; //灯灭
        }
    }
}
```

6.5　多路模拟开关

6.5.1　实验任务

单片机的 P1.0 ~ P1.3 接 4 个发光二极管 L1 ~ L4，P1.4 ~ P1.7 接 4 个开关 K_1 ~ K_4，编程将开关的状态反映到发光二极管上。（开关闭合，对应的灯亮；开关断开，对应的灯灭）

6.5.2　电路原理图

多路模拟开关电路原理图如图 6.9 所示。

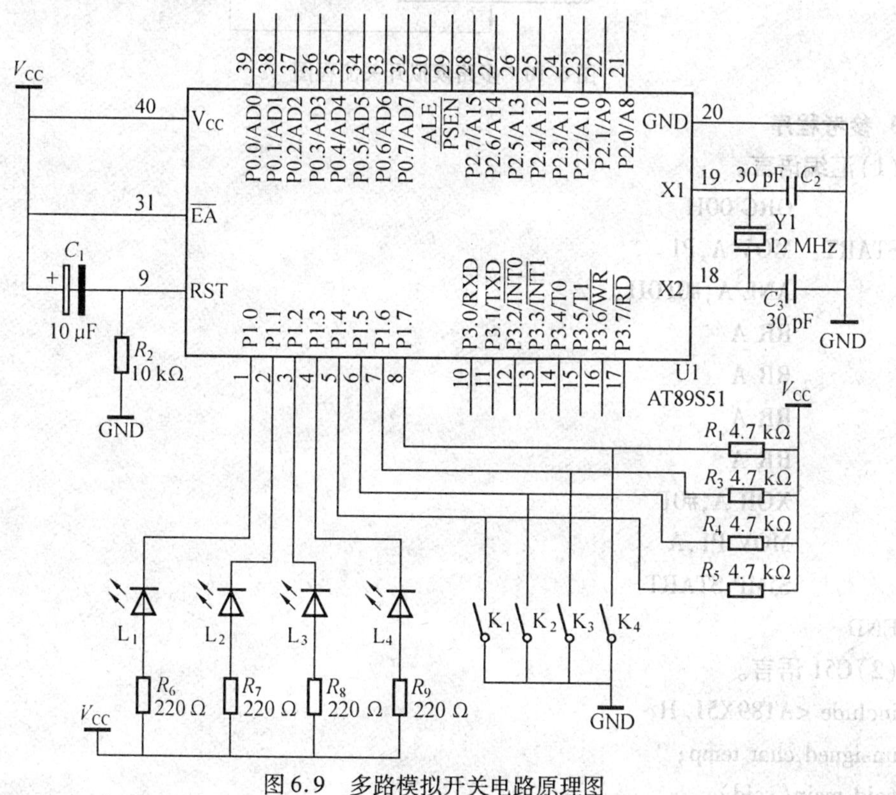

图 6.9　多路模拟开关电路原理图

6.5.3 软件设计

1. 设计思想

对于开关状态检测，相对单片机来说是输入关系，我们可轮流检测每个开关状态，根据每个开关的状态让相应的发光二极管指示，可以采用 JB P1. X，REL 或 JNB P1. X，REL 指令来完成；也可以一次性检测 4 路开关状态，然后让其指示，可以采用 MOV A，P1 指令一次把 P1 端口的状态全部读入，然后取高 4 位的状态来指示。根据开关的状态，由发光二极管 L_1 ~ L_4 来指示，我们可以用 SETB P1. X 和 CLR P1. X 指令来完成，也可以采用 MOV P1，#1111××××B 方法一次指示。

2. 软件流程图

多路模拟开关流程图如图 6.10 所示。

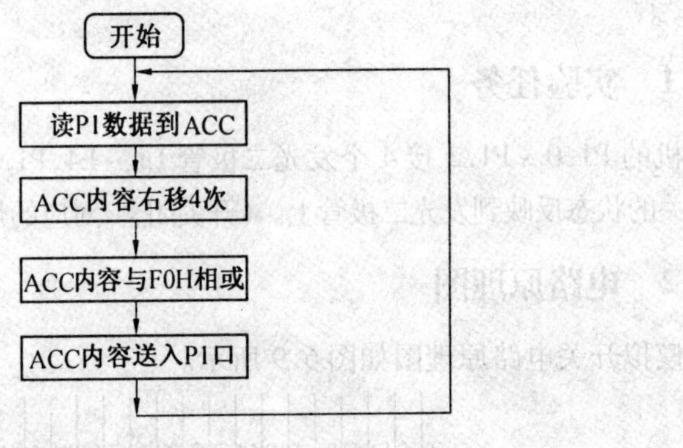

图 6.10 多路模拟开关流程图

3. 参考程序

(1)汇编语言。

```
        ORG 00H
START：  MOV A，P1
        ANL A，#0F0H
        RR A
        RR A
        RR A
        RR A
        XOR A，#0F
        MOV P1，A
        SJMP START
END
```

(2)C51 语言。

```
include <AT89X51. H>
unsigned char temp；
void main(void)
```

```
{
  while(1)
  {
    temp= P1>>4;
    temp=temp | 0xf0;
    P1=temp;
  }
}
```

6.6　报警器

6.6.1　实验任务

用P1.0输出1 kHz和500 Hz的音频信号驱动扬声器作为报警信号，要求1 kHz信号响100 ms，500 Hz信号响200 ms，交替进行，P1.7接一开关进行控制，当开关闭合，响报警信号，当开关断开，报警信号停止。

6.6.2　电路原理图

报警器电路原理图如图6.11所示。

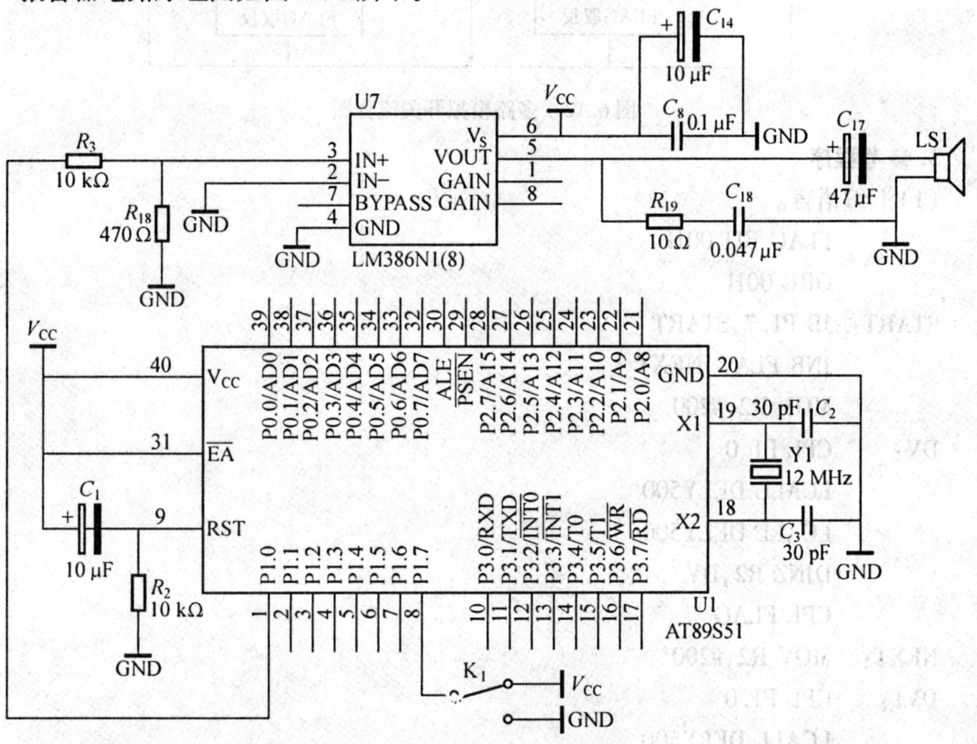

图6.11　报警器电路原理图

6.6.3 软件设计

1. 设计思想

500 Hz 信号周期为 2 ms，信号电平为每 1 ms 变反 1 次，1 kHz 的信号周期为 1 ms，信号电平每 500 μs 变反 1 次。

2. 程序流程图

多路模拟开关流程图如图 6.12 所示。

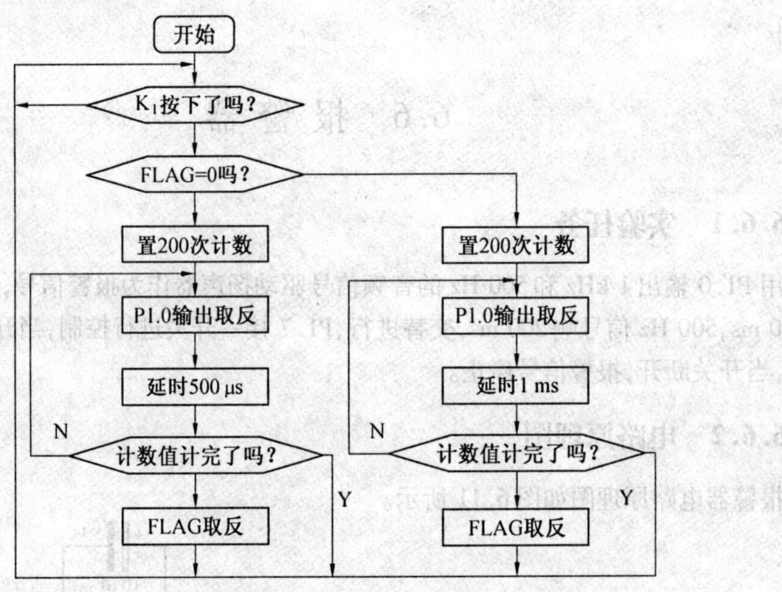

图 6.12 多路模拟开关流程图

3. 参考程序

(1)汇编语言。

```
        FLAG BIT 00H
        ORG 00H
START:  JB P1.7,START
        JNB FLAG,NEXT
        MOV R2,#200
DV:     CPL P1.0
        LCALL DELY500
        LCALL DELY500
        DJNZ R2,DV
        CPL FLAG
NEXT:   MOV R2,#200
DV1:    CPL P1.0
        LCALL DELY500
```

```
            DJNZ R2,DV1
            CPL FLAG
            SJMP START
DELY500:MOV R7,#250
LOOP:   NOP
            DJNZ R7,LOOP
RET
END
```

(2) C51程序。

```
#include <AT89X51.H>
#include <INTRINS.H>
bit flag;
unsigned char count;
void dely500(void)
{
  unsigned char i;
    for(i=250;i>0;i--)
    {
      _nop_();
    }
}
void main(void)
{
  while(1)
  {
    if(P1_7==0)
    {
      for(count=200;count>0;count--)
      {
        P1_0=~P1_0;
        dely500();
      }
      for(count=200;count>0;count--)
      {
        P1_0=~P1_0;
        dely500();
        dely500();
      }
```

```
        }
    }
}
```

6.7 I/O 并行口直接驱动 LED 显示

6.7.1 实验任务

利用 51 单片机的 P0 端口的 P0.0 ~ P0.7 连接到一个共阴数码管的 a ~ h 的引脚末端，数码管的公共端接地。在数码管上循环显示 0 ~ 9 数字，时间间隔为 0.2 s。

6.7.2 电路原理图

直接驱动 LED 显示电路原理图如图 6.13 所示。

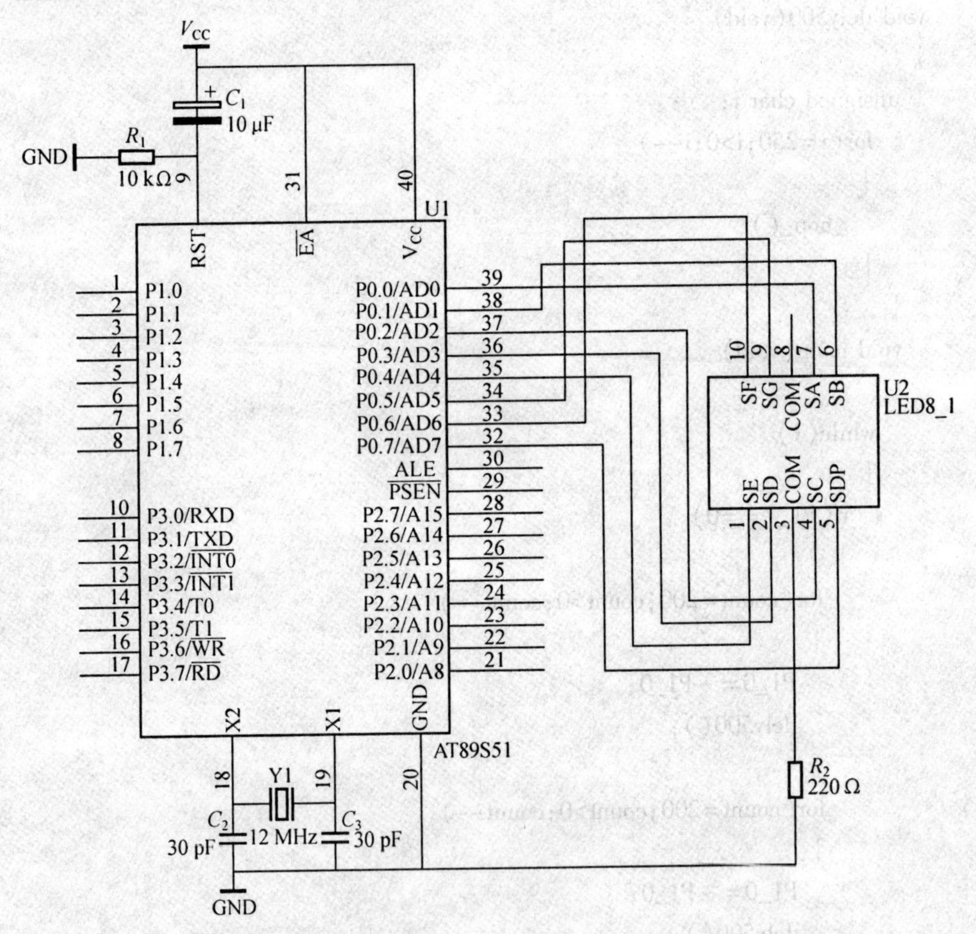

图 6.13　直接驱动 LED 显示电路原理图

6.7.3　软件设计

1. 设计思想

7 段 LED 显示器的内部由 7 个条形发光二极管和一个小圆点发光二极管组成,根据各管的极管的接线形式,可分成共阴极型和共阳极型。LED 数码管的 g ~ a 7 个发光二极管加正电压发亮,加零电压不发亮,不同亮暗的组合就能形成不同的字形,这种组合称为字形码。下面给出共阴极的字形码,见表 6.2 。

表 6.2　数码管字母代码对照表

字　母	代　码	字　母	代　码
0	3FH	8	7FH
1	06H	9	6FH
2	5BH	A	77H
3	4FH	B	7CH
4	66H	C	39H
5	6DH	D	5EH
6	7DH	E	79H
7	07H	F	71H

由于显示的数字 0 ~9 的字形码没有规律可循,只能采用查表的方式来完成所需的要求。这样按着数字 0 ~9 的顺序,把每个数字的笔段代码按顺序排好。建立的表格如下:TABLE DB 3FH,06H,5BH,4FH,66H,6DH,7DH,07H,7FH,6FH。

2. 软件流程图

直接驱动 LED 显示软件流程图如图 6.14 所示。

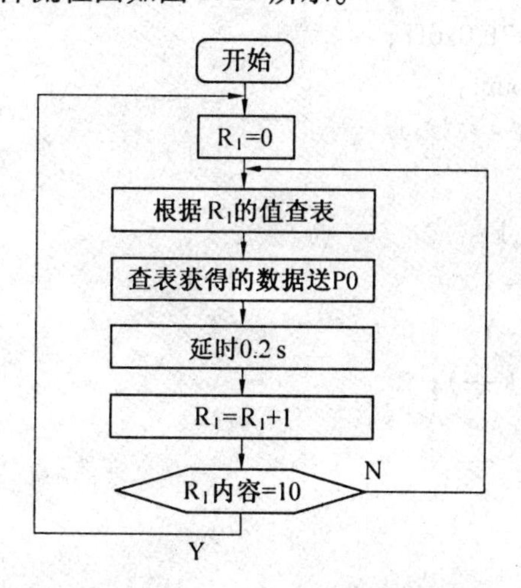

图 6.14　直接驱动 LED 显示软件流程图

3. 参考程序

(1)汇编程序。

```
        ORG 0
START:  MOV R1,#00H
NEXT:   MOV A,R1
        MOV DPTR,#TABLE
        MOVC A,@A+DPTR
        MOV P0,A
        LCALL DELAY
        INC R1
        CJNE R1,#10,NEXT
        LJMP START
DELAY:  MOV R5,#20
D2:     MOV R6,#20
D1:     MOV R7,#248
        DJNZ R7, $
        DJNZ R6,D1
        DJNZ R5,D2
RET
TABLE:  DB 3FH,06H,5BH,4FH,66H,6DH,7DH,07H,7FH,6FH
END
```

(2)C51 语言。

```
#include <AT89X51.H>
unsigned char code table[ ] = {0x3f,0x06,0x5b,0x4f,0x66,
0x6d,0x7d,0x07,0x7f,0x6f};
unsigned char dispcount;
void delay02s(void)
{
  unsigned char i,j,k;
  for(i=20;i>0;i--)
  for(j=20;j>0;j--)
  for(k=248;k>0;k--);
}
void main(void)
{
    while(1)
    {
      for(dispcount=0;dispcount<10;dispcount++)
```

```
            }
            P0=table[dispcount];
            delay02s();
        }
    }
}
```

6.8　动态数码显示技术

6.8.1　实验任务

P0 端口接动态数码管的字形码笔段,P2 端口接动态数码管的数位选择端,P1.7 接一个开关,当开关接高电平时,显示“12345”字样;当开关接低电平时,显示“HELLO”字样。

6.8.2　电路原理图

动态数码显示电路原理图如图 6.15 所示。

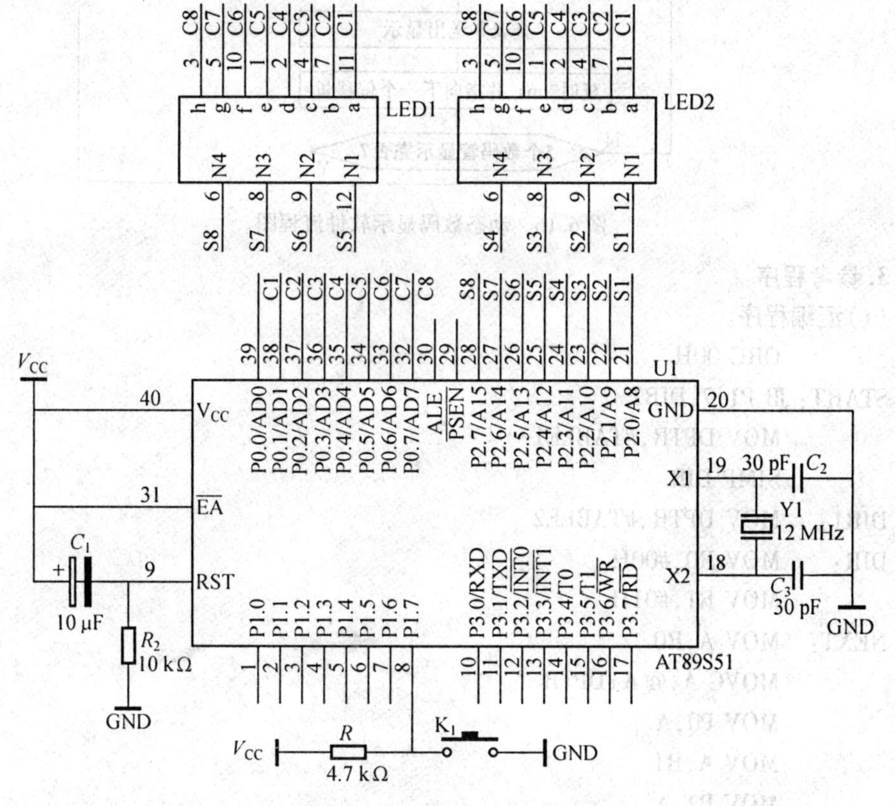

图 6.15　动态数码显示电路原理图

6.8.3 软件设计

1. 动态扫描方法

动态接口采用各数码管循环轮流显示的方法，当循环显示频率较高时，利用人眼的暂留特性看不出闪烁显示现象，这种显示需要一个接口完成字形码的输出（字形选择），另一接口完成各数码管的轮流点亮（数位选择）。在进行数码显示时，要对显示单元开辟8个显示缓冲区，每个显示缓冲区装有显示的不同数据即可。对于显示的字形码数据采用查表方法来完成。

2. 软件流程图

动态数码显示软件流程图如图6.16所示。

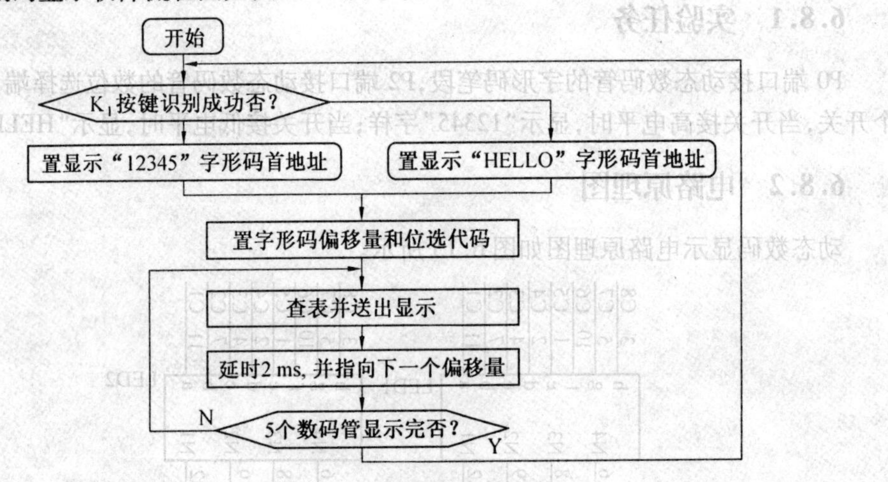

图6.16 动态数码显示软件流程图

3. 参考程序

(1)汇编程序。

```
        ORG 00H
START: JB P1.7,DIR1
        MOV DPTR,#TABLE1
        SJMP DIR
DIR1:   MOV DPTR,#TABLE2
DIR:    MOV R0,#00H
        MOV R1,#01H
NEXT:   MOV A,R0
        MOVC A,@ A+DPTR
        MOV P0,A
        MOV A,R1
        MOV P2,A
        LCALL DAY
        INC R0
```

```
            RL A
            MOV R1,A
            CJNE R1,#0DFH,NEXT
            SJMP START
DAY:        MOV R6,#4
D1:         MOV R7,#248
            DJNZ R7, $
            DJNZ R6,D1
            RET
            TABLE1: DB 06H,5BH,4FH,66H,6DH
            TABLE2: DB 78H,79H,38H,38H,3FH
END
```

(2)C51 程序。

```
#include <AT89X51.H>
unsigned char code table1[ ] = {0x06,0x5b,0x4f,0x66,0x6d};
unsigned char code table2[ ] = {0x78,0x79,0x38,0x38,0x3f};
unsigned char i;
unsigned char a,b;
unsigned char temp;
void main(void)
{
    while(1)
    {
      temp=0xfe;
      for(i=0;i<5;i++)
      {
        if(P1_7==1)
        {
            P0=table1[i];
        }
        else
        {
      P0=table2[i];
      }
      P2=temp;
      a=temp<<(i+1);
      b=temp>>(7-i);
      temp=a|b;
      for(a=4;a>0;a--)
```

```
            for(b=248;b>0;b--);
        }
    }
}
```

6.9 定时计数器 T0 作定时应用技术

6.9.1 实验任务

利用单片机的定时器/计数器 T0 产生 1 s 的定时时间，作为秒计数时间，当 1 s 产生时，秒计数加 1，秒计数到 60 时，自动从 0 开始。

6.9.2 电路原理图

定时器应用电路原理图如图 6.17 所示。

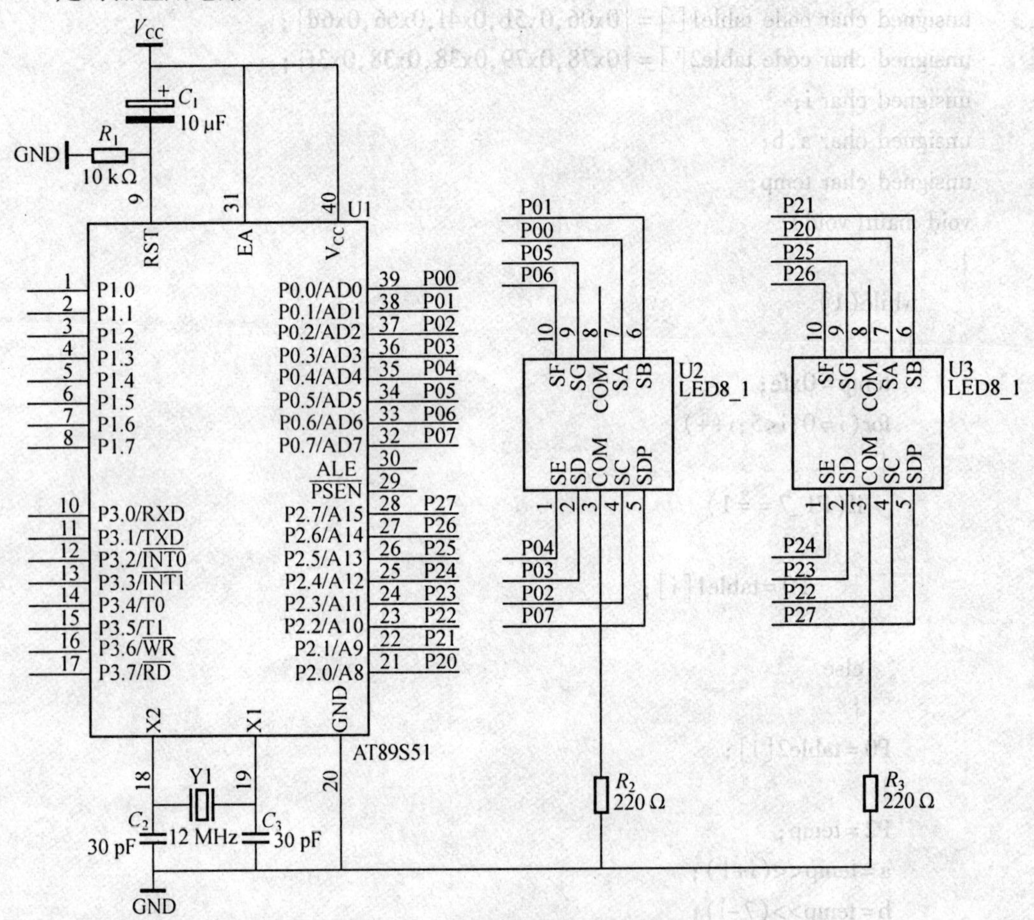

图 6.17　定时器应用电路原理图

6.9.3　软件设计

1. 设计思想

单片机的内部16位定时器/计数器是一个可编程定时器/计数器,它既可以工作在13位定时方式,也可以工作在16位定时方式和8位定时方式。只要通过设置特殊功能寄存器TMOD,即可完成。定时器/计数器何时工作也是通过软件来设定TCON特殊功能寄存器来完成的。

选择16位定时工作方式,对于T0来说,最大定时也只有65 536 μs,即65.536 ms,无法达到我们所需要的1 s的定时,因此我们必须通过软件来处理这个问题,假设我们取T0的最大定时为50 ms,即要定时1 s需要经过20次的50 ms的定时。对于这20次我们就可以采用软件的方法来统计了。

因此,我们设定TMOD=00000001B,即TMOD=01H ,要给T0定时器/计数器的TH0、TL0装入预置初值,通过公式可以计算出:

$TH0=(2^{16}-50\ 000)\ /\ 256$

$TL0=(2^{16}-50\ 000)\ MOD\ 256$

当T0在工作时,我们如何得知50 ms的定时时间已到?我们可以通过检测TCON特殊功能寄存器中的TF0标志位,如果TF0=1,表示定时时间已到。

2. 软件流程

定时器应用软件流程图如图6.18所示。

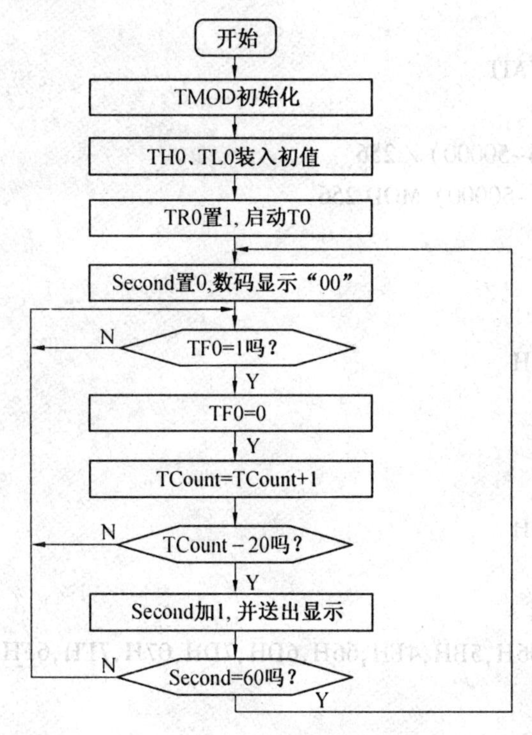

图6.18　定时器应用软件流程图

3. 程序代码

(1)汇编语言。

```
SECOND EQU 30H
TCOUNT EQU 31H
ORG 00H
START: MOV SECOND,#00H
MOV TCOUNT,#00H
MOV TMOD,#01H
MOV TH0,#(65536-50000) / 256
MOV TL0,#(65536-50000) MOD 256
SETB TR0
DISP: MOV A,SECOND
MOV B,#10
DIV AB
MOV DPTR,#TABLE
MOVC A,@A+DPTR
MOV P0,A
MOV A,B
MOVC A,@A+DPTR
MOV P2,A
WAIT: JNB TF0,WAIT
CLR TF0
MOV TH0,#(65536-50000) / 256
MOV TL0,#(65536-50000) MOD 256
INC TCOUNT
MOV A,TCOUNT
CJNE A,#20,NEXT
MOV TCOUNT,#00H
INC SECOND
MOV A,SECOND
CJNE A,#60,NEX
MOV SECOND,#00H
NEX: LJMP DISP
NEXT: LJMP WAIT
TABLE: DB 3FH,06H,5BH,4FH,66H,6DH,7DH,07H,7FH,6FH
END
```

(2)C51 语言。

```
#include <AT89X51.H>
```

```
unsigned char code dispcode[ ] = {0x3f,0x06,0x5b,0x4f,
0x66,0x6d,0x7d,0x07,
0x7f,0x6f,0x77,0x7c,
0x39,0x5e,0x79,0x71,0x00};
unsigned char second;
unsigned char tcount;
void main(void)
{
TMOD=0x01;
TH0=(65536-50000)/256;
TL0=(65536-50000)%256;
TR0=1;
tcount=0;
second=0;
P0=dispcode[second/10];
P2=dispcode[second%10];
while(1)
{
if(TF0==1)

{
tcount++;
if(tcount==20)
{
tcount=0;
second++;
if(second==60)
{
second=0;
}
P0=dispcode[second/10];
P2=dispcode[second%10];
}
TF0=0;
TH0=(65536-50000)/256;
TL0=(65536-50000)%256;
}
}
```

}

6.10 8×8 LED 点阵显示技术

6.10.1 实验任务

在 8×8 LED 点阵上显示柱形，让其先从左到右平滑移动 3 次，其次从右到左平滑移动 3 次，再次从上到下平滑移动 3 次，最后从下到上平滑移动 3 次，如此循环下去。

6.10.2 电路原理图

定时器应用电路原理图如图 6.19 所示。

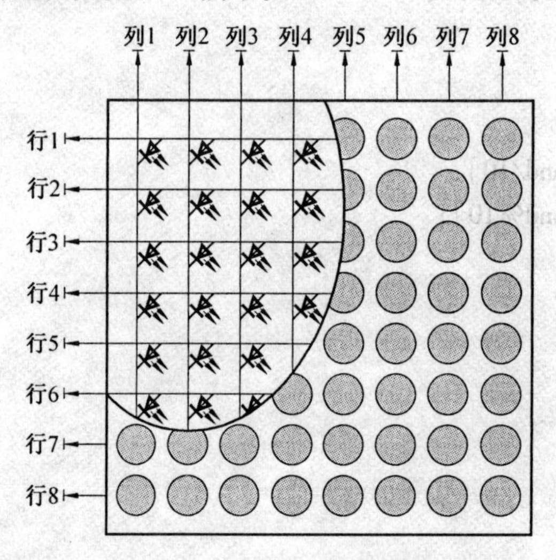

图 6.19 定时器应用电路原理图

6.10.3 软件设计

1. 设计思路

8×8 点阵共需要 64 个发光二极管组成，且每个发光二极管是放置在行线和列线的交叉点上，当对应的某一列置 1 电平，某一行置 0 电平，则相应的二极管点亮。因此要实现一根柱形的亮法，如图 6.20 所示，对应的一列为一根竖柱，或者对应的一行为一根横柱，因此实现柱的亮法如下所述：

一根竖柱：对应的列置 1，而行则采用扫描的方法来实现。

一根横柱：对应的行置 0，而列则采用扫描的方法来实现。

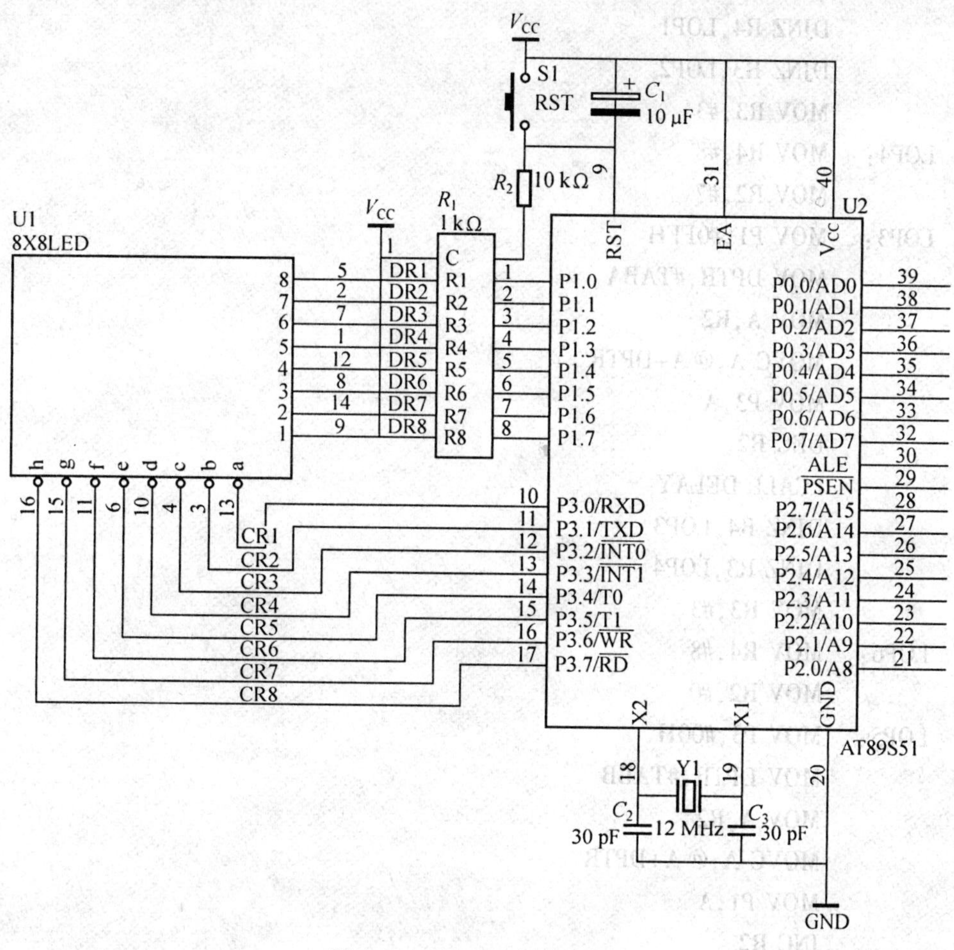

图 6.20　8×8LED 点阵引脚

2. 参考程序

(1)汇编语言。

```
        ORG 00H
START:  NOP
        MOV R3,#3
LOP2:   MOV R4,#8
        MOV R2,#0
LOP1:   MOV P1,#0FFH
        MOV DPTR,#TABA
        MOV A,R2
        MOVC A,@ A+DPTR
        MOV P3,A
        INC R2
        LCALL DELAY
```

```
        DJNZ R4,LOP1
        DJNZ R3,LOP2
        MOV R3,#3
LOP4:   MOV R4,#8
        MOV R2,#7
LOP3:   MOV P1,#0FFH
        MOV DPTR,#TABA
        MOV A,R2
        MOVC A,@A+DPTR
        MOV P3,A
        DEC R2
        LCALL DELAY
        DJNZ R4,LOP3
        DJNZ R3,LOP4
        MOV R3,#3
LOP6:   MOV R4,#8
        MOV R2,#0
LOP5:   MOV P3,#00H
        MOV DPTR,#TABB
        MOV A,R2
        MOVC A,@A+DPTR
        MOV P1,A
        INC R2
        LCALL DELAY
        DJNZ R4,LOP5
        DJNZ R3,LOP6
        MOV R3,#3
LOP8:   MOV R4,#8
        MOV R2,#7
LOP7:   MOV P3,#00H
        MOV DPTR,#TABB
        MOV A,R2
        MOVC A,@A+DPTR
        MOV P1,A
        DEC R2
        LCALL DELAY
        DJNZ R4,LOP7
        DJNZ R3,LOP8
```

```
        LJMP START
DELAY: MOV R5,#10
D2:    MOV R6,#20
D1:    MOV R7,#248
       DJNZ R7, $
       DJNZ R6,D1
       DJNZ R5,D2
       RET
TABA: DB 0FEH,0FDH,0FBH,0F7H,0EFH,0DFH,0BFH,07FH
TABB: DB 01H,02H,04H,08H,10H,20H,40H,80H
END
```

(2)C51语言。

```
#include <AT89X52.H>
unsigned char code taba[] = {0xfe,0xfd,0xfb,0xf7,0xef,0xdf,0xbf,0x7f};
unsigned char code tabb[] = {0x01,0x02,0x04,0x08,0x10,0x20,0x40,0x80};
void delay(void)
{
  unsigned char i,j;
  for(i=10;i>0;i--)
  for(j=248;j>0;j--);
}
void delay1(void)
{
  unsigned char i,j,k;
  for(k=10;k>0;k--)
  for(i=20;i>0;i--)
  for(j=248;j>0;j--);
}
void main(void)
{
  unsigned char i,j;
  while(1)
    {
      for(j=0;j<3;j++)
        {
          for(i=0;i<8;i++)
            {
              P3=taba[i];
```

```
              P1 = 0xff;
              delay1( );
            }
        }
        for( j = 0;j<3;j++)
        {
          for( i = 0;i<8;i++)
          {
            P3 = taba[7-i];
            P1 = 0xff;
            delay1( );
          }
        }
        for( j = 0;j<3;j++)
        {
        for( i = 0;i<8;i++)
        {
          P3 = 0x00;
          P1 = tabb[7-i];
          delay1( );
        }
      }
      for( j = 0;j<3;j++)
      {
        for( i = 0;i<8;i++)
        {
          P3 = 0x00;
          P1 = tabb[i];
          delay1( );
        }
      }
    }
  }
```

6.11　ADC0809 A/D 转换器基本应用技术

6.11.1　实验任务

从 ADC0809 的通道 IN3 输入 0 ~ 5 V 的模拟量，通过 ADC0809 转换成数字量在数码管上以十进制形成显示出来。ADC0809 的 V_{REF} 接+5 V 电压。

6.11.2　电路原理图

A/D 转换电路原理图如图 6.21 所示。

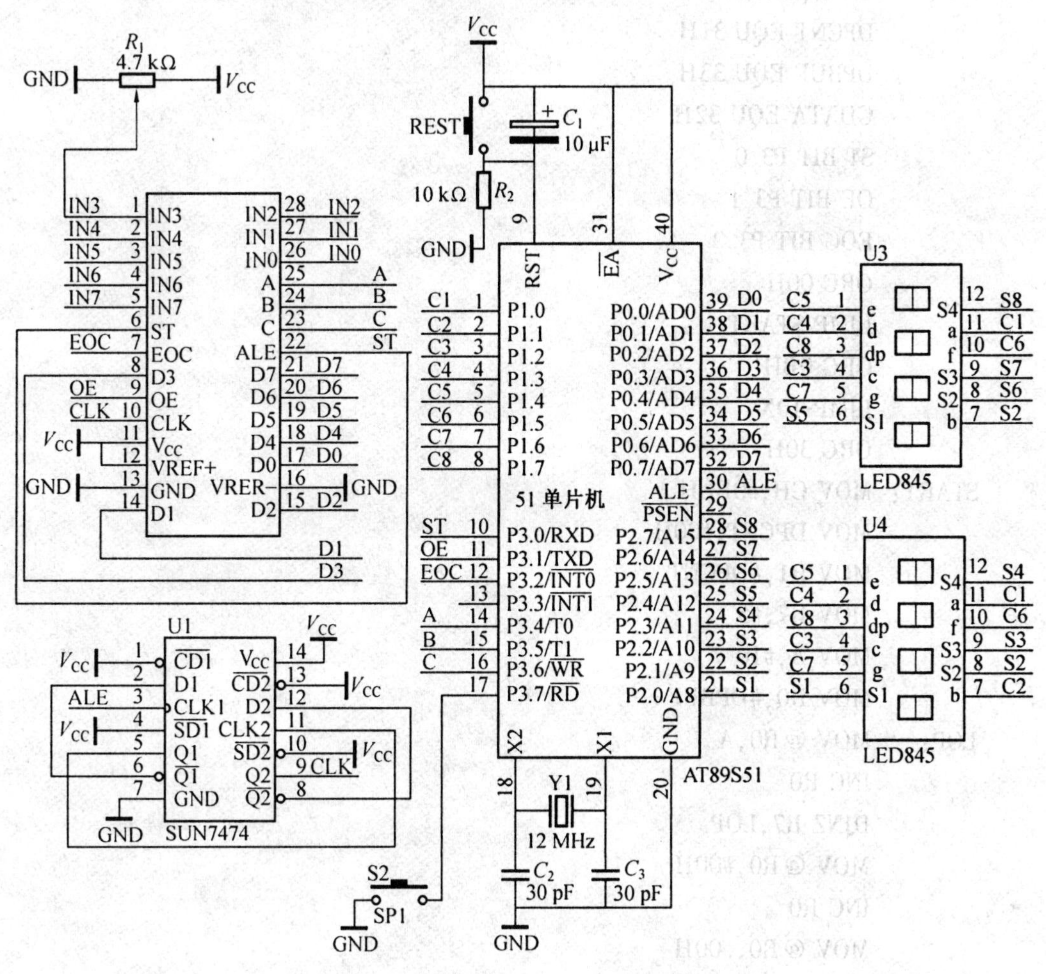

图 6.21　A/D 转换电路原理图

6.11.3 软件设计

1. 设计思想

进行 A/D 转换时,采用查询 EOC 的标志信号来检测 A/D 转换是否完毕,若完毕,则把数据通过 P0 端口读入,经过数据处理之后在数码管上显示。进行 A/D 转换之前,要启动转换的方法:ABC=110 选择第三通道 ST=0,ST=1,ST=0 产生启动转换的正脉冲信号。

2. 参考程序

(1)汇编语言。

```
        CH EQU 30H
        DPCNT EQU 31H
        DPBUF EQU 33H
        GDATA EQU 32H
        ST BIT P3.0
        OE BIT P3.1
        EOC BIT P3.2
        ORG 00H
        LJMP START
        ORG 0BH
        LJMP T0X
        ORG 30H
START:  MOV CH,#0BCH
        MOV DPCNT,#00H
        MOV R1,#DPCNT
        MOV R7,#5
        MOV A,#10
        MOV R0,#DPBUF
LOP:    MOV @R0,A
        INC R0
        DJNZ R7,LOP
        MOV @R0,#00H
        INC R0
        MOV @R0,#00H
        INC R0
        MOV @R0,#00H
        MOV TMOD,#01H
        MOV TH0,#(65536-4000)/256
        MOV TL0,#(65536-4000) MOD 256
```

```
        SETB TR0
        SETB ET0
        SETB EA
WT:     CLR ST
        SETB ST
        CLR ST
WAIT:   JNB EOC,WAIT
        SETB OE
        MOV GDATA,P0
        CLR OE
        MOV A,GDATA
        MOV B,#100
        DIV AB
        MOV 33H,A
        MOV A,B
        MOV B,#10
        DIV AB
        MOV 34H,A
        MOV 35H,B
        SJMP WT
T0X:    NOP
        MOV TH0,#(65536-4000)/256
        MOV TL0,#(65536-4000) MOD 256
        MOV DPTR,#DPCD
        MOV A,DPCNT
        ADD A,#DPBUF
        MOV R0,A
        MOV A,@ R0
        MOVC A,@ A+DPTR
        MOV P1,A
        MOV DPTR,#DPBT
        MOV A,DPCNT
        MOVC A,@ A+DPTR
        MOV P2,A
        INC DPCNT
        MOV A,DPCNT
        CJNE A,#8,NEXT
        MOV DPCNT,#00H
```

```
NEXT:  RETI
DPCD:  DB 3FH,06H,5BH,4FH,66H
       DB 6DH,7DH,07H,7FH,6FH,00H
DPBT:  DB 0FEH,0FDH,0FBH,0F7H
       DB 0EFH,0DFH,0BFH,07FH
END
```

(2)C51 语言。

```
#include <AT89X52. H>
unsigned char code dispbitcode[ ] = {0xfe,0xfd,0xfb,0xf7,
0xef,0xdf,0xbf,0x7f} ;
unsigned char code dispcode[ ] = {0x3f,0x06,0x5b,0x4f,0x66,
0x6d,0x7d,0x07,0x7f,0x6f,0x00} ;
unsigned char dispbuf[8] = {10,10,10,10,10,0,0,0} ;
unsigned char dispcount;
sbit ST=P3^0;
sbit OE=P3^1;
sbit EOC=P3^2;
unsigned char channel=0xbc;                    //IN3
unsigned char getdata;
void main(void)
{
  TMOD=0x01;
  TH0=(65536-4000)/256;
  TL0=(65536-4000)%256;
  TR0=1;
  ET0=1;
  EA=1;
  P3=channel;
  while(1)
    {
      ST=0;
      ST=1;
      ST=0;
      while(EOC==0);
      OE=1;
      getdata=P0;
      OE=0;
      dispbuf[2]=getdata/100;
```

```
            getdata=getdata%10;
            dispbuf[1]=getdata/10;
            dispbuf[0]=getdata%10;
        }
}
void t0(void) interrupt 1 using 0
{
  TH0=(65536-4000)/256;
  TL0=(65536-4000)%256;
  P1=dispcode[dispbuf[dispcount]];
  P2=dispbitcode[dispcount];
  dispcount++;
  if(dispcount==8)
    {
       dispcount=0;
    }
}
```

6.12　独立按键

6.12.1　实验任务

每按下一次开关 SP1，计数值加 1，通过 AT89S51 单片机的 P1 端口的 P1.0～P1.3 显示出其二进制计数值。

6.12.2　电路原理图

独立按键电路原理图如图 6.22 所示。

6.12.3　软件设计

1. 设计思想

独立式键盘是指各个按键相互独立地连接到各自的单片机 I/O 口，I/O 口只需要作输入口就能读到所有的按键。独立式键盘可以使用上拉电阻，也可以使用下拉电阻，基本原理是相同的。实际应用中有很多型号的单片机有 I/O 内部上拉电阻或内部下拉电阻，所以在实际应用中，若是使用到这样的单片机，是不需要接外部上拉电阻或下拉电阻，只需在程序中把内部上拉电阻或内部下拉电阻打开即可。现以上拉电阻的独立式键盘为例进行说明，其结构如图 6.23 所示。

作为一个按键从没有按下到按下以及释放是一个完整的过程，当我们按下一个按键时，总希望某个命令只执行一次，而在按键按下的过程中，不要有干扰进来，因为在按下的

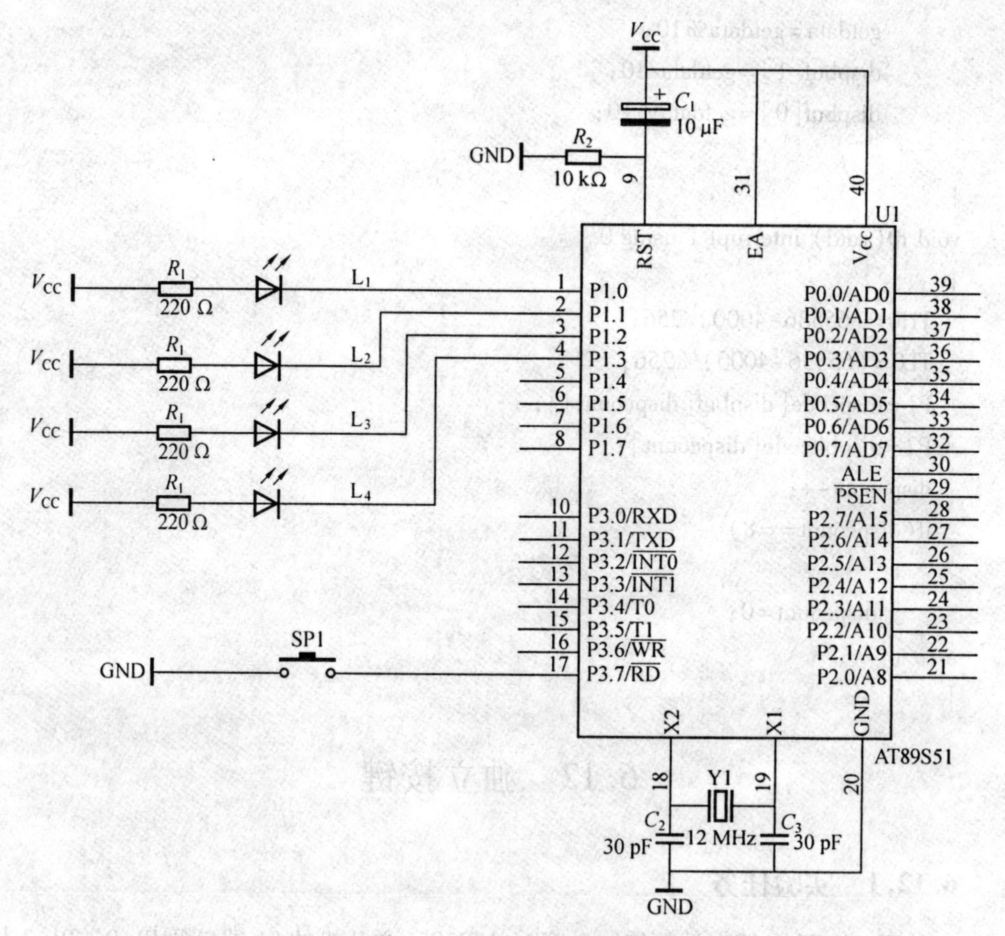

图 6.22　独立按键电路原理图

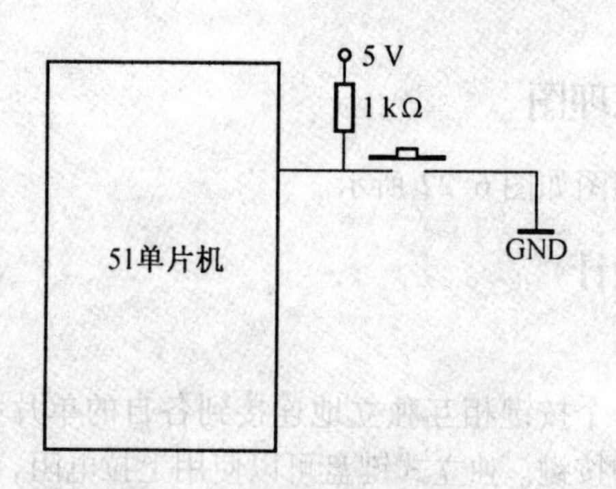

图 6.23　上拉电阻独立按键原理图

过程中，一旦有干扰进来，就可能造成误触发过程，这并不是我们所想要的。因此在按键按下时，要把我们手上的干扰信号以及按键的机械接触等干扰信号给滤除掉，在一般情况下，我们可以采用电容来滤除掉这些干扰信号，但实际上，会增加硬件成本及硬件电路的体积，这是我们不希望的，总得有个办法解决这个问题，因此我们可以采用软件滤波的方法去除这些干扰信号。在一般情况下，一个按键按下时，总是在按下的时刻存在着一定的干扰信号，按下之后就基本上进入了稳定的状态。

在程序设计时，从按键被识别按下之后，延时 5 ms 以上，从而避开干扰信号区域，我们再来检测一次，看按键是否真的已经按下，若真的已经按下，这时肯定输出为低电平，若这时检测到的是高电平，证明刚才是由于干扰信号引起的误触发，CPU 就认为是误触发信号而舍弃这次的按键识别过程，从而提高系统的可靠性。

由于要求每按下一次，命令被执行一次，直到下一次再按下时，再执行一次命令，因此从按键被识别出来之后，我们就可以执行这次命令，所以要有一个等待按键释放的过程，显然释放的过程就是使其恢复成高电平状态。

对于按键识别的指令，我们依然选择如下指令 JB BIT，REL 指令是用来检测 BIT 是否为高电平，若 BIT=1，则程序转向 REL 处执行程序，否则就继续向下执行程序。或者是 JNB BIT，REL 指令是用来检测 BIT 是否为低电平，若 BIT=0，则程序转向 REL 处执行程序，否则就继续向下执行程序。

2. 软件流程图

独立按键软件流程图如图 6.24 所示。

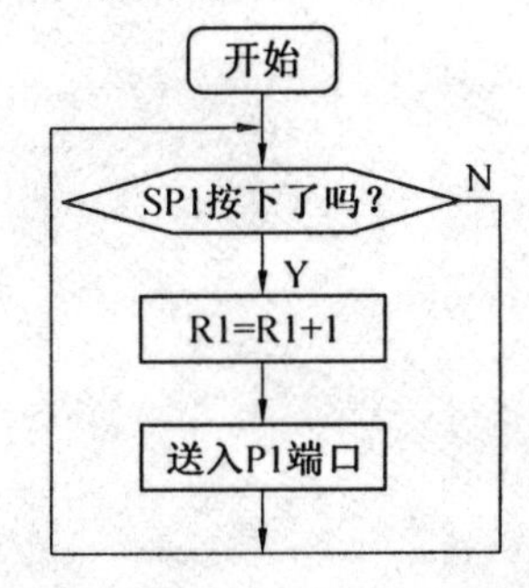

图 6.24　独立按键软件流程图

3. 参考程序

(1)汇编程序。

```
        ORG 0
START： MOV R1,#00H          ;初始化 R1 为 0，表示从 0 开始计数
        MOV A,R1
        CPL A                ;取反指令
        MOV P1,A             ;送出 P1 端口，由发光二极管显示
        REL：JNB P3.7,REL    ;判断 SP1 是否按下
        LCALL DELAY10MS      ;若按下，则延时 10 ms 左右
        JNB P3.7,REL         ;再判断 SP1 是否真的按下
        INC R7               ;若真的按下，则进行按键处理，使
        MOV A,R7             ;计数内容加 1，并送出 P1 端口由
        CPL A                ;发光二极管显示
        MOV P1,A
        JNB P3.7, $          ;等待 SP1 释放
```

```
        SJMP REL                          ;继续对 K1 按键扫描
        DELAY10MS: MOV R6,#20             ;延时 10 ms 子程序
L1:     MOV R7,#248
        DJNZ R7, $
        DJNZ R6,L1
        RET
END
```

(2)C51 程序。

```
#include <AT89X51.H>
unsigned char count;
void delay10ms(void)
{
  unsigned char i,j;
  for(i=20;i>0;i--)
  for(j=248;j>0;j--);
}
void main(void)
{
  while(1)
    {
      if(P3_7==0)
        {
          delay10ms();
          if(P3_7==0)
            {
              count++;
              if(count==16)
                {
                  count=0;
                }
              P1=~count;
              while(P3_7==0);
            }
        }
    }
}
```

6.13　4×4 矩阵按键

6.13.1　实验任务

用51的并行口P1接4×4矩阵键盘,以P1.0～P1.3作输入线,以P1.4～P1.7作输出线;在数码管上显示每个按键的0～F序号。对应的矩阵按键序列如图6.25所示。

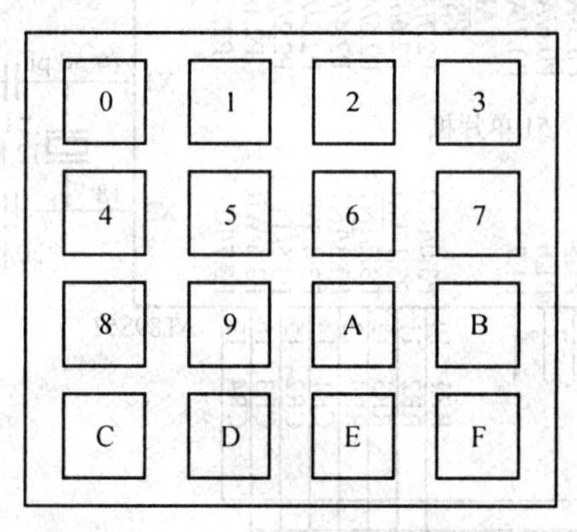

图6.25　矩阵按键序列示意图

6.13.2　电路原理图

矩阵按键原理图如图6.26所示。

6.13.3　软件设计

1. 设计思想

每个按键有它的行值和列值 ,行值和列值的组合就是识别这个按键的编码。矩阵的行线和列线分别通过两并行接口和CPU通信。每个按键的状态同样需变成数字量"0"和"1",开关的一端(列线)通过电阻接 V_{CC},而接地是通过程序输出数字"0"实现的。键盘处理程序的任务是:确定有无键按下,判断哪一个键按下,键的功能是什么;还要消除按键在闭合或断开时的抖动。在两个并行口中,一个输出扫描码,使按键逐行动态接地,另一个并行口输入按键状态,由行扫描值和回馈信号共同形成键编码而识别按键,通过软件查表,查出该键的功能。

2. 软件流程图

矩阵按键程序流程图如图6.27所示。

3. 参考程序

(1)汇编语言。

```
        KEYBUF EQU 30H
        ORG 00H
START:  MOV KEYBUF,#2
```

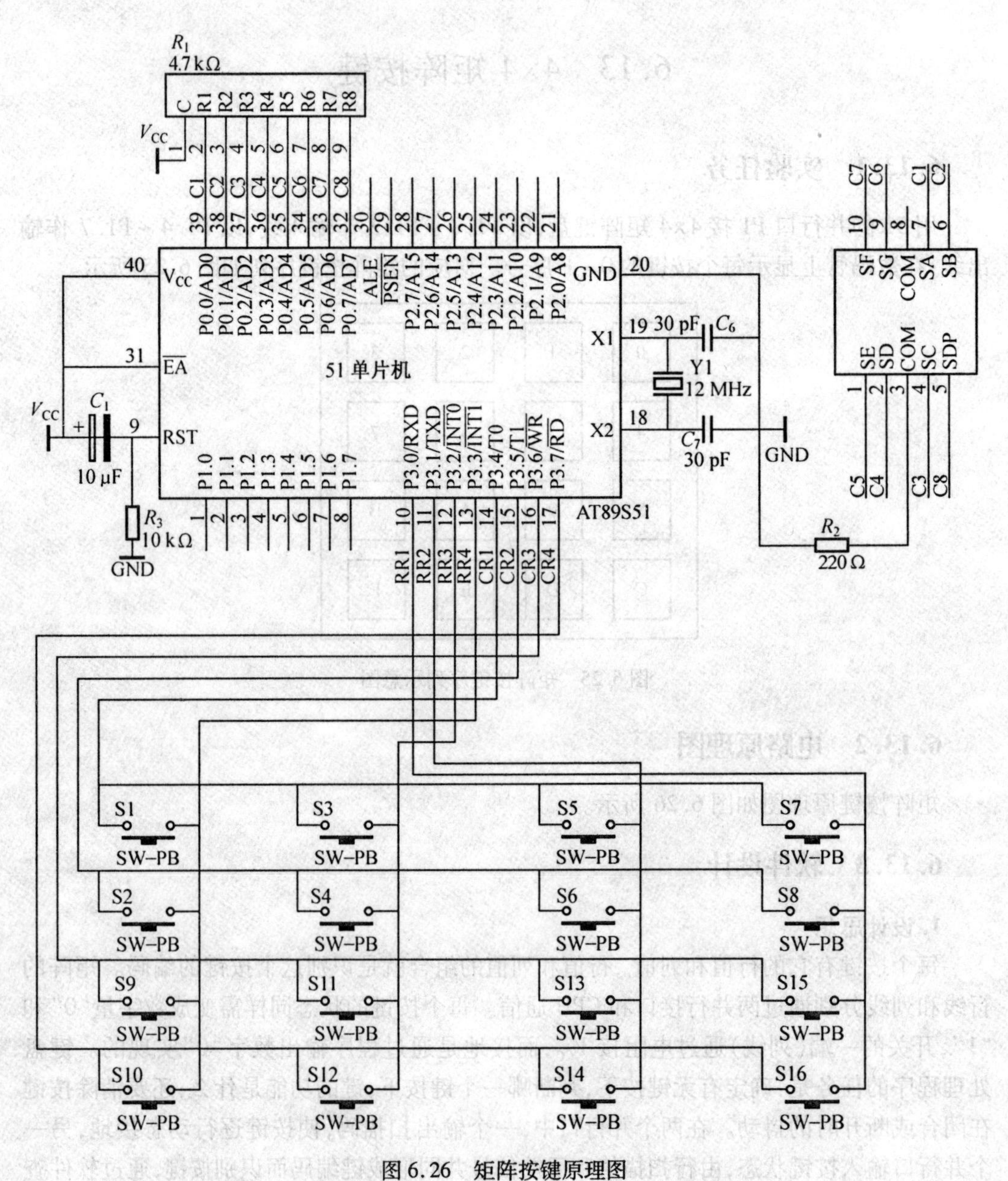

图 6.26　矩阵按键原理图

```
WAIT:
        MOV P3,#0FFH
        CLR P3.4
        MOV A,P3
        ANL A,#0FH
        XRL A,#0FH
        JZ NOKEY1
        LCALL DELY10MS
```

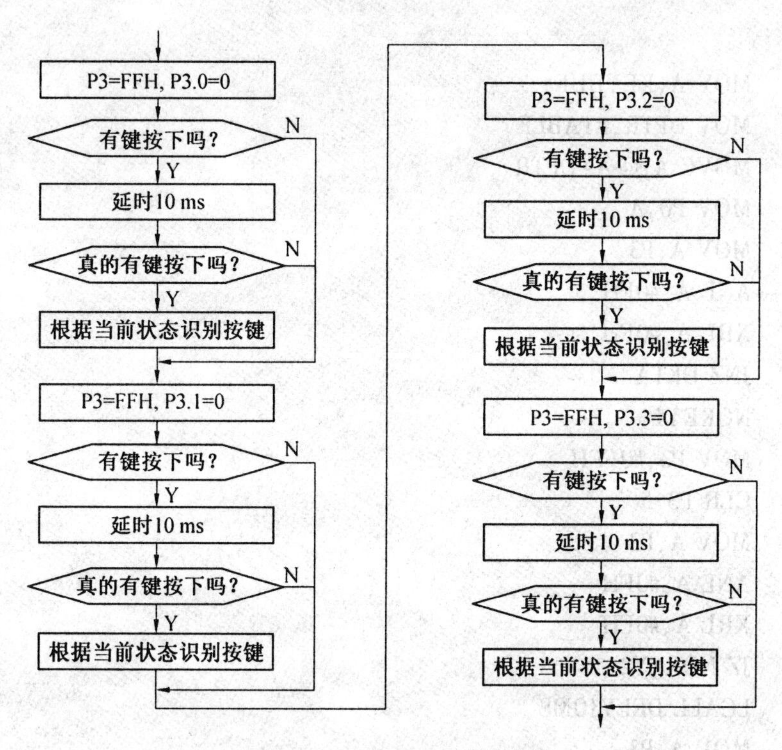

图6.27　矩阵按键程序流程图

```
        MOV A,P3
        ANL A,#0FH
        XRL A,#0FH
        JZ NOKEY1
        MOV A,P3
        ANL A,#0FH
        CJNE A,#0EH,NK1
        MOV KEYBUF,#0
        LJMP DK1
NK1:    CJNE A,#0DH,NK2
        MOV KEYBUF,#1
        LJMP DK1
NK2:    CJNE A,#0BH,NK3
        MOV KEYBUF,#2
        LJMP DK1
NK3:    CJNE A,#07H,NK4
        MOV KEYBUF,#3
        LJMP DK1
NK4:    NOP
```

```
DK1:
        MOV A,KEYBUF
        MOV DPTR,#TABLE
        MOVC A,@A+DPTR
        MOV P0,A
DK1A:   MOV A,P3
        ANL A,#0FH
        XRL A,#0FH
        JNZ DK1A
        NOKEY1:
        MOV P3,#0FFH
        CLR P3.5
        MOV A,P3
        ANL A,#0FH
        XRL A,#0FH
        JZ NOKEY2
        LCALL DELY10MS
        MOV A,P3
        ANL A,#0FH
        XRL A,#0FH
        JZ NOKEY2
        MOV A,P3
        ANL A,#0FH
        CJNE A,#0EH,NK5
        MOV KEYBUF,#4
        LJMP DK2
NK5:    CJNE A,#0DH,NK6
        MOV KEYBUF,#5
        LJMP DK2
NK6:    CJNE A,#0BH,NK7
        MOV KEYBUF,#6
        LJMP DK2
NK7:    CJNE A,#07H,NK8
        MOV KEYBUF,#7
        LJMP DK2
NK8:    NOP
DK2:
        MOV A,KEYBUF
```

```
        MOV DPTR,#TABLE
        MOVC A,@A+DPTR
        MOV P0,A
DK2A:   MOV A,P3
        ANL A,#0FH
        XRL A,#0FH
        JNZ DK2A
        NOKEY2:
        MOV P3,#0FFH
        CLR P3.6
        MOV A,P3
        ANL A,#0FH
        XRL A,#0FH
        JZ NOKEY3
        LCALL DELY10MS
        MOV A,P3
        ANL A,#0FH
        XRL A,#0FH
        JZ NOKEY3
        MOV A,P3
        ANL A,#0FH
        CJNE A,#0EH,NK9
        MOV KEYBUF,#8
        LJMP DK3
NK9:    CJNE A,#0DH,NK10
        MOV KEYBUF,#9
        LJMP DK3
NK10:   CJNE A,#0BH,NK11
        MOV KEYBUF,#10
        LJMP DK3
NK11:   CJNE A,#07H,NK12
        MOV KEYBUF,#11
        LJMP DK3
NK12:   NOP
DK3:    MOV A,KEYBUF
        MOV DPTR,#TABLE
        MOVC A,@A+DPTR
        MOV P0,A
```

```
DK3A:   MOV A,P3
        ANL A,#0FH
        XRL A,#0FH
        JNZ DK3A
        NOKEY3:
        MOV P3,#0FFH
        CLR P3.7
        MOV A,P3
        ANL A,#0FH
        XRL A,#0FH
        JZ NOKEY4
        LCALL DELY10MS
        MOV A,P3
        ANL A,#0FH
        XRL A,#0FH
        JZ NOKEY4
        MOV A,P3
        ANL A,#0FH
        CJNE A,#0EH,NK13
        MOV KEYBUF,#12
        LJMP DK4
NK13:   CJNE A,#0DH,NK14
        MOV KEYBUF,#13
        LJMP DK4
NK14:   CJNE A,#0BH,NK15
        MOV KEYBUF,#14
        LJMP DK4
NK15:   CJNE A,#07H,NK16
        MOV KEYBUF,#15
        LJMP DK4
NK16:   NOP
        DK4:
        MOV A,KEYBUF
        MOV DPTR,#TABLE
        MOVC A,@A+DPTR
        MOV P0,A
DK4A:   MOV A,P3
        ANL A,#0FH
```

```
        XRL A,#0FH
        JNZ DK4A
        NOKEY4:
        LJMP WAIT
        DELY10MS:
        MOV R6,#10
D1:     MOV R7,#248
        DJNZ R7, $
        DJNZ R6,D1
RET
TABLE: DB 3FH,06H,5BH,4FH,66H,6DH,7DH,07H
DB 7FH,6FH,77H,7CH,39H,5EH,79H,71H
END
```

(2)C51 语言。

```
#include <AT89X51.H>
unsigned char code table[ ] = { 0x3f,0x06,0x5b,0x4f,
                               0x66,0x6d,0x7d,0x07,
                               0x7f,0x6f,0x77,0x7c,
                               0x39,0x5e,0x79,0x71};
unsigned char temp;
unsigned char key;
unsigned char i,j;
void main(void)
{
  while(1)
    {
      P3 = 0xff;
      P3_4 = 0;
      temp = P3;
      temp = temp & 0x0f;
      if (temp! =0x0f)
        {
          for(i=50;i>0;i--)
          for(j=200;j>0;j--);
          temp = P3;
          temp = temp & 0x0f;
          if (temp! =0x0f)
            {
```

```
            temp=P3;
            temp=temp & 0x0f;
            switch(temp)
              {
                case 0x0e:
                key=7;
                break;
                case 0x0d:
                key=8;
                break;
                case 0x0b:
                key=9;
                break;
                case 0x07:
                key=10;
                break;
              }
            temp=P3;
            P1_0=~P1_0;
            P0=table[key];
            temp=temp & 0x0f;
            while(temp!  =0x0f)
              {
                temp=P3;
                temp=temp & 0x0f;
              }
          }
      }
      P3=0xff;
      P3_5=0;
      temp=P3;
      temp=temp & 0x0f;
      if (temp!  =0x0f)
        {
          for(i=50;i>0;i--)
          for(j=200;j>0;j--);
          temp=P3;
          temp=temp & 0x0f;
```

```
if (temp! =0x0f)
  {
    temp=P3;
    temp=temp & 0x0f;
    switch(temp)
      {
        case 0x0e:
        key=4;
        break;
        case 0x0d:
        key=5;
        break;
        case 0x0b:
        key=6;
        break;
        case 0x07:
        key=11;
        break;
      }
    temp=P3;
    P1_0= ~P1_0;
    P0=table[key];
    temp=temp & 0x0f;
    while(temp! =0x0f)
      {
        temp=P3;
        temp=temp & 0x0f;
      }
  }
}
P3=0xff;
P3_6=0;
temp=P3;
temp=temp & 0x0f;
if (temp! =0x0f)
  {
    for(i=50;i>0;i--)
    for(j=200;j>0;j--);
```

```
temp=P3;
temp=temp & 0x0f;
if (temp! =0x0f)
  {
    temp=P3;
    temp=temp & 0x0f;
    switch(temp)
      {
        case 0x0e:
        key=1;
        break;
        case 0x0d:
        key=2;
        break;
        case 0x0b:
        key=3;
        break;
        case 0x07:
        key=12;
        break;
      }
    temp=P3;
    P1_0= ~P1_0;
    P0=table[key];
    temp=temp & 0x0f;
    while(temp! =0x0f)
      {
        temp=P3;
        temp=temp & 0x0f;
      }
  }
}
P3=0xff;
P3_7=0;
temp=P3;
temp=temp & 0x0f;
if (temp! =0x0f)
  {
```

```
            for(i=50;i>0;i--)
            for(j=200;j>0;j--);
            temp=P3;
            temp=temp & 0x0f;
            if (temp! =0x0f)
              {
                temp=P3;
                temp=temp & 0x0f;
                switch(temp)
                  {
                    case 0x0e:
                    key=0;
                    break;
                    case 0x0d:
                    key=13;
                    break;
                    case 0x0b:
                    key=14;
                    break;
                    case 0x07:
                    key=15;
                    break;
                  }
                temp=P3;
                P1_0=~P1_0;
                P0=table[key];
                temp=temp & 0x0f;
                while(temp! =0x0f)
                  {
                    temp=P3;
                    temp=temp & 0x0f;
                  }
              }
          }
      }
}
```

习　题

1. 试参照6.9节采用中断方法实现定时计数器T0的应用。
2. 设计环形跑马灯,要求每隔一个依次闪亮,每次延时时间为0.2 s。
3. 参照6.6节,试着利用蜂鸣器和喇叭分别实现"滴滴滴"的提示声音。
4. 利用独立键盘和蜂鸣器,实现按键按下蜂鸣器响起的功能。
5. 编写3×3矩阵键盘显示的程序。
6. 简述模拟开关与按键的区别。
7. 简述编写双色点阵屏显示实例。

第7章 单片机应用实验项目

7.1　00～59秒计时器

7.1.1　任务要求

在单片机的P0和P2端口分别接有两个共阴数码管,P0口驱动显示秒时间的十位,P2口驱动显示秒时间的个位。

7.1.2　硬件设计

秒表硬件原理图如图7.1所示。

7.1.3　软件设计

1. 设计思路

在设计过程中采用一个存储单元作为秒计数单元,当一秒钟到来时,就让秒计数单元加1,当秒计数达到60时,就自动返回到0,从新秒计数。对于秒计数单元中的数据要把它十位数和个位数分开,方法仍采用对10整除和对10求余。在数码上显示,仍通过查表的方式完成。

一秒时间的产生在这里我们采用软件精确延时的方法来完成,经过精确计算得到1 s时间为1.002 s。

2. 软件流程图

矩阵按键软件流程图如图7.2所示。

4. 参考程序

(1)汇编语言。

```
          Second EQU 30H
ORG 0
START:    MOV Second,#00H
NEXT:     MOV A,Second
```

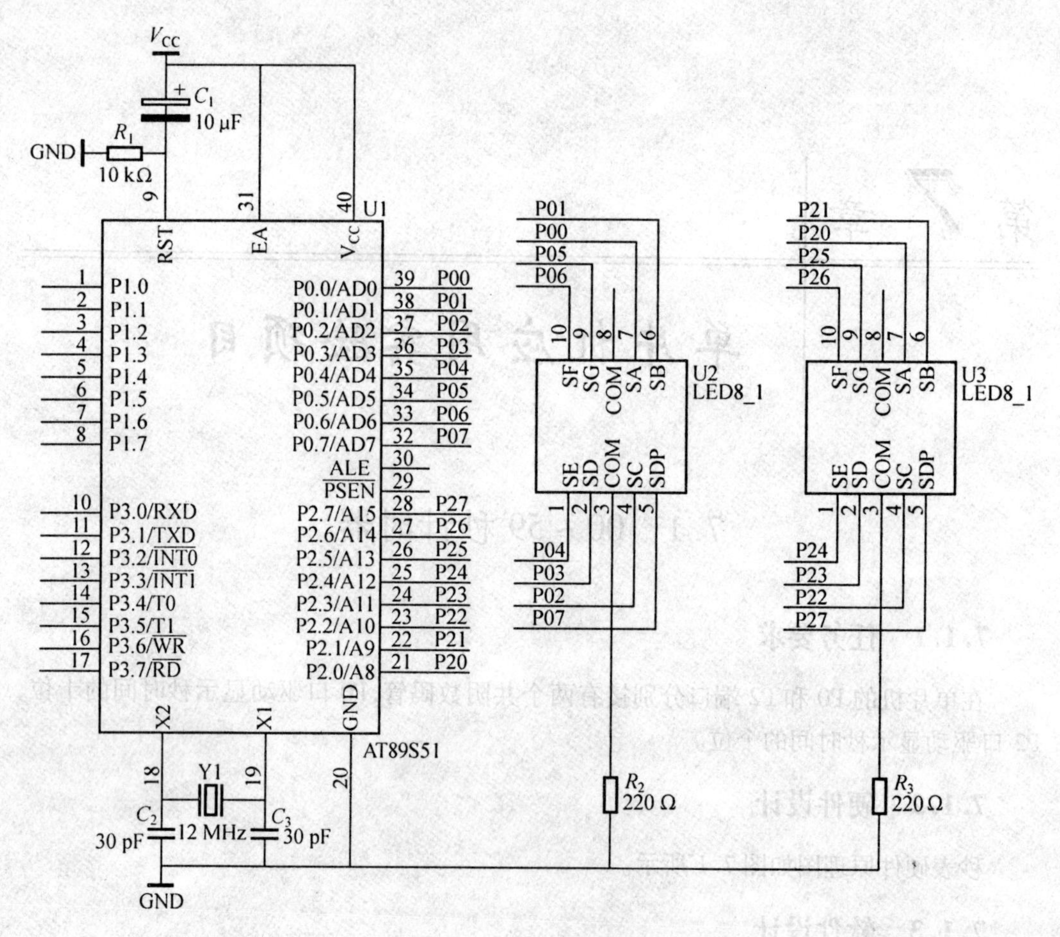

图 7.1　秒表硬件原理图

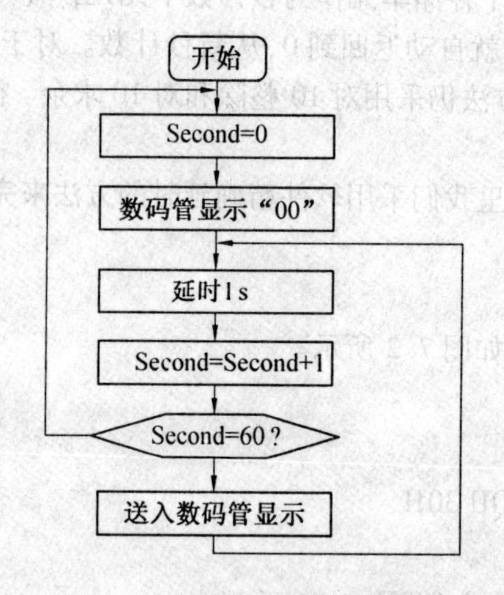

图 7.2　矩阵按键软件流程图

```
            MOV B,#10
            DIV AB
            MOV DPTR,#TABLE
            MOVC A,@A+DPTR
            MOV P0,A
            MOV A,B
            MOVC A,@A+DPTR
            MOV P2,A
            LCALL DELY1S
            INC Second
            MOV A,Second
            CJNE A,#60,NEXT
            LJMP START
DELY1S:     MOV R5,#100
D2:         MOV R6,#20
D1:         MOV R7,#248
            DJNZ R7, $
            DJNZ R6,D1
            DJNZ R5,D2
            RET
TABLE: DB 3FH,06H,5BH,4FH,66H,6DH,7DH,07H,7FH,6FH
END
```

(2)C51 语言。

```
#include <AT89X51.H>
unsigned char code table[ ] = {0x3f,0x06,0x5b,0x4f,0x66,
0x6d,0x7d,0x07,0x7f,0x6f};
unsigned char Second;
void delay1s(void)
{
  unsigned char i,j,k;
  for(k=100;k>0;k--)
  for(i=20;i>0;i--)
  for(j=248;j>0;j--);
}
void main(void)
```

```
{
  Second=0;
  P0=table[Second/10];
  P2=table[Second%10];
  while(1)
  {
    delay1s();
    Second++;
    if(Second==60)
    {
      Second=0;
    }
  P0=table[Second/10];
  P2=table[Second%10];
  }
}
```

7.2 电子琴

7.2.1 任务要求

由 4×4 组成 16 个按钮矩阵,设计成 16 个音阶,可随意弹奏音乐。

7.2.2 硬件设计

电子琴硬件原理图如图 7.3 所示。

7.2.3 软件设计

1. 设计思路

一首歌曲是由许多不同的音阶组成的,而每个音阶对应着不同的频率,这样我们就可以利用不同的频率组合构成我们想要的音乐了。

单片机工作于 12 MHz 时钟频率,使用其定时器/计数器 T0,工作模式为 1,改变计数值 TH0 和 TL0 可以产生不同频率的脉冲信号,在此情况下,C 调的各音符频率与计数值 T 的对照见表 7.1。其中,T 的值决定了 TH0 和 TL0 的值,其关系为:TH0 = T/256,TL0 = T%256。

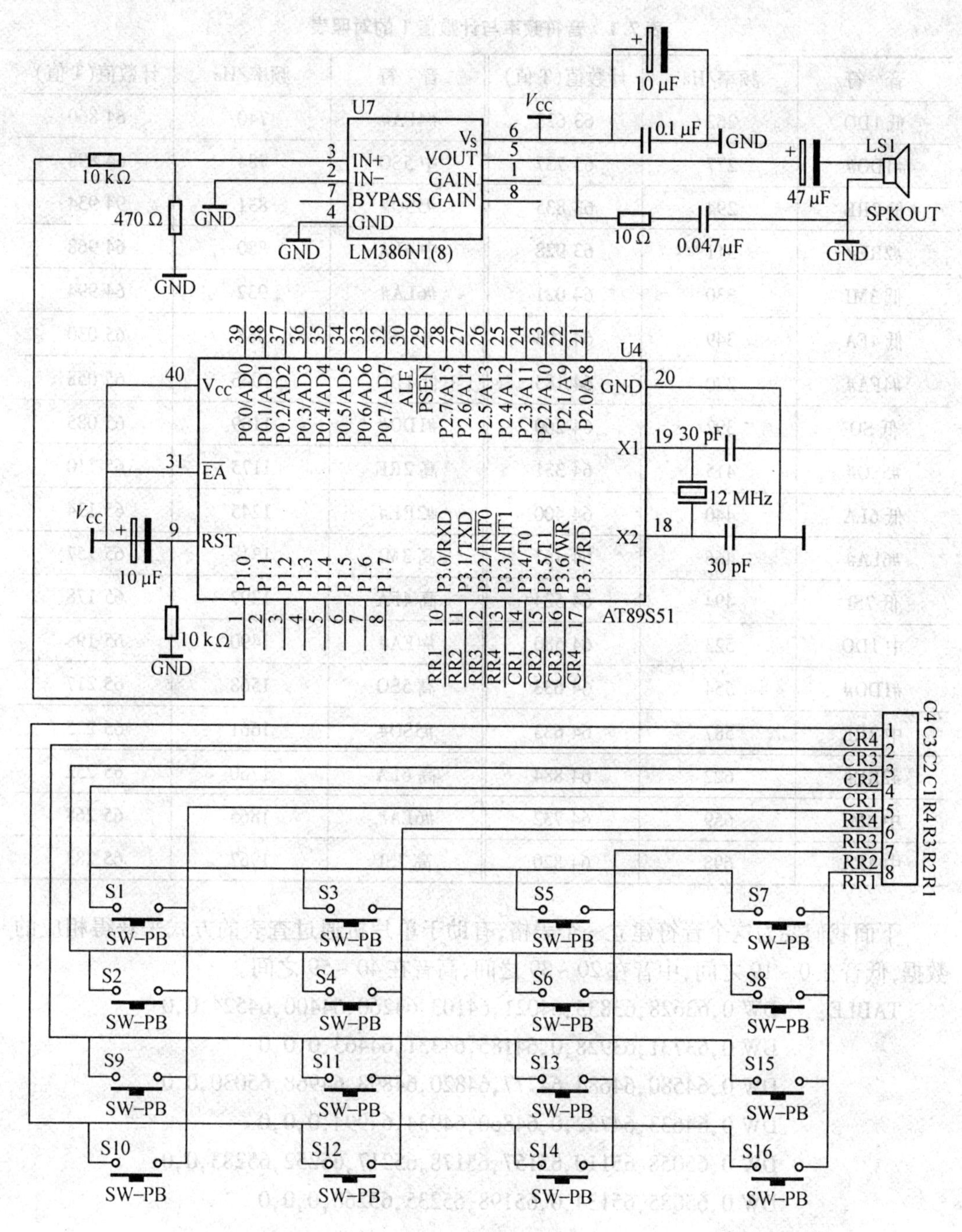

图 7.3　电子琴硬件原理图

表7.1 音符频率与计数值T的对照表

音 符	频率/Hz	计数值(T值)	音 符	频率/Hz	计数值(T值)
低1DO	262	63 628	#4FA#	740	64 860
#1DO#	277	63 737	中5SO	784	64 898
低2RE	294	63 835	#5SO#	831	94 934
#2RE#	311	63 928	中6LA	880	64 968
低3MI	330	64 021	#6LA#	932	64 994
低4FA	349	64 103	中7SI	968	65 030
#4FA#	370	64 185	低1DO	1046	65 058
低SO	392	64 260	#1DO#	1109	65 085
#5SO#	415	64 331	高2RE	1175	65 110
低6LA	440	64 400	#2RE#	1245	65 134
#6LA#	466	64 463	高3MI	1318	65 157
低7SI	494	64 524	高4FA	1397	65 178
中1DO	523	64 580	#4FA#	1490	65 198
#1DO#	554	64 633	高5SO	1568	65 217
中2RE	587	64 633	#5SO#	1661	65 235
#2RE#	622	64 884	高6LA	1760	65 252
中3MI	659	64 732	#6LA#	1865	65 268
中4FA	698	64 820	高7SI	1967	65 283

下面我们要为这个音符建立一个表格,有助于单片机通过查表的方式来获得相应的数据,低音在0~19之间,中音在20~39之间,高音在40~59之间。

```
TABLE:  DW 0,63628,63835,64021,64103,64260,64400,64524,0,0
        DW 0,63731,63928,0,64185,64331,64463,0,0,0
        DW 0,64580,64684,64777,64820,64898,64968,65030,0,0
        DW 0,64633,64732,0,64860,64934,64994,0,0,0
        DW 0,65058,65110,65157,65178,65217,65252,65283,0,0
        DW 0,65085,65134,0,65198,65235,65268,0,0,0
        DW 0
```

节拍实际上就是音持续时间的长短,在单片机系统中可以用延时来实现,如果1/4拍的延时是0.4 s,则1拍的延时是1.6 s,只要知道1/4拍的延时时间,其余的节拍延时时间就是它的倍数。如果单片机要自己播放音乐,那么必须在程序设计中考虑到节拍的设置,由于本例实现的音乐发声器是由用户通过键盘输入弹奏乐曲的,所以节拍由用户掌握,不由程序控制。对于不同的曲调我们也可以用单片机的另外一个定时器/计数器来完成。音乐的音拍,一个节拍为单位(C调)具体见表7.2。

表7.2　音乐节拍表

曲调值	DELAY/ms	曲调值	DELAY/ms
调4/4	125	调4/4	62
调3/4	187	调3/4	94
调2/4	250	调2/4	125

2. 软件流程图

电子琴软件程序流程图如图7.4所示。

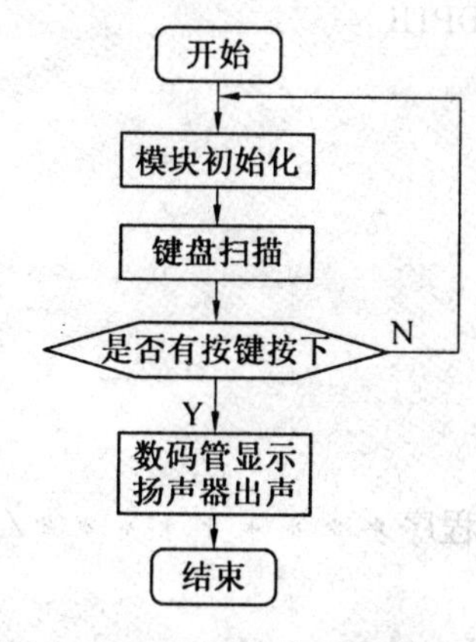

图7.4　电子琴软件程序流程图

3. 参考程序

(1)汇编程序。

```
        ORG 0000H
        JMP STARET
        ORG 000BH
        JMP TIME0

STARET: MOV TMOD,#00000001B
        MOV IE,   #10000010B
        SETB TR0

L1:     CALL   KEY
        CLR    EA
        JB     F0,L1
        MOV A,22H
        MOV DPTR,#TABLE1
        MOVC A,@ A+DPTR
        MOV   P0,A
```

```
            MOV A,22H
            RL A
            MOV DPTR,#TABLE
            MOVC A,@ A+DPTR
            MOV TH0,A
            MOV 21H,A
            MOV A,22H
            RL A
            INC A
            MOVC A,@ A+DPTR
            MOV TL0,A
            MOV 20H,A

L2:         CALL KEY
            SETB EA
            JB F0,L1
            JMP L2
/*******键盘扫描程序*********/
KEY:        SETB F0
            MOV R3,#0F7H
            MOV R1,#00H
L3:         MOV A,R3
            MOV P2,A
            MOV A,P2
            SETB C
            MOV R5,#04H
L4:         RLC A
            JNC KEYIN
            INC R1
            DJNZ R5,L 4
            MOV A,R3
            SETB C
            RRC A
            MOV R3 ,A
            JC L3
            RET
KEYIN:      MOV 22H,R1
            CLR F0
```

```
        RET
TIME0:  PUSH ACC
        PUSH PSW
        MOV TL0,20H
        MOV TH0,21H
        CPL P1.0
        POP PSW
        POP ACC
        RETI
/*********音符编码****************/
TABLE:  DW 64021,64103,64260,64400
        DW 64524,64580,64684,64777
        DW 64820,64898,64968,65030
        DW 65058,65110,65157,65178
/*********共阳极数码编码*********/
TABLE1: DB 0CH, 98H, 48H, 40H, 1EH
        DB 9FH, 25H, 0DH, 99H, 49H, 41H, 1FH
        DB 11H, 01H, 63H, 03H
END
```

(2)C51 程序。

```
#include <AT89X51.H>
unsigned char code table[ ] = {0x3f,0x06,0x5b,0x4f,
                               0x66,0x6d,0x7d,0x07,
                               0x7f,0x6f,0x77,0x7c,
                               0x39,0x5e,0x79,0x71};
unsigned char temp;
unsigned char key;
unsigned char i,j;
unsigned char STH0;
unsigned char STL0;
unsigned int code tab[ ] = {64021,64103,64260,64400,
                            64524,64580,64684,64777,
                            64820,64898,64968,65030,
                            65058,65110,65157,65178};
void main(void)
{
  TMOD=0x01;
  ET0=1;
```

```
EA=1;
while(1)
  {
    P3=0xff;
    P3_4=0;
    temp=P3;
    temp=temp & 0x0f;
    if (temp! =0x0f)
      {
        for(i=50;i>0;i--)
        for(j=200;j>0;j--);
        temp=P3;
        temp=temp & 0x0f;
        if (temp! =0x0f)
          {
            temp=P3;
            temp=temp & 0x0f;
            switch(temp)
              {
                case 0x0e:
                key=0;
                break;
                case 0x0d:
                key=1;
                break;
                case 0x0b:
                key=2;
                break;
                case 0x07:
                key=3;
                break;
              }
            temp=P3;
            P1_0= ~P1_0;
            P0=table[key];
            STH0=tab[key]/256;
            STL0=tab[key]%256;
            TR0=1;
```

```
            temp=temp & 0x0f;
            while(temp! =0x0f)
              {
                temp=P3;
                temp=temp & 0x0f;
              }
            TR0=0;
          }
      }
    P3=0xff;
    P3_5=0;
    temp=P3;
    temp=temp & 0x0f;
    if (temp! =0x0f)
      {
        for(i=50;i>0;i--)
        for(j=200;j>0;j--);
        temp=P3;
        temp=temp & 0x0f;
        if (temp! =0x0f)
          {
            temp=P3;
            temp=temp & 0x0f;
            switch(temp)
              {
                case 0x0e:
                key=4;
                break;
                case 0x0d:
                key=5;
                break;
                case 0x0b:
                key=6;
                break;
                case 0x07:
                key=7;
                break;
              }
```

```
                temp=P3;
                P1_0= ~P1_0;
                P0=tab
                le[key];
                STH0=tab[key]/256;
                STL0=tab[key]%256;
                TR0=1;
                temp=temp & 0x0f;
                while(temp!  =0x0f)
                  {
                    temp=P3;
                    temp=temp & 0x0f;
                  }
                TR0=0;
            }
        }
    P3=0xff;
    P3_6=0;
    temp=P3;
    temp=temp & 0x0f;
    if (temp!  =0x0f)
      {
        for(i=50;i>0;i--)
        for(j=200;j>0;j--);
        temp=P3;
        temp=temp & 0x0f;
        if (temp!  =0x0f)
          {
            temp=P3;
            temp=temp & 0x0f;
            switch(temp)
              {
                case 0x0e:
                key=8;
                break;
                key=14;
                break;
                case 0x07:
```

```
                key=15;
                break;
              }
            temp=P3;
            P1_0=~P1_0;
            P0=table[key];
            STH0=tab[key]/256;
            STL0=tab[key]%256;
            TR0=1;
            temp=temp & 0x0f;
            while(temp!=0x0f)
              {
                temp=P3;
                temp=temp & 0x0f;
              }
            TR
            0=0;
          }
      }
    }
}
void t0(void) interrupt 1 using 0
{
  TH0=STH0;
  TL0=STL0;
  P1_0=~P1_0;
}
```

7.3　点阵 LED“0~9”数字显示技术

7.3.1　任务要求

利用 8×8 点阵显示 0~9 的数字。

7.3.2　硬件设计

0~9 点阵 LED 显示原理图如图 7.5 所示。

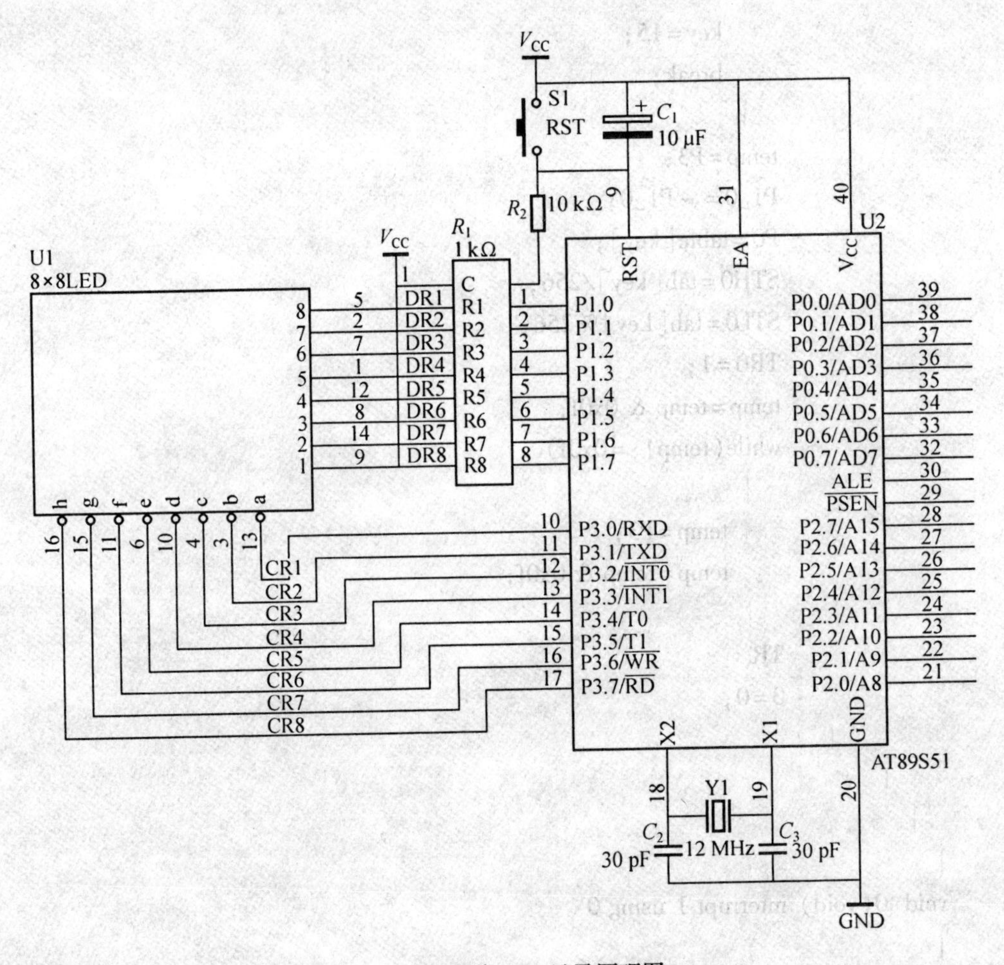

图 7.5　0 ~ 9 点阵 LED 显示原理图

7.3.3　软件设计

1. 设计思想

0 点阵 LED 显示示意图如图 7.6 所示。

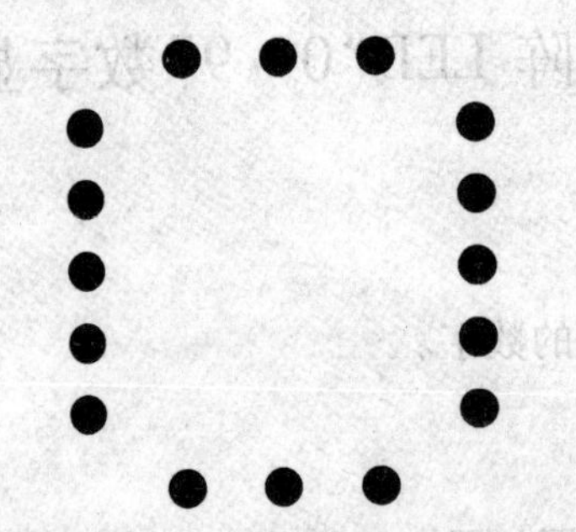

图 7.6　0 点阵 LED 显示示意图

因此,形成的列代码为 00H,00H,3EH,41H,41H,3EH,00H,00H。只要把这些代码

分别送到相应的列线上面,即可实现“0”的数字显示。

送显示代码过程如下:

送第一列线代码到P3端口,同时置第一行线为0,其他行线为1,延时2 ms左右,送第二列线代码到P3端口,同时置第二行线为0,其他行线为1,延时2 ms左右,如此下去,直到送完最后一列代码,又从头开始送。依次可以推得数字“1”的显示代码为00H,00H,00H,00H,21H,7FH,01H,00H;数字“2”的显示代码为00H,00H,27H,45H,45H,45H,39H,00H;数字“3”的显示代码为00H,00H,22H,49H,49H,49H,36H,00H;数字“4”的显示代码为00H,00H,0CH,14H,24H,7FH,04H,00H;数字“5”的显示代码为00H,00H,72H,51H,51H,51H,4EH,00H;数字“6”的显示代码为00H,00H,3EH,49H,49H,49H,26H,00H;数字“7”的显示代码为00H,00H,40H,40H,40H,4FH,70H,00H;数字“8”的显示代码为00H,00H,36H,49H,49H,49H,36H,00H;数字“9”的显示代码为00H,00H,32H,49H,49H,49H,3EH,00H。

2. 参考程序

(1)汇编语言。

```
        TIM EQU 30H
        CNTA EQU 31H
        CNTB EQU 32H
        ORG 00H
        LJMP START
        ORG 0BH
        LJMP T0X
        ORG 30H
START:  MOV TIM,#00H
        MOV CNTA,#00H
        MOV CNTB,#00H
        MOV TMOD,#01H
        MOV TH0,#(65536-4000)/256
        MOV TL0,#(65536-4000) MOD 256
        SETB TR0
        SETB ET0
        SETB EA
        SJMP $

T0X:

        MOV TH0,#(65536-4000)/256
        MOV TL0,#(65536-4000) MOD 256
        MOV DPTR,#TAB
        MOV A,CNTA
```

```
         MOVC A,@ A+DPTR
         MOV P3,A
         MOV DPTR,#DIGIT
         MOV A,CNTB
         MOV B,#8
         MUL AB
         ADD A,CNTA
         MOVC A,@ A+DPTR
         MOV P1,A
         INC CNTA
         MOV A,CNTA
         CJNE A,#8,NEXT
         MOV CNTA,#00H
NEXT:    INC TIM
         MOV A,TIM
         CJNE A,#250,NEX
         MOV TIM,#00H
         INC CNTB
         MOV A,CNTB
         CJNE A,#10,NEX
         MOV CNTB,#00H
NEX:     RETI
TAB:     DB 0FEH,0FDH,0FBH,0F7H,0EFH,0DFH,0BFH,07FH
DIGIT:   DB 00H,00H,3EH,41H,41H,41H,3EH,00H
         DB 00H,00H,00H,00H,21H,7FH,01H,00H
         DB 00H,00H,27H,45H,45H,45H,39H,00H
         DB 00H,00H,22H,49H,49H,49H,36H,00H
         DB 00H,00H,0CH,14H,24H,7FH,04H,00H
         DB 00H,00H,72H,51H,51H,51H,4EH,00H
         DB 00H,00H,3EH,49H,49H,49H,26H,00H
         DB 00H,00H,40H,40H,40H,4FH,70H,00H
         DB 00H,00H,36H,49H,49H,49H,36H,00H
         DB 00H,00H,32H,49H,49H,49H,3EH,00H
END
```

(2)C51 语言。

```
#include <AT89X52.H>
unsigned char code tab[ ] = {0xfe,0xfd,0xfb,0xf7,0xef,0xdf,0xbf,0x7f};
unsigned char code digittab[10][8] = { {0x00,0x00,0x3e,0x41,0x41,0x41,0x3e,
```

```
                    0x00}, //0
                    {0x00,0x00,0x00,0x00,0x21,0x7f,0x01,
                    0x00}, //1
                    {0x00,0x00,0x27,0x45,0x45,0x45,0x39,
                    0x00}, //2
                    {0x00,0x00,0x22,0x49,0x49,0x49,0x36,
                    0x00}, //3
                    {0x00,0x00,0x0c,0x14,0x24,0x7f,0x04,
                    0x00}, //4
                    {0x00,0x00,0x72,0x51,0x51,0x51,0x4e,
                    0x00}, //5
                    {0x00,0x00,0x3e,0x49,0x49,0x49,0x26,
                    0x00}, //6
                    {0x00,0x00,0x40,0x40,0x40,0x4f,0x70,
                    0x00}, //7
                    {0x00,0x00,0x36,0x49,0x49,0x49,0x36,
                    0x00}, //8
                    {0x00,0x00,0x32,0x49,0x49,0x49,0x3e,
                    0x00} //9
                    };
unsigned int timecount;
unsigned char cnta;
unsigned char cntb;
void main(void)
{
  TMOD=0x01;
  TH0=(65536-3000)/256;
  TL0=(65536-3000)%256;
  TR0=1;
  ET0=1;
  EA=1;
    while(1)
    {;
    }
}
void t0(void) interrupt 1 using 0
{
  TH0=(65536-3000)/256;
```

```
    TL0 = (65536-3000) % 256;
    P3 = tab[cnta];
    P1 = digittab[cntb][cnta];
    cnta++;
    if(cnta = = 8)
      {
        cnta = 0;
      }
      timecount++;
      if(timecount = = 333)
        {
          timecount = 0;
          cntb++;
          if(cntb = = 10)
            {
              cntb = 0;
            }
        }
  }
```

7.4 数字电压表

7.4.1 任务要求

利用单片机 AT89S51 与 ADC0809 设计一个数字电压表,能够测量 0 ~ 5 V 的直流电压值,4 位数码管显示。

7.4.2 硬件设计

数字电压表原理图如图 7.7 所示。

7.4.3 软件设计

1. 设计原理

由于 ADC0809 在进行 A/D 转换时需要有 CLK 信号,而此时 ADC0809 的 CLK 是接在 AT89S51 单片机的 P3.3 端口上,也就是要求从 P3.3 输出 CLK 信号供 ADC0809 使用。因此产生 CLK 信号的方法就要用软件来产生了。由于 ADC0809 的参考电压 $V_{REF} = V_{CC}$,所以转换之后的数据要经过数据处理,在数码管上显示出电压值,实际显示的电压值 $(D/256 \times V_{REF})$。

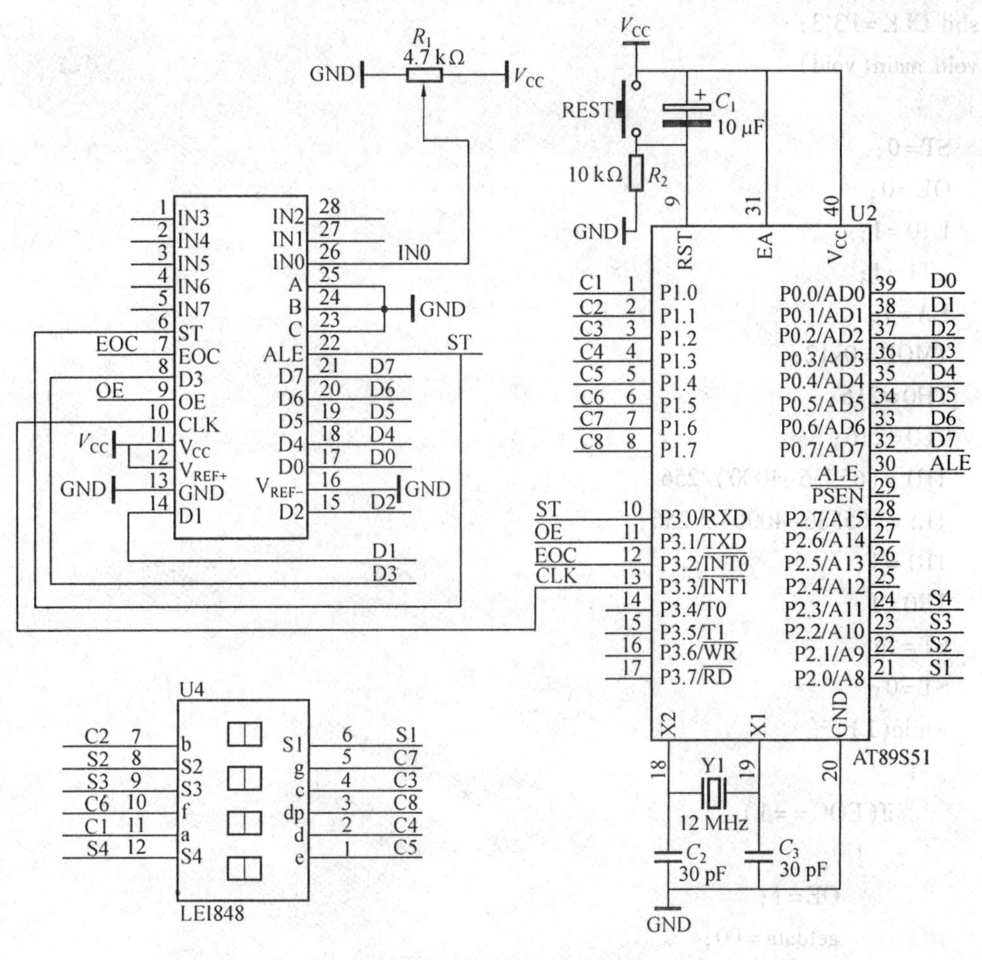

图7.7　数字电压表原理图

2. 程序代码

```
#include <AT89X52. H>
unsigned char code dispbitcode[ ] = {0xfe,0xfd,0xfb,0xf7,
                                    0xef,0xdf,0xbf,0x7f};
unsigned char code dispcode[ ] = {0x3f,0x06,0x5b,0x4f,0x66,
                                  0x6d,0x7d,0x07,0x7f,0x6f,0x00};
unsigned char dispbuf[8] = {10,10,10,10,0,0,0,0};
unsigned char dispcount;
unsigned char getdata;
unsigned int temp;
unsigned char i;
sbit ST=P3^0;
sbit OE=P3^1;
sbit EOC=P3^2;
```

```
sbit CLK=P3^3;
void main(void)
{
  ST=0;
  OE=0;
  ET0=1;
  ET1=1;
  EA=1;
  TMOD=0x12;
  TH0=216;
  TL0=216;
  TH1=(65536-4000)/256;
  TL1=(65536-4000)%256;
  TR1=1;
  TR0=1;
  ST=1;
  ST=0;
  while(1)
    {
      if(EOC==1)
        {
          OE=1;
          getdata=P0;
          OE=0;
          temp=getdata*235;
          temp=temp/128;
          i=5;
          dispbuf[0]=10;
          dispbuf[1]=10;
          dispbuf[2]=10;
          dispbuf[3]=10;
          dispbuf[4]=10;
          dispbuf[5]=0;
          dispbuf[6]=0;
          dispbuf[7]=0;
          while(temp/10)
            {
              dispbuf[i]=temp%10;
```

```
                temp=temp/10;
                i++;
              }
            dispbuf[i]=temp;
            ST=1;
            ST=0;
          }
      }
}
void t0(void) interrupt 1 using 0
{
  CLK=~CLK;
}
void t1(void) interrupt 3 using 0
{
  TH1=(65536-4000)/256;
  TL1=(65536-4000)%256;
  P1=dispcode[dispbuf[dispcount]];
  P2=dispbitcode[dispcount];
  if(dispcount==7)
    {
      P1=P1 | 0x80;
    }
  dispcount++;
  if(dispcount==8)
    {
      dispcount=0;
    }
}
```

7.5 电子密码锁设计

7.5.1 任务要求

要求可以设置6位密码,密码通过键盘输入,若密码正确,则将锁打开。①密码修改功能。密码可以由用户自己修改设定(只支持6位密码),锁打开后才能修改密码。修改密码之前必须再次输入密码,在输入新密码时需要两次确认。②报警功能。若密码输入错误,则蜂鸣器报警。③清除功能。当密码输入有误时,可清除按键值,重新输入。

7.5.2 硬件设计

电子密码锁电路原理图如图 7.8 所示。

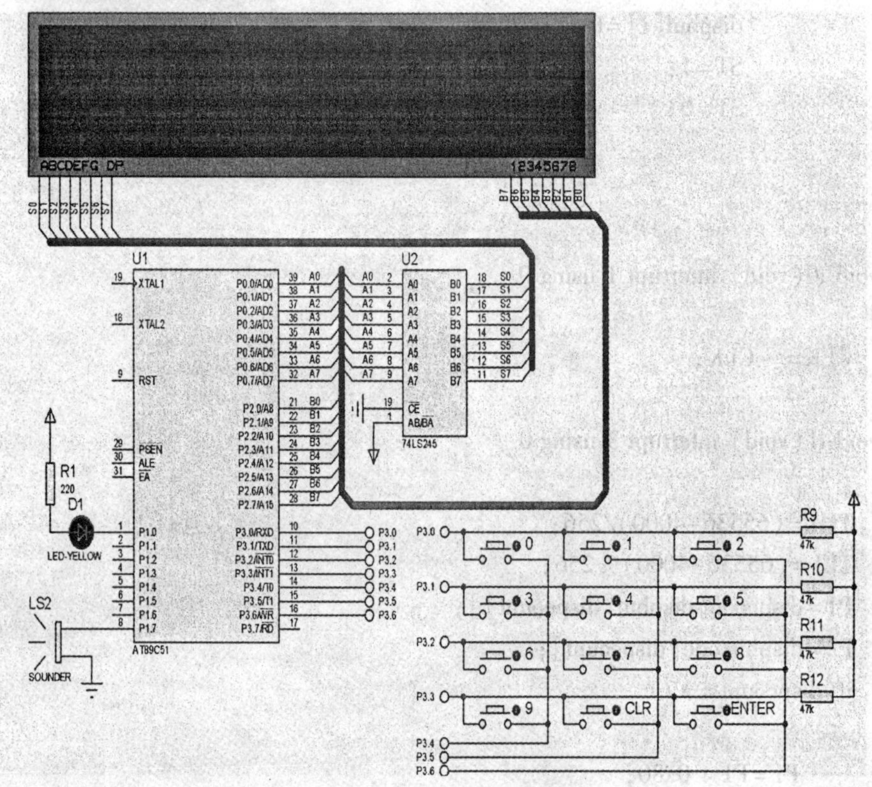

图 7.8　电子密码锁电路原理图

7.5.3 软件设计

1. 设计思路

设计中采用 3×4 矩阵键盘作为输入按键，4 位数码管作为显示电路，显示电路利用 74LS245 进行驱动，利用发光二极管作指示电路，蜂鸣器作报警提示电路，采用 51 系列单片机作为控制器完成电子密码锁定的控制。

2. 软件流程图

软件流程图如图 7.9 所示。

3. 程序代码

```
;以下 8 个字节存放 8 位数码管的段码
LED_BIT_1    EQU    30H
LED_BIT_2    EQU    31H
LED_BIT_3    EQU    32H
LED_BIT_4    EQU    33H
LED_BIT_5    EQU    34H
```

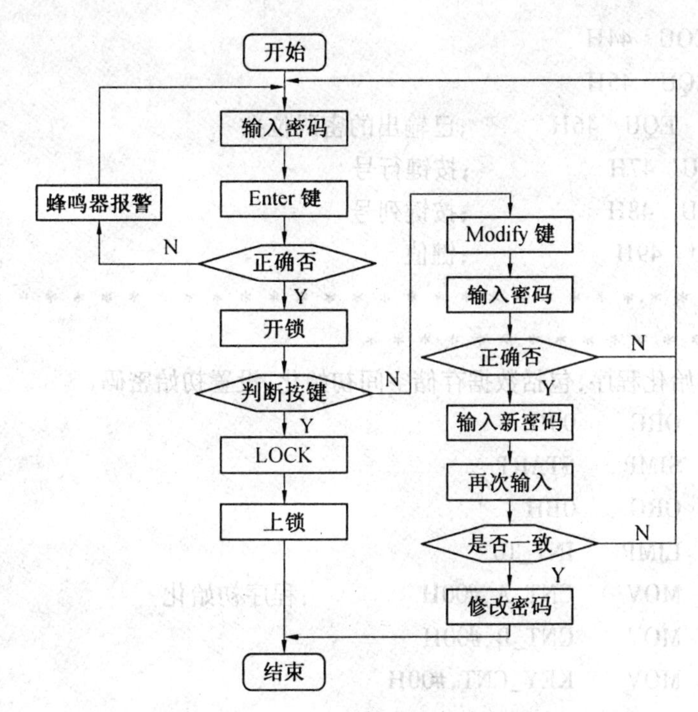

图 7.9　软件流程图

```
LED_BIT_6    EQU    35H
LED_BIT_7    EQU    36H
LED_BIT_8    EQU    37H
;以下 6 个字节存放初始密码
WORD_1    EQU    38H
WORD_2    EQU    39H
WORD_3    EQU    3AH
WORD_4    EQU    3BH
WORD_5    EQU    3CH
WORD_6    EQU    3DH
;以下 6 个字节存放用户输入的 6 位密码
KEY_1    EQU    3EH
KEY_2    EQU    3FH
KEY_3    EQU    40H
KEY_4    EQU    41H
KEY_5    EQU    42H
KEY_6    EQU    43H
;***********************************
*********************
```

```
CNT_A   EQU   44H
CNT_B   EQU   45H
KEY_CNT   EQU   46H        ;已输出的密码位数
LINE   EQU   47H           ;按键行号
ROW   EQU   48H            ;按键列号
VAL   EQU   49H            ;键值
;*******************************************
*********************
;以下为初始化程序,包括数据存储空间初始化,设置初始密码
        ORG     00H
        SJMP    START
        ORG     0BH
        LJMP    INT_T0
START:  MOV     CNT_A,#00H           ;程序初始化
        MOV     CNT_B,#00H
        MOV     KEY_CNT,#00H
        MOV     LINE,#00H
        MOV     ROW,#00H
        MOV     VAL,#00H
        SETB    P1.0
        MOV     LED_BIT_1,#00H       ;段码存储区清0
        MOV     LED_BIT_2,#00H
        MOV     LED_BIT_3,#00H
        MOV     LED_BIT_4,#00H
        MOV     LED_BIT_5,#00H
        MOV     LED_BIT_6,#00H
        MOV     LED_BIT_7,#79H
        MOV     LED_BIT_8,#73H

        MOV     KEY_1,#00H           ;输入密码存储区清0
        MOV     KEY_2,#00H
        MOV     KEY_3,#00H
        MOV     KEY_4,#00H
        MOV     KEY_5,#00H
        MOV     KEY_6,#00H

        MOV     WORD_1,#6            ;设置初始密码为"123456"
```

```
        MOV     WORD_2,#5
        MOV     WORD_3,#4
        MOV     WORD_4,#3
        MOV     WORD_5,#2
        MOV     WORD_6,#1

        MOV     TMOD,#01H
        MOV     TH0,#(65536-700)/256
        MOV     TL0,#(65536-700)MOD256
        MOV     IE,#82H

A0:     LCALL   DISP
;*************************************
***************************
;以下为键盘扫描程序,计算键值并存入VAL
LSCAN:  MOV     P3,#0F0H            ;扫描行码
L1:     JNB     P3.0,L2
        LCALL   DLY_S
        JNB     P3.0,L2
        MOV     LINE,#00H
        LJMP    RSCAN
L2:     JNB     P3.1,L3
        LCALL   DLY_S
        JNB     P3.1,L3
        MOV     LINE,#01H
        LJMP    RSCAN
L3:     JNB     P3.2,L4
        LCALL   DLY_S
        JNB     P3.2,L4
        MOV     LINE,#02H
        LJMP    RSCAN
L4:     JNB     P3.3,A0
        LCALL   DLY_S
        JNB     P3.3,A0
        MOV     LINE,#03H

RSCAN:  MOV     P3,#0FH             ;扫描列码
```

```
C1:      JNB     P3.4,C2
         MOV     ROW,#00H
         LJMP    CALCU
C2:      JNB     P3.5,C3
         MOV     ROW,#01H
         LJMP    CALCU
C3:      JNB     P3.6,C1
         MOV     ROW,#02H

CALCU:   MOV     A,LINE                  ;计算键值
         MOV     B,#03H
         MUL     AB
         ADD     A,ROW
         MOV     VAL,A

;****************************************
****************
;以下为按键处理程序,对不同的按键作出响应
         CJNE    A,#0AH,J1               ;是否为"CLR"键
         MOV     R1,KEY_CNT
         CJNE    R1,#00H,J2
         LCALL   ALARM_1

         LJMP    START
J2:      LCALL   SHIFTR
         DEC     KEY_CNT

W00:     LCALLDIS;等待按键抬起
         MOV     A,P3
         CJNE    A,#0FH,W01
         LJMP    A0
W01:     MOV     A,P3
         CJNE    A,#0F0H,W02
         LJMP    A0
W02:     SJMP    W00

J1:      MOV     A,VAL
         CJNE    A,#0BH,J3               ;判断是否为"ENTER"键
```

```
        MOV     R1,KEY_CNT
        CJNE    R1,#06H,J4

        MOV     A,WORD_1            ;比较密码
        CJNE    A,3EH,J5
        MOV     A,WORD_2
        CJNE    A,3FH,J5
        MOV     A,WORD_3
        CJNE    A,40H,J5
        MOV     A,WORD_4
        CJNE    A,41H,J5
        MOV     A,WORD_5
        CJNE    A,42H,J5
        MOV     A,WORD_6
        CJNE    A,43H,J5

        CLR     P1.0
        LCALL   DLY_L
        LJMP    FINI

J5:     LCALL   ALARM_2
        LJMP    START

J4:     LCALL   ALARM_1
        LJMP    START

J3:     INC     KEY_CNT             ;按下数字键
        MOV     A,KEY_CNT
        CJNE    A,#07H,K1
        LCALL   ALARM_1

W10:    LCALL   DISP                ;等待按键抬起
        MOV     A,P3
        CJNE    A,#0FH,W11
        LJMP    START
W11:    MOV     A,P3
        CJNE    A,#0F0H,W12
```

```
          LJMP    START
W12:      SJMP    W10
          LJMP    START

          LJMP    START
K1:       LCALL   SHIFTL

W20:      LCALL   DISP                  ;等待按键抬起
          MOV     A,P3
          CJNE    A,#0FH,W21
          LJMP    A0
W21:      MOV     A,P3
          CJNE    A,#0F0H,W22
          LJMP    A0
W22:      SJMP    W20
          LJMP    A0

ALARM_1:  SETB    TR0                   ;操作错误报警
          JB      TR0, $
          RET
ALARM_2:  SETB    TR0                   ;密码错误报警
          JB      TR0, $
          LCALL   DLY_L
          RET
;**************************************
*****************
;定时器中断服务程序,用于声音报警
INT_T0:
          CPL     P1.7
          MOV     TH0,#(65536-700)/256
          MOV     TL0,#(65536-700)MOD256
          INC     CNT_A
          MOV     R1,CNT_A
          CJNE    R1,#30,RETUNE
          MOV     CNT_A,#00H
          INC     CNT_B
          MOV     R1,CNT_B
```

```
         CJNE    R1,#20,RETUNE
         MOV     CNT_A,#00H
         MOV     CNT_B,#00H
         CLR     TR0
RETUNE:  RETI
;****************************************************
;段码,输入密码左移子程序
SHIFTL:  MOV     LED_BIT_6,LED_BIT_5
         MOV     LED_BIT_5,LED_BIT_4
         MOV     LED_BIT_4,LED_BIT_3
         MOV     LED_BIT_3,LED_BIT_2
         MOV     LED_BIT_2,LED_BIT_1
         MOV     LED_BIT_1,#40H
         MOV     KEY_6,KEY_5
         MOV     KEY_5,KEY_4
         MOV     KEY_4,KEY_3
         MOV     KEY_3,KEY_2
         MOV     KEY_2,KEY_1
         MOV     KEY_1,VAL
         RET
;****************************************************
;段码,输入密码右移子程序
SHIFTR:  MOV     LED_BIT_1,LED_BIT_2
         MOV     LED_BIT_2,LED_BIT_3
         MOV     LED_BIT_3,LED_BIT_4
         MOV     LED_BIT_4,LED_BIT_5
         MOV     LED_BIT_5,LED_BIT_6
         MOV     LED_BIT_6,#00H
         MOV     KEY_1,KEY_2
         MOV     KEY_2,KEY_3
         MOV     KEY_3,KEY_4
         MOV     KEY_4,KEY_5
         MOV     KEY_5,KEY_6
         MOV     KEY_6,#00H
         RET
```


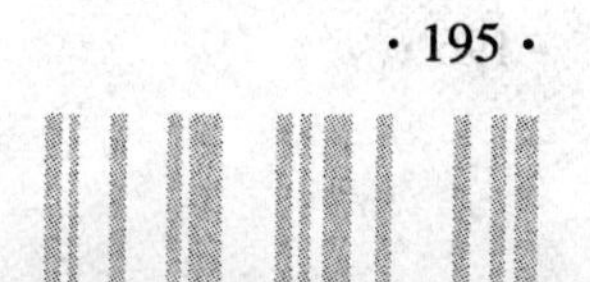

```
;**************************************************
***************
;以下为数码显示子程序
DISP:   CLR     P2.7
        MOV     P0,LED_BIT_8
        LCALL   DLY_S
        SETB    P2.7
        CLR     P2.6
        MOV     P0,LED_BIT_7
        LCALL   DLY_S
        SETB    P2.6
        CLR     P2.5
        MOV     P0,LED_BIT_6
        LCALL   DLY_S
        SETB    P2.5
        CLR     P2.4
        MOV     P0,LED_BIT_5
        LCALL   DLY_S
        SETB    P2.4
        CLR     P2.3
        MOV     P0,LED_BIT_4
        LCALL   DLY_S
        SETB    P2.3
        CLR     P2.2
        MOV     P0,LED_BIT_3
        LCALL   DLY_S
        SETB    P2.2
        CLR     P2.1
        MOV     P0,LED_BIT_2
        LCALL   DLY_S
        SETB    P2.1
        CLR     P2.0
        MOV     P0,LED_BIT_1
        LCALL   DLY_S
        SETB    P2.0
        RET
;**************************************************
```

```
* * * * * * * * * * * *
DLY_S：    MOV     R6,#10
D1：       MOV     R7,#250
           DJNZ    R7, $
           DJNZ    R6,D1
           RET

DLY_L：    MOV     R5,#100
D2：       MOV     R6,#100
D3：       MOV     R7,#248
           DJNZ    R7, $
           DJNZ    R6,D3
           DJNZ    R5,D2
           RET
FINI：     NOP
           END
```

7.6　倒车雷达设计

7.6.1　任务要求

利用AT89C52单片机、1组超声波测距探头实现超声波倒车雷达,发光二极管能显示1 m内后方障碍物,在该方位内的障碍物越近,闪烁频率就越高;使用3个共阳8段数码管显示后方障碍物的距离;利用蜂鸣器提醒距离1 m内有障碍物,障碍物越近,蜂鸣器发生频率越高。

7.6.2　硬件设计

倒车雷达硬件原理图如图7.10所示。

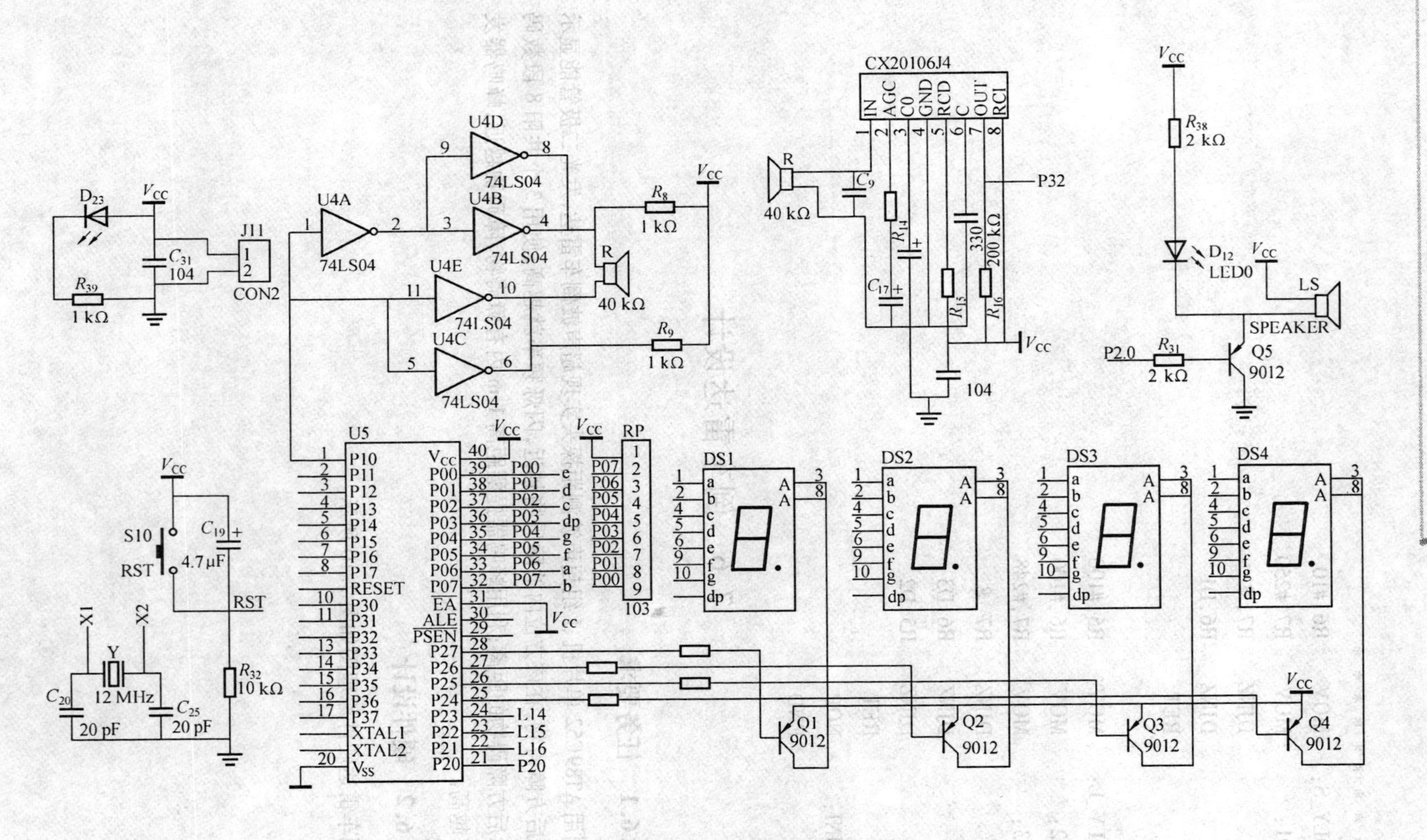

图7.10 倒车雷达硬件原理图

7.6.3　软件设计

1. 软件流程图

倒车雷达软件流程图如图 7.11 所示。

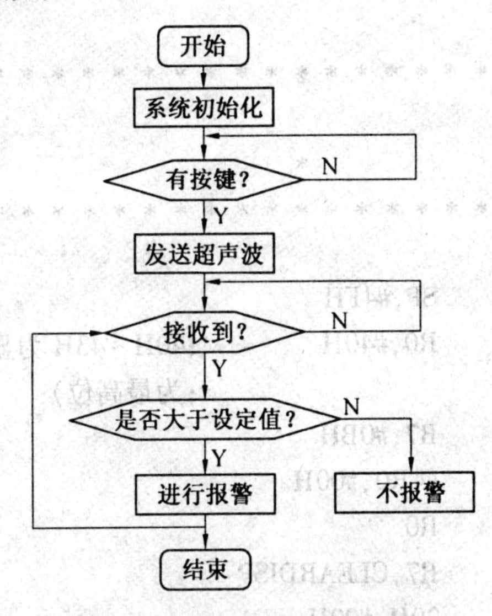

图 7.11　倒车雷达软件流程图

2. 程序代码

```
        VOUT    EQU     P1.0    ;超声波脉冲输出端口
SPEAK   EQU     P1.1
;*************************************
**********
;*中断入口程序          *
;*************************************
**********
;
        ORG     0000H
        LJMP    START
        ORG     0003H
        LJMP    PINT0
        ORG     000BH
        RETI
        ORG     0013H
        RETI
        ORG     001BH
        LJMP    INTT1
```

```
            ORG     0023H
            RETI
            ORG     002BH
            RETI
;
;************************************
**********
;*主 程 序                  *
;************************************
**********
START:      MOV     SP,#4FH
            MOV     R0,#40H         ;40H~43H 为显示数据存放单元(40H
                                    ;为最高位)
            MOV     R7,#0BH
CLEARDISP:  MOV     @R0,#00H
            INC     R0
            DJNZ    R7,CLEARDISP
            MOV     20H,#00H
            MOV     TMOD,#11H
            MOV     TH0,#00H        ;65 ms 初值
            MOV     TL0,#00H
            MOV     TH1,#00H
            MOV     TL1,#00H
            MOV     P0,#0FFH
            MOV     P1,#0FFH
            MOV     P2,#0FFH
            MOV     P3,#0FFH
            MOV     R4,#04H         ;超声波防冲个数控制(为赋值的一半)
            SETB    PX0
            SETB    ET1
            SETB    EA
            SETB    TR1             ;开启测距定时器
START1:     LCALL   DISPLAY
            JNB     00H,START1      ;收到反射信号时标志位为 1
            CLR     EA
            LCALL   WORK            ;计算距离子程序
            CLR     EA
            MOV     R2,#32H,#64H    ;测量间隔控制(约 4×100=400 ms)
```

```
LOOP:       LCALL     DISPLAY
            DJNZ      R2,LOOP
            CLR       00H
            SETB      ET0
            MOV       TH0, 00h
            MOV       TL0,00h
            SETB      TR1                    ;重新开启测距定时器
            SETB      EA
            SJMP      START1
;******************************************************
******************
;*中断程序*                        *
;******************************************************
******************

;T1 中断,发超声波用        ;T1 中断,65 ms 中断一次
INTT1:      CLR EA
            CLR TR0
            CLR       EX0
            MOV       TH0,#00H
            MOV       TL0,#00H
            MOV       TH1,#00H
            MOV       TL1,#00H
            SETB      ET0
            SETB      EA
            SETB      TR0
INTT11:
            CPL       VOUT           ;40 kHz
            NOP
            NOP
            NOP
            NOP
            NOP
            NOP
            NOP
            NOP
            NOP
            DJNZ      R4, INTT11
```

```
                                                ;超声波发送完毕
                MOVR4, #04H
                LCALL      DELAY_250            ;延时,避开发射的直达声波信号
                SETB       EX0                  ;开启接收回波中断

RETIOUT:RETI
;外中断0,收到回波时进入
PINT0:          NOP
                JB         P3.2, PINT0_EXIT
                CLR        TR0                  ;关计数器

                CLR        EA
                CLR        EX0
                MOV        44H,TL0              ;将计数值移入处理单元
                MOV        45H,TH0
                MOV        TH0,#00H
                MOV        TL0,#00H
                JNB        P3.2, $
                SETB       00H                  ;接收成功标志
PINT0_EXIT:
                RETI
;
;* * * * * * * * * * * * * * * * * * * * * * * * * * * * * * * * * * * * *
* * * * * * * * * * * * * * * * * *
;*显示程序                          *
;* * * * * * * * * * * * * * * * * * * * * * * * * * * * * * * * * * * * *
* * * * * * * * * * * * * * * * * *
; 40H 为最高位,43H 为最低位,先扫描高位
DISPLAY:        MOV        R1, #40H;G
                MOV        R5, #7fH;G
PLAY:           MOV        A, R5
                MOV        P0, #0FFH
                MOV        P2, A
                MOV        A, @R1
                MOV        DPTR, #TAB
                MOVC       A, @A+DPTR
                MOV        P0, A
                LCALL      DL1MS
```

```
            INC       R1
            MOV       A,R5
            JNB       ACC.4,ENDOUT;G
            RR        A
            MOV       R5,A
            AJMP      PLAY
ENDOUT:     MOV       P2,#0FFH
            MOV       P0,#0FFH
            RET
;
 ;            TAB:    DB 18h, 7Bh, 2Ch, 29h, 4Bh, 89h, 88h, 3Bh, 08h, 09h,
0ffh
TAB:DB 0A0h,0BEh, 62h, 32h, 3Ch, 31h, 21h, 0BAh, 20h, 30h,0ffh
;共阳段码表"0" "1" "2" "3" "4" "5" "6" "7" "8" "9" "不亮" "A" "-"
;

;* * * * * * * * * * * * * * * * * * * * * * * * * * * * * * * * * * * * * *
* * * * * * * * * * * * * * * * *
;*延时程序                          *
;* * * * * * * * * * * * * * * * * * * * * * * * * * * * * * * * * * * * * *
* * * * * * * * * * * * * * * * *

;
DL1MS:
            PUSH      06H
            PUSH      07H
            MOV       R6,#14H
            DL1:      MOV       R7,#19H
            DL2:      DJNZ      R7,DL2
            DJNZ      R6,DL1
            POP       07H
            POP       06H
            RET
;
;* * * * * * * * * * * * * * * * * * * * * * * * * * * * * * * * * * * * * *
* * * * * * * * * * * * * * * * *
;*距离计算程序（=计数值×17/1 000 cm）     *
;* * * * * * * * * * * * * * * * * * * * * * * * * * * * * * * * * * * * * *
* * * * * * * * * * * * * * * * *
```

```
;
WORK:   PUSH    ACC
        PUSH    PSW
        PUSH    B
        MOV     PSW, #18h
        MOV     R3,  45H
        MOV     R2,  44H
        MOV     R1,  #00D
        MOV     R0,  #17D
        LCALL   MUL2BY2
        MOV     R3,  #03H
        MOV     R2,  #0E8H
        LCALL   DIV4BY2
        LCALL   DIV4BY2
        MOV     40H, R4
        MOV     A,40H
        JNZ     JJ0
        MOV     40H,#0AH        ;最高位为0,不点亮
JJ0:    MOV     A,  R0
        MOV     R4,  A
        MOV     A,  R1
        MOV     R5,  A
        MOV     R3,  #00D
        MOV     R2,  #100D
        LCALL   DIV4BY2
        MOV     41H, R4
        MOV     A,41H
        JNZ     JJ1
        MOV     A,40H           ;次高位为0,先看最高位是否为不亮
        SUBB    A,#0AH
        JNZ     JJ1
        MOV     41H,#0AH        ;最高位不亮,次高位也不亮
JJ1:    MOV     A,  R0
        MOV     R4, A
        MOV     A,  R1
        MOV     R5, A
        MOV     R3,  #00D
        MOV     R2,  #10D
```

```
            LCALL   DIV4BY2
            MOV     42H, R4
            MOV     A,42H
            JNZ     JJ2
            MOV     A,41H           ;次次高位为0,先看次高位是否为不亮
            SUBB    A,#0AH
            JNZ     JJ2
            MOV     42H,#0AH        ;次高位不亮,次高位也不亮
JJ2:        MOV     43H, R0
            POP     B
            POP     PSW
            POP     ACC
            RET

;
;* * * * * * * * * * * * * * * * * * * * * * * * * * * * * * * * * * * * * * * * * * * * * * * * * * * * *
;*两字节无符号数乘法程序                    *
;* * * * * * * * * * * * * * * * * * * * * * * * * * * * * * * * * * * * * * * * * * * * * * * * * * * * *
; R7R6R5R4 <= R3R2 * R1R0
;
MUL2BY2:    CLR     A
            MOV     R7,  A
            MOV     R6,  A
            MOV     R5,  A
            MOV     R4,  A
            MOV     46H, #10H
MULLOOP1:   CLR     C
            MOV     A,   R4
            RLC     A
            MOV     R4,  A
            MOV     A,   R5
            RLC     A
            MOV     R5,  A
            MOV     A,   R6
            RLC     A
            MOV     R6,  A
```

```
            MOV     A,  R7
            RLC     A
            MOV     R7, A
            MOV     A,  R0
            RLC     A
            MOV     R0, A
            MOV     A,  R1
            RLC     A
            MOV     R1, A
            JNC     MULLOOP2
            MOV     A,  R4
            ADD     A,  R2
            MOV     R4, A
            MOV     A,  R5
            ADDC    A,  R3
            MOV     R5, A
            MOV     A,  R6
            ADDC    A,  #00H
            MOV     R6, A
            MOV     A,  R7
            ADDC    A,  #00H
            MOV     R7, A
MULLOOP2:   DJNZ    46H, MULLOOP1
            RET

;
;* * * * * * * * * * * * * * * * * * * * * * * * * * * * * * * * * * * * * * * * * * * * * * * * * * * * * * *
;*四字节/两字节无符号数除法程序             *
;* * * * * * * * * * * * * * * * * * * * * * * * * * * * * * * * * * * * * * * * * * * * * * * * * * * * * * *
;R7R6R5R4/R3R2=R7R6R5R4(商)...R1R0(余数)
;
DIV4BY2:    MOV     46H,  #20H
            MOV     R0,  #00H
            MOV     R1,  #00H
DIVLOOP1:   MOV     A,   R4
            RLC     A
```

```
            MOV     R4,  A
            MOV     A,   R5
            RLC     A
            MOV     R5,  A
            MOV     A,   R6
            RLC     A
            MOV     R6,  A
            MOV     A,   R7
            RLC     A
            MOV     R7,  A
            MOV     A,   R0
            RLC     A
            MOV     R0,  A
            MOV     A,   R1
            RLC     A
            MOV     R1,  A
            CLR     C
            MOV     A,   R0
            SUBB    A,   R2
            MOV     B,   A
            MOV     A,   R1
            SUBB    A,   R3
            JC      DIVLOOP2
            MOV     R0,  B
            MOV     R1,  A
DIVLOOP2:   CPL     C
            DJNZ    46H,        DIVLOOP1
            MOV     A,   R4
            RLC     A
            MOV     R4,  A
            MOV     A,   R5
            RLC     A
            MOV     R5,  A
            MOV     A,   R6
            RLC     A
            MOV     R6,  A
            MOV     A,   R7
            RLC     A
```

```
        MOV     R7,  A
        RET
DELAY_250:

        PUSH    PSW
        PUSH    07H
        MOV     R7,#00FH
DELAY_250_1:
        NOP
        NOP
        NOP
        NOP
        DJNZ    R7,DELAY_250_1
        POP     07H
        POP     PSW
        RET
        END
```

习　题

1. 试参照 7.1 节编写 00 ~ 99 的秒表计数器程序。
2. 制作 00 ~ 45 课堂提醒器。
3. 利用 DS18B20 设计一个温度计,画出硬件设计电路图并编写程序。
4. 设计一个两位的温度计显示程序。
5. 利用 3×3 矩阵键盘和一个独立按键设计电子密码锁。
6. 利用 3×3 矩阵键盘和一个独立按键设计一个电子计算器。
7. 设计一个音乐播放程序,编写出自己喜爱的歌曲。

第8章 单片机综合实践项目

8.1 利用单片机制作小车

本节利用单片机为控制器制作三轮结构电动车,前两个轮为转向轮,由直流电机驱动,后面一个轮为从动轮。下面从硬件和软件两个方面进行介绍。

硬件系统主要包括信号接收电路、单片机控制电路、电机驱动电路3大部分。信号接收电路中起传感器作用的光敏电池接收到光,产生电流,通过比较器比较,当电压超过某一特定值时,会给单片机一定的信号,单片机通过程序对信号处理输出指令给驱动,驱动电路控制直流电机的转动及转向,进而实现小车的转弯。其组成框图如图8.1所示。

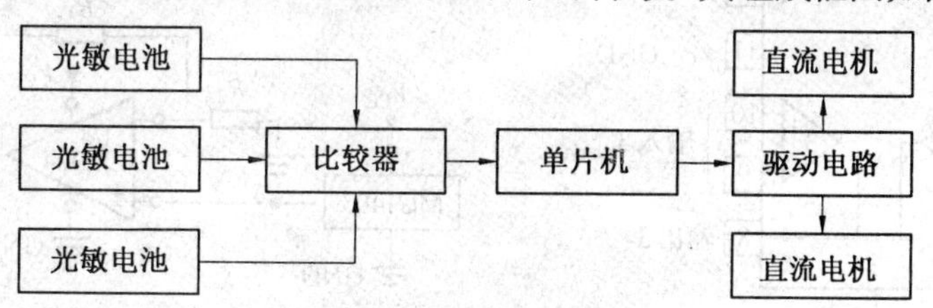

图8.1 小车系统组成框图

小车的设计采用单片机作为整个系统的控制中心,通过单片机来控制驱动芯片L298N,控制电机的转动方向,从而控制小车的行驶方向,在引导方式上采用光源引导的方式。其硬件组成如图8.2中所示。

图8.2 硬件组成图

信号接收系统主要包括检测光源模块和比较电压模块两大部分。这部分完成了光信号到电信号的转换,使光信号的改变得以在单片机的输入上体现。

检测模块主要实现对光源的识别,系统中采用性价比较高的光敏电池而不是同等价位的光敏电阻,因为光敏电阻的反应范围过于大,在光线较弱的情况下,电阻值的灵敏度大,不利于小车的控制,因此不适合此设计的要求。光敏电池也称为硅光电池,它是大面积的 PN 结,有光照就产生电势差,可以输出一定的电能给比较模块。光电池价格便宜,转换效率高,寿命长,而且光感应适中,适合此设计需求。

比较模块采用 LM324 芯片,其内部结构如图 8.3(a)所示。从图 8.3(a)中可知,LM324 内部集成 4 路运放电路,采用 14 脚双列直插塑料封装。其工作电压范围宽,可在正电源 3 ~30 V,或正负双电源±(1.5 ~15) V 之间工作。

内部的 4 路运算放大器的每一组的外电路连接原理图如图 8.3(b)所示,每一组运算放大器有 5 个引出脚,其中"+"和"-"分别为信号同相和反相输入端,V_{CC}和 GND 为正电源和地端,V_o为信号运放输出端。

在图 8.3 中,V_{CC}为芯片供电压 5 V,R_1、R_2 为 10 kΩ。调节 MC1403(相当于电位器),使节点得到 2.5 V 参考电压,公式 $V_0=2.5\ \mathrm{V}(1+R_1/R_2)$。通过比较电压判断小车附近有光源,本设计安装前、左、右 3 个方向的光敏电池可以判断 3 个方向的光源。所以用到 LM324 的 3 组输入输出,管脚 2 和 3 接右光敏电池,输出 1 接单片机 P0.1;管脚 5 和 6 接前光敏电池,输出 7 接 P0.0;管脚 9 和 10 接左光敏电池,输出 8 接 P0.2。当节点电压小于 2.5 V 时,表示没有光源照射此方向的光电池;当大于 2.5 V 时,表示有光源照射此方向的光电池,此时 LM324 会输出 5 V 电压给单片机,然后再传输相应命令给驱动电路控制电机作相应的反映。

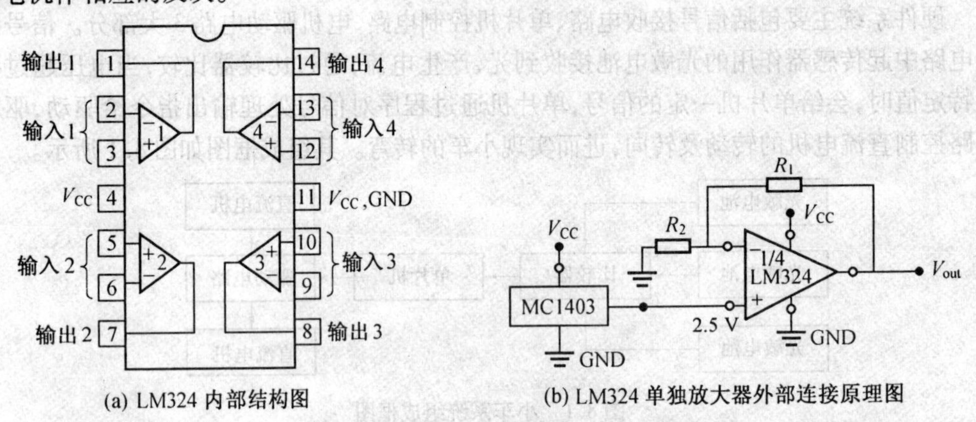

(a) LM324 内部结构图　　(b) LM324 单独放大器外部连接原理图

图 8.3　参考电压示意图

驱动模块为 L298N 芯片,其内部包含 4 通道逻辑电路,便于驱动两个直流电机。可以用单片机 I/O 口提供信息,使用方便,1、15 和 8 引脚直接接地;4 引脚 V_S 接 2.5 ~46 V 电压,用来驱动电机;9 引脚接 4.5 ~7 V 电压,用来驱动 L298 芯片,L298 需要从外部接两个电压,一个给电机,另一个给 L298 芯片;6 和 11 引脚是使能端,一个使能端控制一个电机,只有当它们都是高电平时,两个电机才有可能工作;5、7、10、12 引脚是 298 的信号输入端,与单片机的 I/O 口相连;2、3、13、14 引脚是输出端,输入 5 和 7 控制输出 2 和 3,输入 10、12 控制输出 13 和 14。芯片外部直接镶嵌一个散热片连接在引脚 8,由于驱动芯片工作时散热量较大,所以加散热片是必要的。L298N 引脚图如图 8.4 所示。

特别提到本设计用到整流桥,这是使用较多的一种整流电路。整流桥就是将整流管封在一个壳内。它分为全桥和半桥。全桥是将连接好的桥式整流电路的 4 个二极管封在一起;半桥是将两个二极管桥式整流的一半封在一起,用两个半桥可组成一个桥式整流电

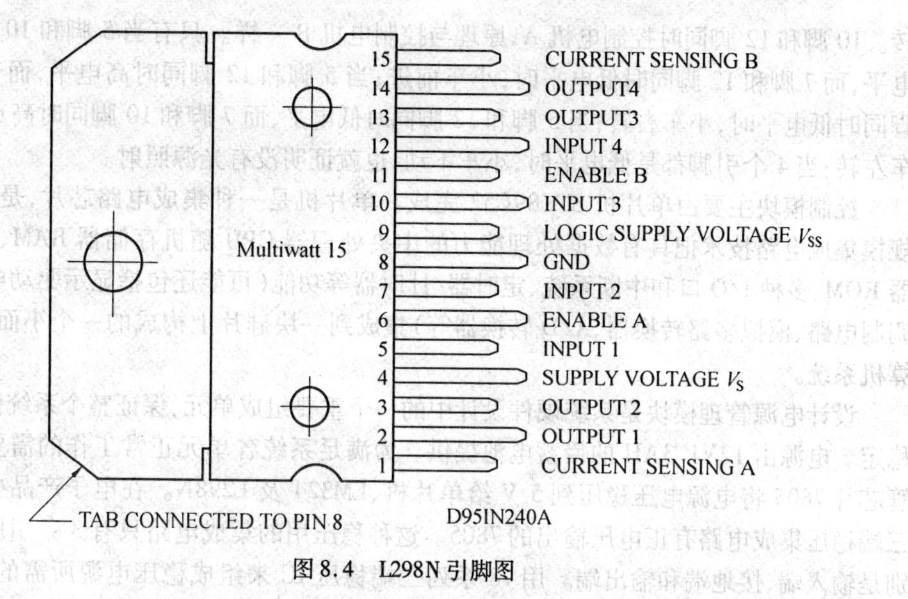

图 8.4　L298N 引脚图

路，一个半桥也可以组成变压器带中心抽头的全波整流电路。选择整流桥时要考虑整流电路和工作电压。本设计采用全桥整流电路，主要考虑最大工作电流和最大反向电压。由图 8.5 可以看出，整流桥在此设计中的作用是驱动直流电机，其特殊功能在于限流，当驱动一次电机后，电机转动停止时，由于惯性会反转，从而产生反向电流，电流会进入驱动芯片（L298），使芯片烧毁。加上桥式电路反向电流就不可能通过进入驱动芯片，保证芯片正常运行。其驱动原理为引脚 5 和 7 分别接到单片机引脚 P1.0 和 P1.1 上，驱动电机 B；引脚 10 和 12 分别接到单片机引脚 P1.2 和 P1.3 上，驱动电机 A。当 5 脚输入高电平、7 脚输入低电平时，电机 B 正转；相反，当 5 脚输入低电平、7 脚输入高电平时，电机 B 反

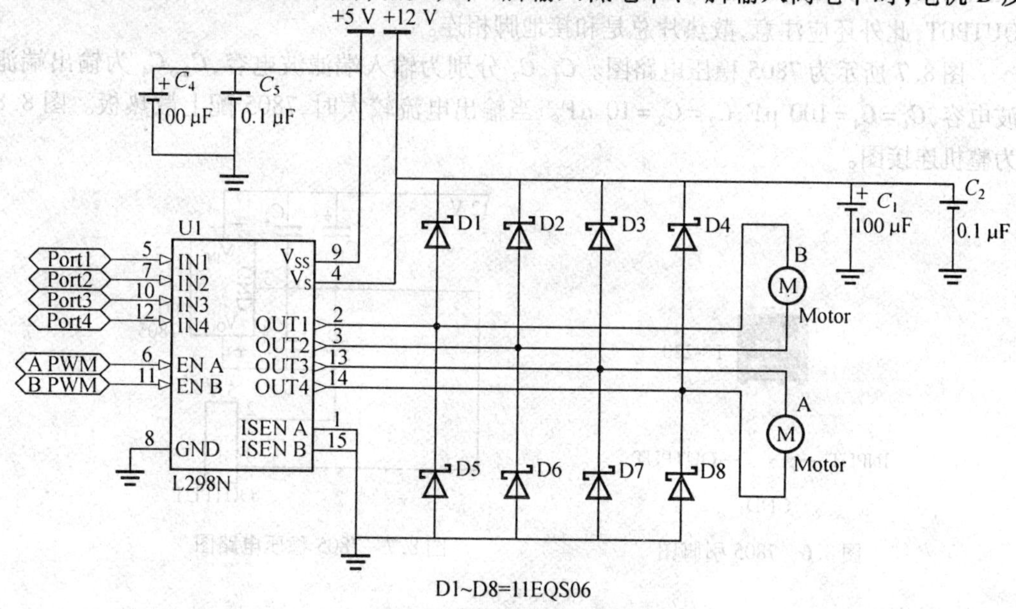

图 8.5　驱动电路示意图

转。10 脚和 12 脚同时控制电机 A,原理与控制电机 B 一样。只有当 5 脚和 10 脚同时高电平,而 7 脚和 12 脚同时低电平时,小车前进;当 5 脚和 12 脚同时高电平,而 7 脚和 10 脚同时低电平时,小车右转;当 5 脚和 12 脚同时低电平,而 7 脚和 10 脚同时高点平时,小车左转;当 4 个引脚都是低电平时,小车不动,也就证明没有光源照射。

控制模块主要由单片机 STC89C52 完成。单片机是一种集成电路芯片,是采用超大规模集成电路技术把具有数据处理能力的中央处理器 CPU 随机存储器 RAM、只读存储器 ROM、多种 I/O 口和中断系统、定时器/计时器等功能(可能还包括显示驱动电路、脉宽调制电路、模拟多路转换器、A/D 转换器等)集成到一块硅片上构成的一个小而完善的计算机系统。

设计电源管理模块是系统硬件设计中的一个重要组成单元,保证整个系统供电充足、稳定。电源由 12V1.3AH 的铅蓄电池提供。为满足系统各单元正常工作的需要,用稳压管芯片 7805 将电源电压稳压到 5 V 给单片机、LM324 及 L298N。在电子产品中,常见的三端稳压集成电路有正电压输出的 7805。这种稳压用的集成电路只有 3 条引脚输出,分别是输入端、接地端和输出端。用 78 系列三端稳压 IC 来组成稳压电源所需的外围元件极少,电路内部还有过流、过热及调整管的保护电路,使用起来方便、可靠,而且价格便宜。该系列集成稳压 IC 型号中 78 后面的数字代表该三端集成稳压电路的输出电压,如 7805 表示输出电压为正 5 V。

在本设计制作中也采用三端固定集成稳压电路。在本设计中,在三端集成稳压电路上安装足够大的散热器。当稳压管温度过高时,稳压性能将变差,甚至损坏。另外,在输出电流上留有一定的余量,避免个别集成稳压电路失效时导致其他电路的连锁烧毁。

在 78 系列三端稳压器中最常应用的是 TO-220 和 TO-202 两种封装。图 8.6 所示,从正面看引脚从左向右按顺序标注,对于 7805,INPUT 脚接高电平,GND 脚接地,输出为 OUTPUT,此外还应注意,散热片总是和接地脚相连。

图 8.7 所示为 7805 稳压电路图。C_1、C_2 分别为输入端滤波电容,C_3、C_4 为输出端滤波电容,$C_1 = C_4 = 100\ \mu F$,$C_2 = C_3 = 10\ \mu F$。当输出电流较大时,7805 配上散热板。图 8.8 为整机连接图。

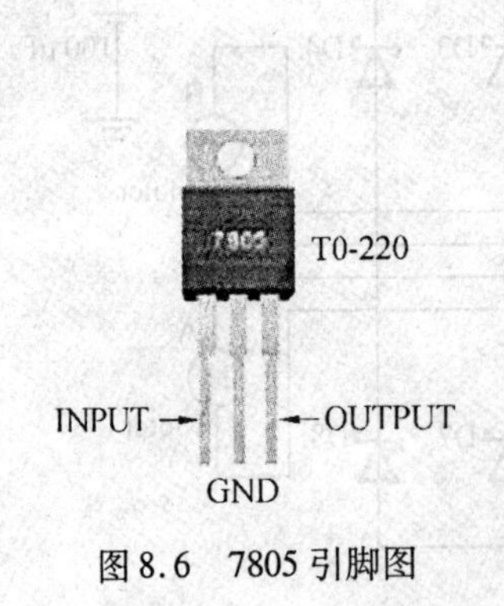

图 8.6　7805 引脚图

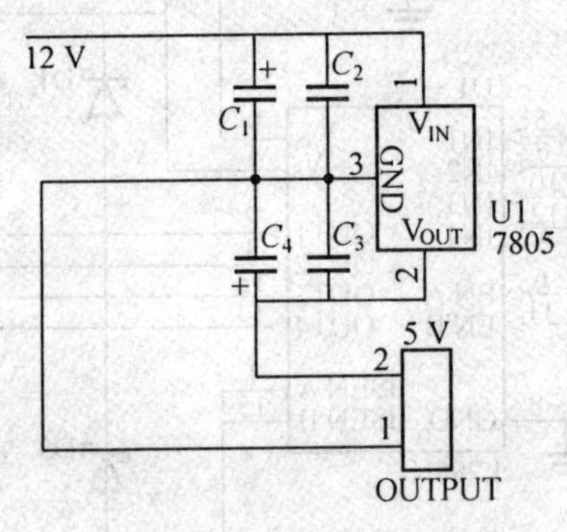

图 8.7　7805 稳压电路图

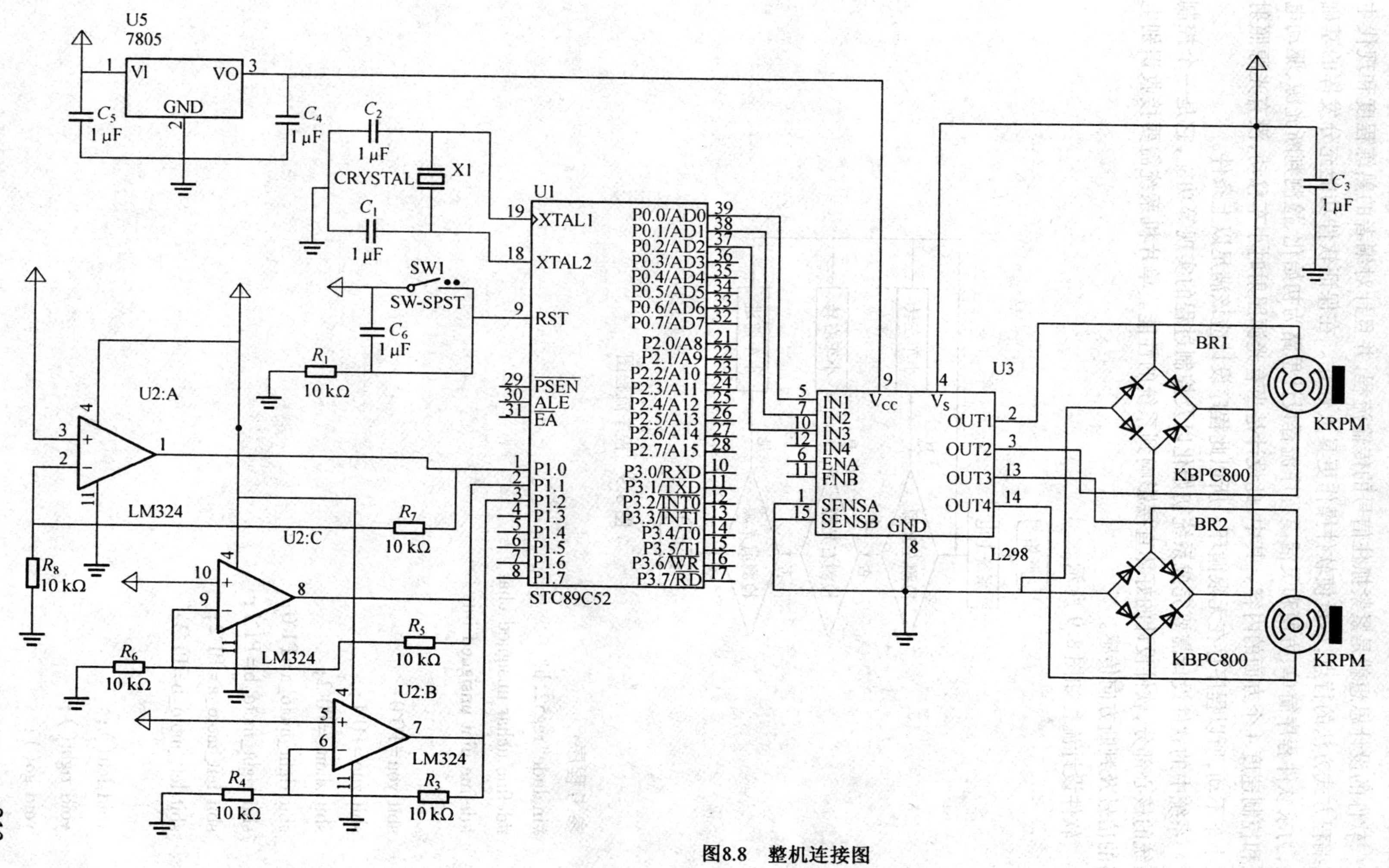

U5
7805
VI
VO
GND
C_5 1 μF
C_4 1 μF
C_2 1 μF
C_1 1 μF
CRYSTAL
X1
SW1
SW-SPST
C_6 1 μF
R_1 10 kΩ
U1
XTAL1
XTAL2
RST
PSEN
ALE
EA
STC89C52
P0.0/AD0
P0.1/AD1
P0.2/AD2
P0.3/AD3
P0.4/AD4
P0.5/AD5
P0.6/AD6
P0.7/AD7
P2.0/A8
P2.1/A9
P2.2/A10
P2.3/A11
P2.4/A12
P2.5/A13
P2.6/A14
P2.7/A15
P3.0/RXD
P3.1/TXD
P3.2/INT0
P3.3/INT1
P3.4/T0
P3.5/T1
P3.6/WR
P3.7/RD
P1.0
P1.1
P1.2
P1.3
P1.4
P1.5
P1.6
P1.7
U3
L298
V_S
V_{CC}
IN1
IN2
IN3
IN4
ENA
ENB
SENSA
SENSB
GND
OUT1
OUT2
OUT3
OUT4
BR1
BR2
KBPC800
KRPM
C_3 1 μF
U2:A
U2:B
U2:C
LM324
R_3 10 kΩ
R_4 10 kΩ
R_5 10 kΩ
R_6 10 kΩ
R_7 10 kΩ
R_8 10 kΩ

图8.8　整机连接图

软件的设计思想就是紧紧抓住信号的传输流程,并且针对编者的熟练程度和现代主流编程方式方法的特点,尽量使软件操作更具人性化。在保证软件功能充分发挥的基础上,力求软件程序简单、方便和灵活。程序流程设计思路为初始化、检测判断光源、驱动电机和控制速度4个方面的内容。其中,此设计是当有光源照射时小车移动,没有光源照射时小车不动,所以程序存在无限循环。所以此程序设计应该满足以上条件。

系统中的软件设计需要完成系统初始化以及控制过程的实现等功能,它是一个控制系统的核心部分,软件设计的好坏直接影响到系统的性能。单片机系统需要接收识别电路的信号及判断方向传感。

软件设计流程如图8.9所示。

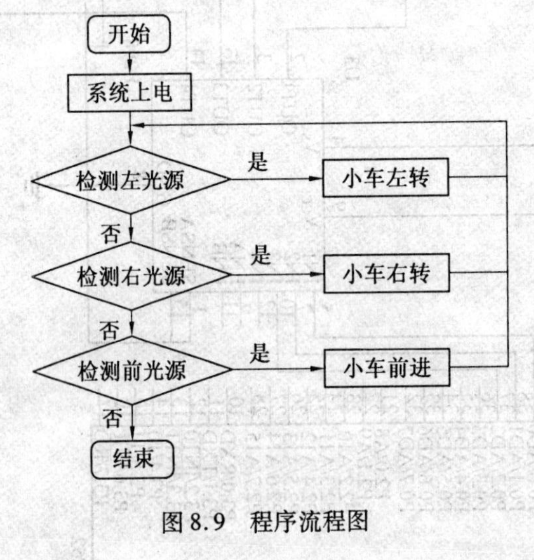

图8.9 程序流程图

参考程序:

```
#include"reg52.h"
#define uchar unsigned char
#define uint unsigned int

sbit you=P0^0;
sbit zuo=P0^1;
sbit zhong=P0^2;
sbit right_moto_a=P1^0;
sbit right_moto_b=P1^1;
sbit left_moto_a=P1^2;
sbit left_moto_b=P1^3;

void left();
void right();
void go();
```

```
void stop();
void delay(char a,b);

void main()
{
  while(1)
    {
      if(zuo==1)
        left();
      else if(you==1)
        right();
      else if(zhong==1)
        go();
      else
        stop();
    }
}

void left()
{
  right_moto_a=1;
  right_moto_b=0;
  left_moto_a=0;
  left_moto_b=1;
  delay(200,200);
}

void right()
{
  right_moto_a=0;
  right_moto_b=1;
  left_moto_a=1;
  left_moto_b=0;
  delay(200,200);
}

void go()
{
```

```
    right_moto_a=1;
    right_moto_b=0;
    left_moto_a=1;
    left_moto_b=0;
}

void stop()
{
    right_moto_a=0;
    right_moto_b=0;
    left_moto_a=0;
    left_moto_b=0;
}

void delay(char a,b)
{
    int c,d;
    for(c=0;c<a;c++)
        for(d=0;d<b;d++);
}
```

元件明细表见表8.1。

表8.1 元件明细表

序 号	名 称	型号及规格	数 量
1	单片机	STC89C52	1
2	比较器	LM324	1
3	光敏电池	MS0038	3
4	晶振	12 MHz	1
5	发光二极管(红)	ED	5
6	驱动	L298N	1
7	稳压电源	L7805CV	4
8	铅蓄电池	DRL1.3-12	1
9	万用板	单面	2
10	电动机	RMP:30	2
11	电位器	W103-326T-10 kΩ	3
12	电阻	MF-25T0.25W-1 kΩ±1%	4

续表 8.1

序 号	名 称	型号及规格	数 量
13	电阻	MF-25T0.25W-10 kΩ±1%	7
14	电解电容	100 μF	8
15	陶瓷电容	104	8
16	整流桥	KBP307G	2
17	车轮	直径 6 cm	3

本项目车采用分层布局,共分5层:最上一层为总电源模块,负责转换电压,然后分给各个模块;下层为单片机模块;然后为比较模块;再下层为驱动模块;最后为车底盘固定电机和万向轮。各个板子之间用铜柱连接,各个芯片之间用杜邦线连接。这样的布局主要是针对以上几点困难作出的。这样做层次分明,各个板子上元件较少,利于焊接、调试及检测;电源统一管理,这样就能做到供电方面简单、清晰,便于检错;这样分布还使小车立体感较强,美观大方。所设计实物图如图8.10所示。

图8.10 实物图

8.2 利用单片机制作水温控制系统

温度检测和温度控制是单片机在电子产品中的主要应用之一。随着温度控制器应用范围的日益扩大,各种适用于不同场合的智能温度控制器应运而生。在科研和生产中,常要对某些系统进行温度监测和控制,目前已有的实现温控的方法有很多,如油浴恒温法、比例式、积分式及其组合的调节方法等,有的方法达到热平衡需要很长时间,但其控制精度很高,而有的方法达到热平衡的时间很短,但其控制精度较低。用单片机实现系统温度的自动控制,能提高整个系统的灵活性和可靠性,使系统达到热平衡较快,精度也较高,而且该方法更易实现。

在一些温度控制系统电路中广泛采用的是热电偶、热电阻或PN结,测温电路经过相应的信号调理电路,转换成A/D转换器能接收的模拟量,再经过采样/保持电路进行A/D转换,最终送入单片机及其相应的外围电路,完成监控。但是由于传统的信号调理电路复杂、易受干扰、不易控制且精度不高。

本项目介绍单片机结合DS18B20水温控制系统设计,不需复杂的信号调理电路和A/D转换电路,能直接与单片机完成数据采集和处理,实现方便、精度高,可根据不同需要用于各种场合。

8.2.1 设计目的

设计并制作一个水温自动控制系统，控制对象为1升净水，容器为搪瓷器皿。水温可以在一定范围内由人工设定，并能在环境温度降低时实现自动控制，以保持设定的温度基本不变。

利用单片机STC89S51实现水温的智能控制，使水温能够在40～90 ℃之间实现控制温度调节。利用仪器读出水温，并在此基础上将水温调节到通过键盘输入的温度（其方式是加热或降温），而且能够将温度显示在7段发光二极管板上。

8.2.2 系统功能

(1)可以对温度进行自由设定，传感器的检测值与设定的温度比较，可以显示在4位7段发光二极管上。

(2)温度由1台1 000 W电炉来实现，如果温度不在40～90 ℃，则在LED上显示8888，表示错误。

(3)能够保持不间断地显示水温，显示位数为4位，分别为百位、个位、十位和小数位（但由于规定不超过90 ℃，所以百位也就没有实现，默认的百位是不显示的）。

8.2.3 温度控制总体方案与原理

根据以上分析，结合器件和设备等因素，确定如下方案：

(1)采用STC89C51单片机作为控制器，分别对温度采集、LED显示、温度设定、加热装置功率进行控制。

(2)温度测量模块采用数字温度传感器DS18B20。经软件设置可以实现高分辨率测量。

(3)电热丝有效功率控制采用继电器控制，实现电路简单实用，加上温度变化缓慢，可以满足设计要求。

(4)用LED数码管显示实时温度值，用ENTER、UP、DOWN 3个单键实现温度值的设定。

系统的基本框图如图8.11所示。CPU（STC89C51）首先写入命令给DS18B20，然后DS18B20开始转换数据，转换后通过STC89C51来处理数据。数据处理后的结果显示到数码管上。另外，由键盘设定温度值送到单片机，单片机通过数据处理发出温度控制信息到继电器。DS18B20可以被编程，所以箭头是双向的。

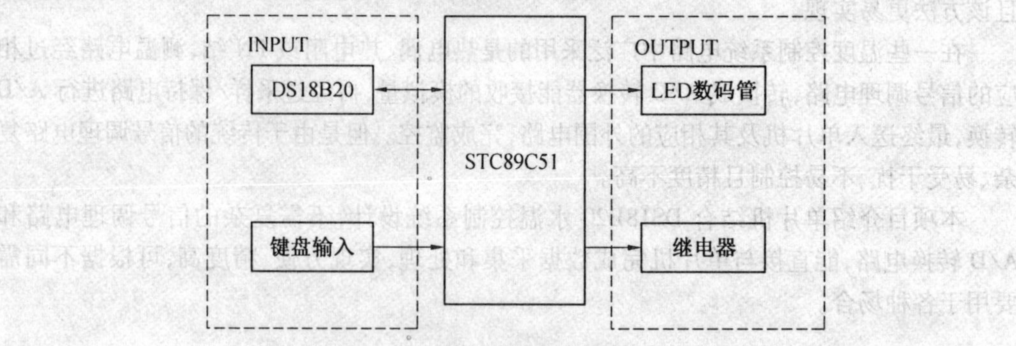

图8.11 系统基本框图

(1)STC89C51 单片机。

①主电源引脚。

V_{CC}为电源输入,接+5 V 电源。

GND 为接地线。

②外接晶振引脚。

XTAL1 为片内振荡电路的输入端;XTAL2 为片内振荡电路的输出端。

③控制引脚。

RST/V_{PP}为复位引脚,引脚上出现 2 个机器周期的高电平将使单片机复位。

ALE/PROG(Pin30)为地址锁存允许信号。

PSEN 为外部存储器读选通信号。

EA/V_{PP}(Pin31)为程序存储器的内外部选通,如果接低电平,则从外部程序存储器读指令,如果接高电平,则从内部程序存储器读指令。

④可编程输入/输出引脚。

P0 口 8 位双向 I/O 口线,名称为 P0.0 ~ P0.7。

P1 口 8 位准双向 I/O 口线,名称为 P1.0 ~ P1.7。

P2 口 8 位准双向 I/O 口线,名称为 P2.0 ~ P2.7。

P3 口 8 位准双向 I/O 口线,名称为 P3.0 ~ P3.7。

(2)DS18B20 数字温度传感器。

本系统采用 DS18B20 单总线可编程温度传感器来实现对温度的采集和转换,大大简化了电路的复杂度以及算法的要求。DS18B20 有 3 个管脚,如图 8.12 所示。其中,GND 为接地线;DQ 为数据输入输出接口,通过一个较弱的上拉电阻与单片机相连;V_{DD}为电源接口,既可由数据线提供电源,又可由外部提供电源,范围为 3.0 ~ 5.5 V。

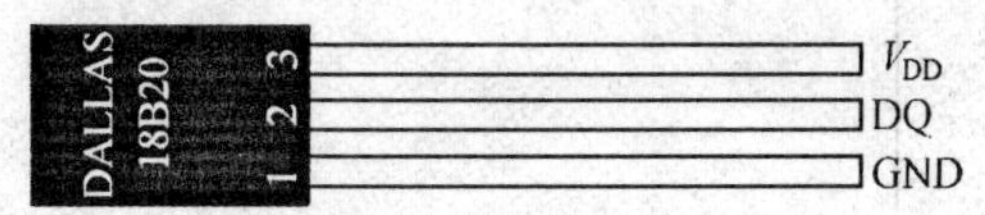

图 8.12　DS18B20 引脚图

本项目使用外部电源供电。其主要特点:①用户可自设定报警上下限温度值;②不需要外部组件,能测量-55 ~ +125 ℃范围内的温度;③-10 ~ +85 ℃范围内的测温误差范围为±0.5 ℃;④通过编程可实现 9 ~ 12 位的数字读数方式,可在至多 750 ms 内将温度转换成 12 位的数字,测温分辨率可达 0.062 5 ℃;⑤独特的单总线接口方式与微处理器连接时,仅需要一条线即可实现与微处理器双向通信。

DS18B20 的内部有 64 位的 ROM 单元和 9 字节的暂存器单元。64 位 ROM 包含 DS18B20 唯一的序列号。DS18B20 内部功能模块如图 8.13 所示。

DSI8B20 温度传感器的内部主要由 4 部分组成:64 位光刻 ROM;温度传感器;非易失性的温度报警触发器 TH 和 TL;配置寄存器。ROM 中的 64 位序列号是出厂前被光刻好的,它可以看作是该 DS18B20 的地址序列码,每个 DS18B20 的 64 位序列号均不相同。高低温报警触发器 TH 和 TL,配置寄存器均由一个字节的 E^2PROM 组成,使用一个存储器功能命令可对 TH、TL 或配置寄存器写入。在配置寄存器中,R1、R0 决定温度转换的精度位数:R1R0=“00”,9 位精度,最大转换时间为 93.75 ms;R1R0=“01”,10 位精度,最大转

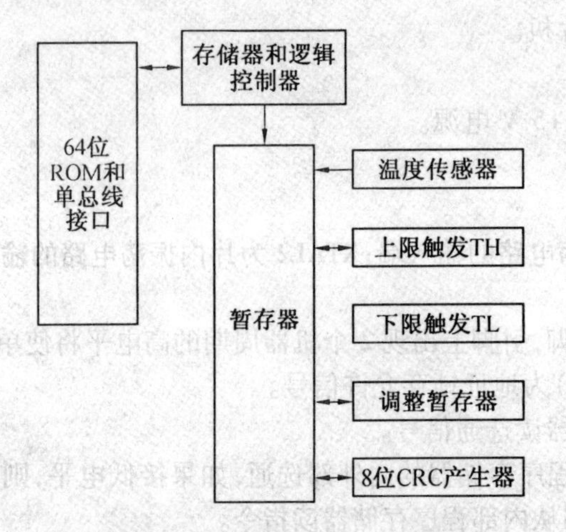

图 8.13　DS18B20 内部功能模块

换时间为 188.5 ms；R1R0 =“10”，11 位精度，最大转换时间为 375 ms；R1R0 =“11”，12 位精度，最大转换时间为 750 ms；未编程时默认为 12 位精度。

本项目中 DS18B20 采用外接电源方式，其 V_{DD}端用 3 ~4.5 V 电源供电。外接电源工作方式如图 8.14 所示。

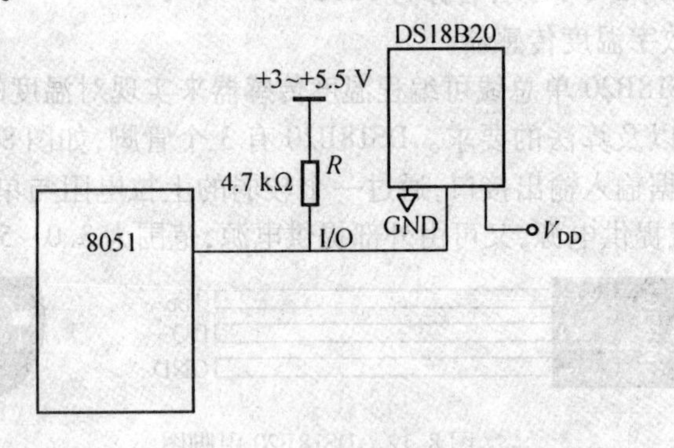

图 8.14　外接电源工作方式

(3)加热控制。

由于本系统要控制电热丝加热，功率较大，因此要借助功率电路。在器件选择上留足余量，增加安全性。加热部分采用继电器控制，电路简单可靠。

当实测温度低于设定值时，由单片机输出高电平信号。三极管 9014 导通，继电器开始工作对水加温。为了防止继电器频繁动作，在软件中对水温测量精确到 0.1 ℃，而在温度设定时只取整数，可以有 1 ℃的余量。

当设定温度低于实测温度时，为了加快系统动态响应速度，设置一个小功率电扇，加速水温的降低，使系统整体性能得以提高。

(4)键盘、显示、控制器部分。

本项目采用动态显示方式驱动 4 个 7 段数码管，分别显示温度的十位、个位和小数位。数码管采用共阴极，由于 STC89C51 单片机每个 I/O 的拉电流只有 1 ~2 mA。所以在位码和段码都加上电流放大器。

键盘采用按键开关经上拉电阻分别接 P1.0、P1.1、P1.2 口上，起到控制、上调和下调作用。每按上调和下调键，设定温度值增1减1。单片机 XTAL2、XTAL1 接12 MHz 晶振，给单片机提供时钟。另外，RESET 接复位按键。系统原理图如图 8.15 所示。

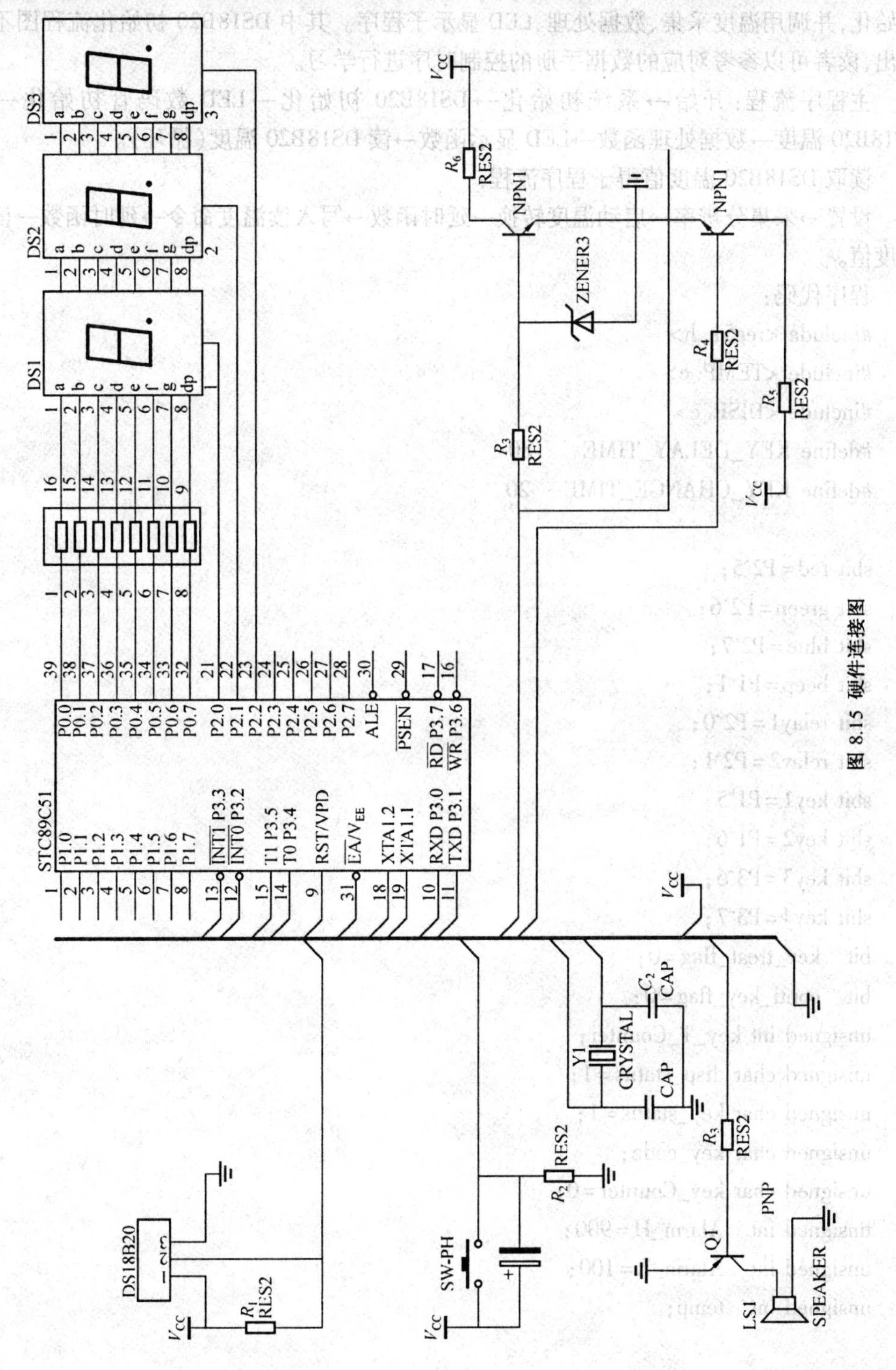

图 8.15 硬件连接图

8.2.4 软件设计

主程序的任务是控制单总线，实现系统的初始化、DS18B20 的初始化、LED 数码管的初始化，并调用温度采集、数据处理、LED 显示子程序。其中 DS18B20 初始化流程图不再画出，读者可以参考对应的数据手册的控制时序进行学习。

主程序流程：开始→系统初始化→DS18B20 初始化→LED 数码管初始化→读 DS18B20 温度→数据处理函数→LED 显示函数→读 DS18B20 温度（循环）。

读取 DS18B20 温度值得子程序流程：

设置→采集分辨率→启动温度转换→延时函数→写入读温度命令→延时函数→读入温度值。

程序代码：

```
#include <reg51.h>
#include <TEMP.c>
#include <DISP.c>
#define KEY_DELAY_TIME     80
#define KEY_CHANGE_TIME    20

sbit red=P2^5;
sbit green=P2^6;
sbit blue=P2^7;
sbit beep=P1^1;
sbit relay1=P2^0;
sbit relay2=P2^1;
sbit key1=P1^5;
sbit key2=P1^6;
sbit key3=P3^6;
sbit key4=P3^7;
bit   key_treat_flag=0;
bit   conti_key_flag=0;
unsigned int key_T_Counter;
unsigned char disp_status=1;
unsigned char key_status=1;
unsigned char key_code;
unsigned char key_Counter=0;
unsigned int   Alarm_H=900;
unsigned int   Alarm_L=100;
unsigned int   temp;
```

```
key()
{
    if((key1==0)||(key2==0)||(key3==0)||(key4==0))
    {
        switch (key_status)
        {
            case 1:
                key_status=2;     break;
            case 2:
                if(key1==0)   key_code=1;
                if(key2==0)   key_code=2;
                if(key3==0)   key_code=3;
                if(key4==0)   key_code=4;
                key_treat_flag=1;
                key_status=3;
                break;
            case 3:
                key_T_Counter++;
                if(key_T_Counter>=KEY_DELAY_TIME)
                {
                    key_T_Counter=0;
                    key_status=4;
                }
                break;
            case 4:
                conti_key_flag=1;
                key_status=5;
                break;
            case 5:
                key_T_Counter++;
                if(key_T_Counter>=KEY_CHANGE_TIME)
                {
                    key_T_Counter=0;
                    key_status=4;
                }
                break;
            default:   break;
        }
```

```
    } else
    {
        key_status=1;
        key_treat_flag=0;
        conti_key_flag=0;
        key_code=0;
        key_T_Counter=0;
    }
}

main()
{
    //int a=2500;
    Init_T0();
    //Disp_num(a, 2, 1, 0);
    //delay(60000);
    while(1)
    {
        switch (disp_status)
        {
            case 1:
                Disp_num(T, 2, 1, 0);
                if(((T/10)<Alarm_H-5)&&((T/10)>Alarm_L+5))
                {
                    green=0;
                    red=1;    blue=1;
                    beep=1;
                    relay1=1; relay2=1;
                }
                if((T/10)>Alarm_H+5)
                {
                    beep=0;
                    red=0;
                    green=1;    blue=1;
                    relay2=0;
                }
                if((T/10)<Alarm_L-5)
                {
```

```
                beep=0;
                blue=0;
                green=1; red=1;
                relay1=0;
            }
            if((key_treat_flag==1)&&(key_code==1))
            {
                key_treat_flag=0;
                disp_status=2;
                temp=Alarm_H;
            }
            break;
        case 2:
            red=0;
            green=1;   blue=1;
            if(((key_treat_flag==1)||(conti_key_flag==1))&&(key_code
==2))
            {
                key_treat_flag=0;
                conti_key_flag=0;
                temp++;
                if(temp>=999)  temp=0;
            }
            if(((key_treat_flag==1)||(conti_key_flag==1))&&(key_code
==3))
            {
                key_treat_flag=0;
                conti_key_flag=0;
                temp--;   //数值减一
                if(temp<=0)  temp=999;
            }
            if((key_treat_flag==1)&&(key_code==4))
            {
                key_treat_flag=0;
                Alarm_H=temp;
                temp=Alarm_L;
                disp_status=3;
            }
```

```
                    Disp_num(temp, 3, 2, 1);
                    break;
                case 3:
                    blue=0;
                    green=1;    red=1;
                    if(((key_treat_flag==1)||(conti_key_flag==1))&&(key_code
==2))
                    {
                        key_treat_flag=0;
                        conti_key_flag=0;
                        temp++;   //数值加一
                        if(temp>=999)   temp=0;
                    }
                    if(((key_treat_flag==1)||(conti_key_flag==1))&&(key_code
==3))
                    {
                        key_treat_flag=0;
                        conti_key_flag=0;
                        temp--;
                        if(temp<=0)   temp=999;
                    }
                    if((key_treat_flag==1)&&(key_code==4))
                    {
                        key_treat_flag=0;
                        Alarm_L=temp;
                        disp_status=1;
                    }
                    Disp_num(temp, 3, 3, 1);
                    break;
                default:  break;
            }
        }
    }
```

TEMP.c

```
sbit DQ=P3^5;
delay(unsigned int x)    //51+17x(us)
{
    unsigned int i,j;
    for(i=0;i<1;i++)
      for(j=0;j<x;j++);
}
char  Init_DS18b20()
{
    unsigned char x=1;
    EA=0;
    while(x)
    {
    DQ=1;
    delay(4);
    DQ=0;
    delay(30);
    DQ=1;
    delay(2);
    if(DQ==1)x=1;
    else  x=0;
    delay(5);
    }
    EA=1;
}
unsigned char Read_Char()
{
    unsigned char i=0;
    unsigned char dat=0;
    EA=0;
    for(i=8;i>0;i--)
    {
        DQ=0;
        dat>>=1;
        DQ=1;
        if(DQ==1)    dat|=0x80;
        delay(1);
    }
```

```
    EA=1;
    return(dat);
}

Write_Char(unsigned char dat)
{
    unsigned char i=0;
    EA=0;
    for(i=8; i>0; i--)
    {
        DQ=0;
        DQ=dat&0x01;
        delay(1);
        DQ=1;
        dat>>=1;
    }
    delay(1);
    EA=1;
}

int Read_T_18B20()
{
    int TH=0;
    int TL=0;
    int t=0;
    int c=0;
    Init_DS18B20();
    Write_Char(0xCC);
    Write_Char(0x44);
    Init_DS18B20();
    Write_Char(0xCC);
    Write_Char(0xBE);
    TL=Read_Char();
    TH=Read_Char();
t=TH;
    t<<=8;
    t=t|TL;
    t=t*0.0625*100;
```

```
return(t);
}


DISP.c

#define   ontime     240
#define   offtime    120

sbit dig1 = P3^4;
sbit dig2 = P3^3;
sbit dig3 = P3^2;
sbit dig4 = P1^3;
int T;
unsigned char key_Counter;
unsigned int Counter_18b20;
code unsigned char seg[ ] = {0xaf, 0xa0, 0xcd, 0xe9,  //0,1,2,3
                             0xe2, 0x6b, 0x6f, 0xa3,  //4,5,6,7
                             0xef, 0xeb, 0x00, 0xe6, 0x0e}; //8,9,无显示,H,L
unsigned char dig_buff1 = 0, dig_buff2 = 0, dig_buff3 = 0, dig_buff4 = 0;
unsigned char Disp_Buff[1];
unsigned char dp;
unsigned char Int_Counter = 1;
bit flash_flag;
unsigned int flash_Counter = 1;

Disp_bit(unsigned char num, unsigned char dig)
{
    if(dp = = dig) {Disp_Buff[0] = seg[num]|0x10;}
    else {Disp_Buff[0] = seg[num];}
    switch(dig)
    {
        case 1:   dig4 = 0; dig1 = 1;     break;
        case 2:   dig1 = 0; dig2 = 1;     break;
        case 3:   dig2 = 0; dig3 = 1;     break;
        case 4:   dig3 = 0; dig4 = 1;     break;
        default: break;
    }
```

```
    P0=Disp_Buff[0];
}

Init_T0()
{
    TMOD=0X01;
    TH0=0Xfa;TL0=0X00;
    TF0=0;
    TR0=1;
    ET0=1;   EA=1;
}
char Counter=0;
Timer0( ) interrupt 1
{
    TH0=0Xfa;TL0=0X00;
    TF0=0;
    switch(Int_Counter)
    {
        case 1:Disp_bit(dig_buff1,1); break;
        case 2:Disp_bit(dig_buff2,2); break;
        case 3:Disp_bit(dig_buff3,3); break;
        case 4:Disp_bit(dig_buff4,4); break;
        default:break;
    }
    Int_Counter++;
    if(Int_Counter>4)   Int_Counter=1;
    flash_Counter++;
    if(flash_Counter<offtime)   {flash_flag=1;}
    if((flash_Counter>offtime)&&(flash_Counter<ontime))   {flash_flag=0;}
    if(flash_Counter>=ontime)  {flash_Counter=1;}
    key_Counter++;
    if(key_Counter>=12)
    {
        key_Counter=0;
        key();
    }
    Counter_18b20++;
    if(Counter_18b20>600)
```

```
        }
            T=Read_T_18B20();
            Counter_18b20=0;
        }
    }

    Disp_num(int num, unsigned char h, unsigned char type, bit flash)
    {
        switch(type)
        {
            case 1:
                dig_buff1=num/1000%10;
                dig_buff2=num/100%10;
                dig_buff3=num/10%10;
                dig_buff4=num%10;
                dp=h;
                break;
            case 2:
                if(flash==0)
    {
                    dig_buff1=11;
                    dig_buff2=num/100%10;
    dig_buff3=num/10%10;
                    dig_buff4=num%10;
                    dp=h;
    }
                else if(flash==1)
                    if(flash_flag==1) {dig_buff1=10;dig_buff2=10;dig_buff3=10;
dig_buff4=10;dp=0;}
                    if(flash_flag==0)
                        dig_buff1=11;
                        dig_buff2=num/100%10;
                        dig_buff3=num/10%10;
                        dig_buff4=num%10;
                        dp=h;
                    }
```

```
            } break;
        case 3:
            if(flash==0)
{
                dig_buff1=12;
                dig_buff2=num/100%10;
dig_buff3=num/10%10;
                dig_buff4=num%10;
                dp=h;
}
            else if(flash==1)
            {
                if(flash_flag==1) {dig_buff1=10;dig_buff2=10;dig_buff3=10;
dig_buff4=10;dp=0;}
                if(flash_flag==0)
                {
                    dig_buff1=12;
                    dig_buff2=num/100%10;
                    dig_buff3=num/10%10;
                    dig_buff4=num%10;
                    dp=h;
                }
            } break;
        default:   break;
    }
}
```

8.3 利用单片机 GSM 模块的无线测温系统

1. 设计要求

本项目采用 STC89C52 单片机作为控制芯片，以 DS18B20 进行温度采集，DS1302 提供时钟，LCD1602 显示日期、时间和温度；相关数据通过串口传输到 GSM 模块；当温度高于或低于某一设定值时，自动发送短消息，并提供短消息查询温度服务，从而实现无线测温。

2. 硬件设计

系统硬件主要包括单片机最小系统、DS18B20 测温部分、DS1302 时钟部分、LCD1602 显示及 GSM 模块。系统整体模拟图如图 8.16 所示。

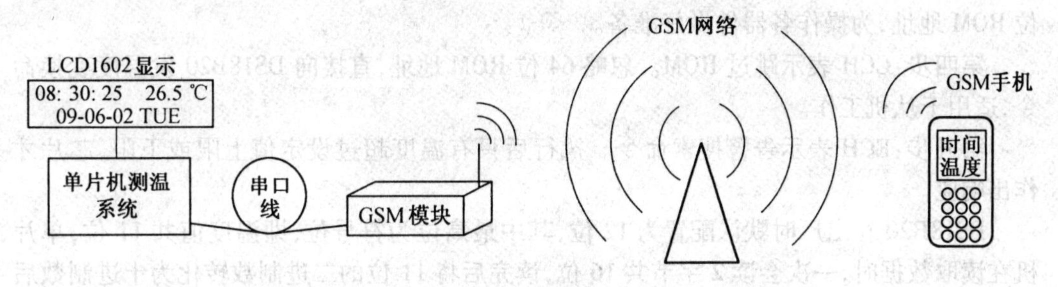

图 8.16　系统整体模拟图

(1)最小系统设计。

项目中以 STC89C52 单片机为控制模块,由单片机组成的最小系统的电路图如图 8.17 所示,最小系统的相关介绍参见本书第 5 章。

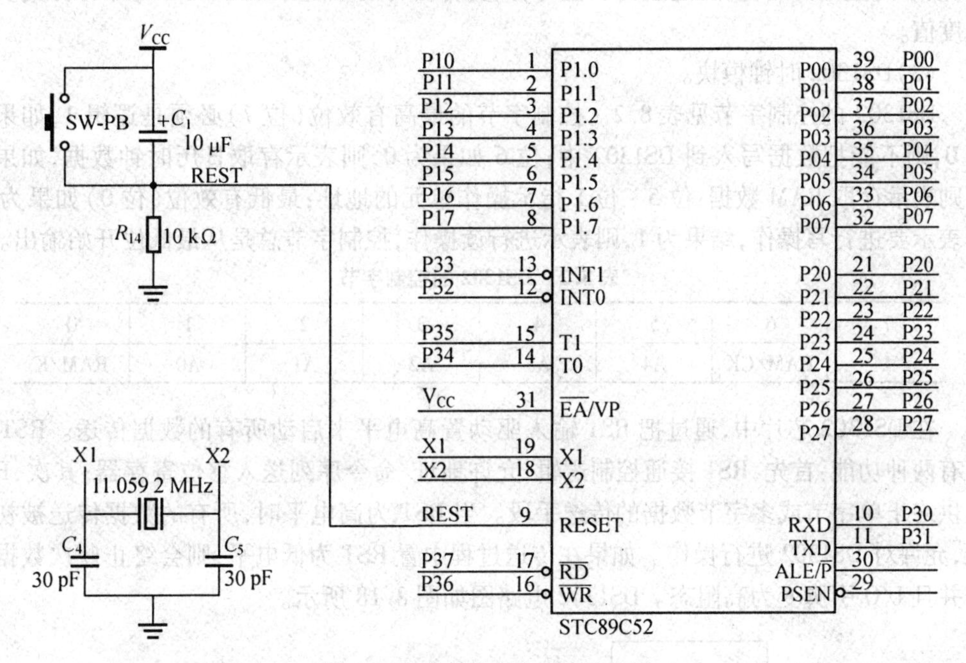

图 8.17　单片机最小系统连接图

(2)温度传感器模块。

DS18B20 是美国 DALLAS 公司推出的第一片支持“一线总线”接口的温度传感器,它具有微型化、低功耗、高性能、抗干扰能力强、易配微处理器等优点,可以直接将温度转化成串行数字信号供处理器处理。当利用单片机读取 DS18B20 中的温度数据时,按以下几个步骤进行:

第一步:33H 表示读 ROM。读 DS18B20 温度传感器 ROM 中的编码(即 64 位地址)。

第二步:55H 表示匹配 ROM。发出此命令之后,接着发出 64 位 ROM 编码,访问单总线上与该编码相对应的 DS18B20 并使之作出相应,为下一步对该 DS18B20 的读/写做准备。

第三步:F0H 表示搜索 ROM。用于确定挂接在同一总线上 DS18B20 的个数,识别 64

位 ROM 地址,为操作各器件做好准备。

第四步:CCH 表示跳过 ROM。忽略 64 位 ROM 地址,直接向 DS18B20 发温度变换命令,适用于从机工作。

第五步:ECH 表示告警搜索命令。执行后只有温度超过设定值上限或下限,芯片才作出响应。

DS18B20 在出厂时默认配置为 12 位,其中最高位为符号位,即温度值共 11 位,单片机在读取数据时,一次会读 2 字节共 16 位,读完后将 11 位的二进制数转化为十进制数后再乘以 0.062 5 便为所测的实际温度值。另外,还需要判断温度的正负。前 5 个数字为符号位,这 5 位同时变化,我们只需判断第 11 位就可以了。前 5 位为 1 时,读取的温度为负值,且测量到的数值需要取反加 1 再乘以 0.062 5,结果即为实际温度值。前 5 位为 0 时,读取的温度为正值,且温度为正值时,只要将测得的数值乘以 0.062 5,即可得到实际温度值。

(3)DS1302 时钟模块。

DS1302 的控制字节见表 8.2。控制字节的最高有效位(位 7)必须是逻辑 1,如果它为 0,则不能把数据写入到 DS1302 中;位 6 如果为 0,则表示存取日历时钟数据,如果为 1,则表示存取 RAM 数据;位 5 ~ 位 1 指示操作单元的地址;最低有效位(位 0)如果为 0,则表示要进行写操作,结果为 1,则表示进行读操作,控制字节总是从最低位开始输出。

表 8.2 DS1302 的控制字节

7	6	5	4	3	2	1	0
1	RAM/CK	A4	A3	A2	A1	A0	RAM/K

在 DS1302 芯片中,通过把 RST 输入驱动置高电平来启动所有的数据传送。RST 输入有两种功能:首先,RST 接通控制逻辑,允许地址/命令序列送入移位寄存器;其次,RST 提供终止单字节或多字节数据的传送手段。当 RST 为高电平时,所有的数据传送被初始化,允许对 DS1302 进行操作。如果在传送过程中置 RST 为低电平,则会终止此次数据传送并且 I/O 引脚变为高阻态。DS1302 电路图如图 8.18 所示。

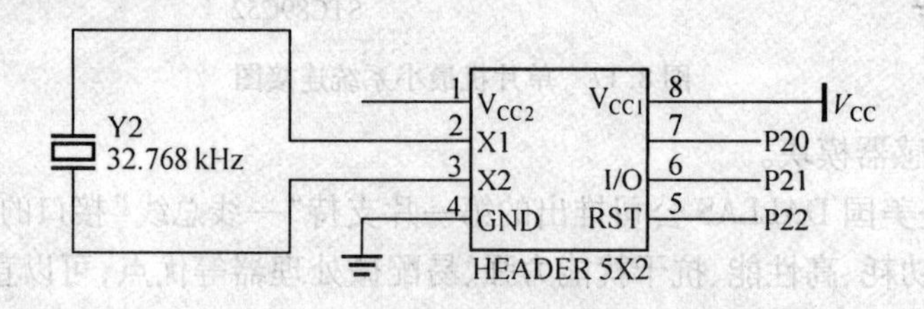

图 8.18 本项目中的 DS1302 电路图

在控制指令输入后的下一个 SCLK 时钟的上升沿时,数据被写入 DS1302,数据输入从低位即位 0 开始。同样,在紧跟 8 位的控制指令字后的下一个 SCLK 脉冲的下降沿读出 DS1302 的数据,读出数据时从低位 0 位至高位 7。DS1302 数据读写时序图如图 8.19 所示。

单片机控制 DS1302 时钟芯片的程序主要包括两方面内容:一是单片机对 DS1302 存储器的地址定义和控制字的写入;二是数据的读取。

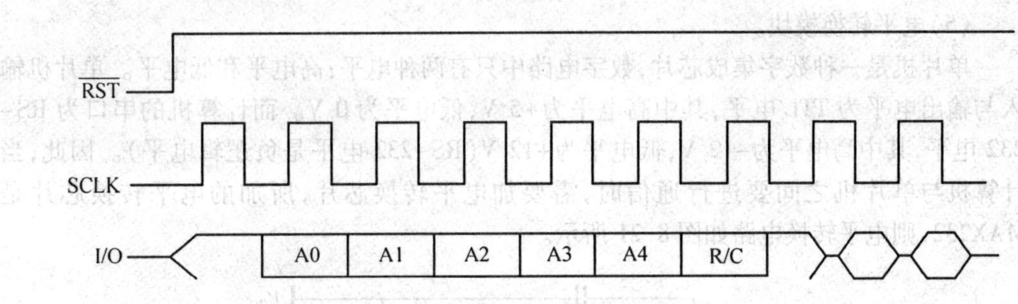

图 8.19 DS1302 数据读写时序图

(4)液晶显示模块。

液晶显示器(Liquid Crystal Display,LCD)的主要原理是以电流刺激液晶分子产生点、线、面并配合背部灯管构成画面。各种型号的液晶通常是按照显示字符的行数或液晶点阵的行、列数来命名的。

本项目中用到的 LCD1602 的意思是每行显示 16 个字符,一共可以显示两行。它需要 5 V 电压驱动,带背光,不能显示汉字,内置含 128 个字符的 ASCII 字符集字库,只有并行接口,无串行接口。控制器内部带有 80 B 的 RAM 缓冲区。本项目中的 LCD 电路图如图 8.20 所示。

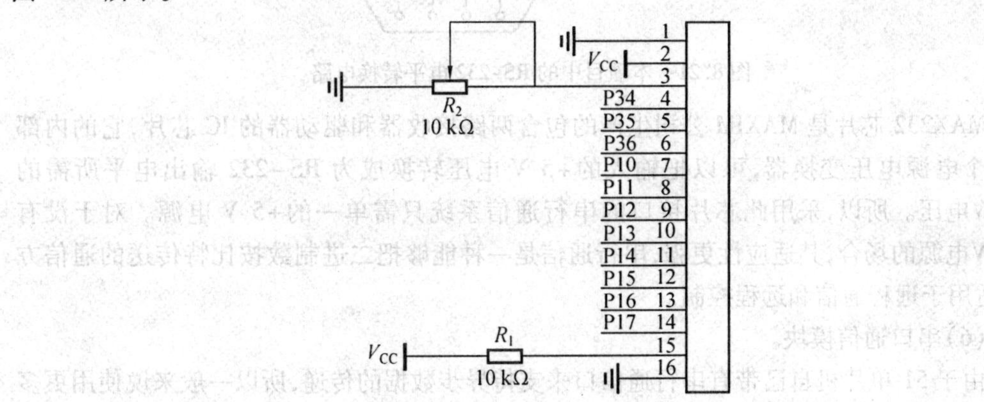

图 8.20 本设计中的 LCD1602 电路图

图 8.20 中的 00 ~ 0F、40 ~ 4F 地址中的任一处写入显示数据时,液晶都可立即显示出来,当写入 10 ~ 27 或 50 ~ 67 地址时,必须通过移屏指令将它们移入可显示区域方可正常显示。LCD1602 主要技术参数见表 8.3。

表 8.3 LCD1602 的主要技术参数

显示容量	16×2 个字符
芯片工作电压	4.5 ~ 5.5 V
工作电流	2.0 mA(工作电压 5.0 V 时)
模块最佳工作电压	5.0 V
字符尺寸	2.95×4.35(W×H)mm

(5)电平转换模块。

单片机是一种数字集成芯片,数字电路中只有两种电平:高电平和低电平。单片机输入与输出电平为 TTL 电平,其中高电平为+5 V,低电平为 0 V。而计算机的串口为 RS-232 电平,其中高电平为-12 V,低电平为+12 V(RS-232 电平是负逻辑电平)。因此,当计算机与单片机之间要进行通信时,需要加电平转换芯片,所加的电平转换芯片是 MAX232,则电平转换电路如图 8.21 所示。

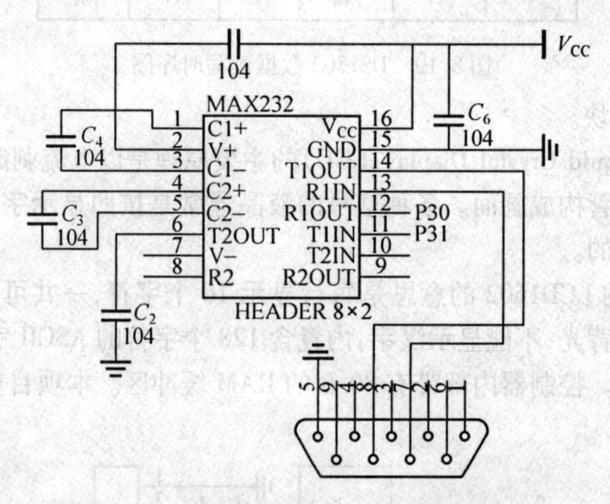

图 8.21　本项目中的 RS-232 电平转换电路

MAX232 芯片是 MAXIM 公司生产的包含两路接收器和驱动器的 IC 芯片,它的内部有一个电源电压变换器,可以把输入的+5 V 电压转换成为 RS-232 输出电平所需的+10 V电压。所以,采用此芯片接口的串行通信系统只需单一的+5 V 电源。对于没有+12 V电源的场合,其适应性更强,串行通信是一种能够把二进制数按比特传送的通信方式,适用于远程通信和远程控制。

(6)串口通信模块。

由于 51 单片机自己带有串行通信口来支持异步数据的传递,所以一般来说使用更多的是直接利用该串口进行异步数据传输。51 单片机的串行口由串行口控制器 SCON、发送电路、接收电路等组成。

在数据收发过程中,串口收发的数据都存放在一个称为缓存 SBUF 的 8 位寄存器中。如果需要发送数据,则将数据先移到累加器 ACC 中,然后再从 ACC 中移到 SBUF。如果是接收数据,则一般在接收中断程序中把 SBUF 的数据取出,即为串口上实际传送的数据。不过在单片机的硬件上,收发虽然共用一个选口地址 SBUF(99H),但实际上对 SBUF 读和写时并不是访问的一个寄存器。这样才有可能使单片机能够同时进行收发的工作。

串口通信设置有两个控制寄存器:串行通信接口控制寄存器 SCON 和波特率选择特殊功能寄存器 PCON。下面分别介绍这两个寄存器。

①串行接口控制寄存器 SCON。

SCON 用于选择串行通信的工作方式和某些控制功能,包括接收/发送控制及设置状态标志。SCON 选口地址 98H,可进行位寻址。寄存器 SCON 的格式及各位的含义如图

8.22 所示。

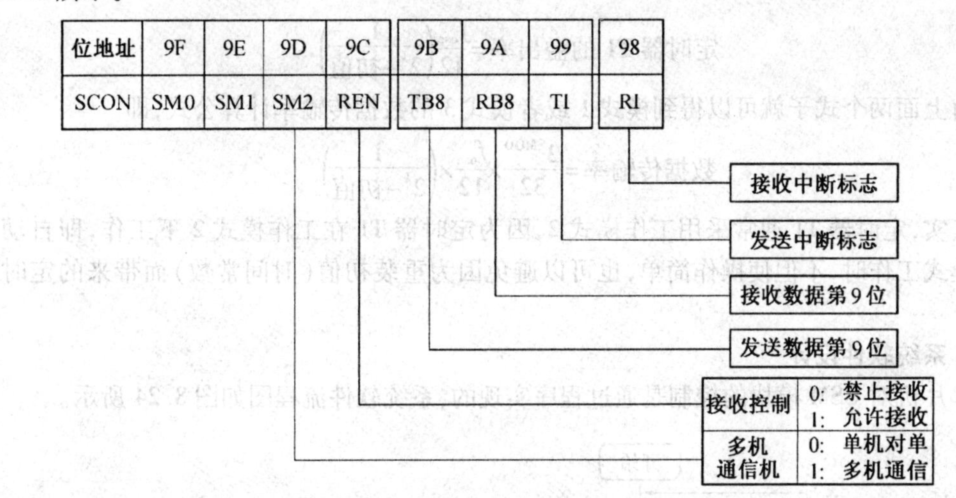

图 8.22　SCON 中各位的定义

②特殊功能寄存器 PCON。

PCON 寄存器也称为电源控制寄存器,是为了在 CMOS 型单片机中进行电源控制而设置的,单元字节地址为 97H,不可以进行位寻址。PCON 中各位的定义如图 8.23 所示,“--”表示空位。

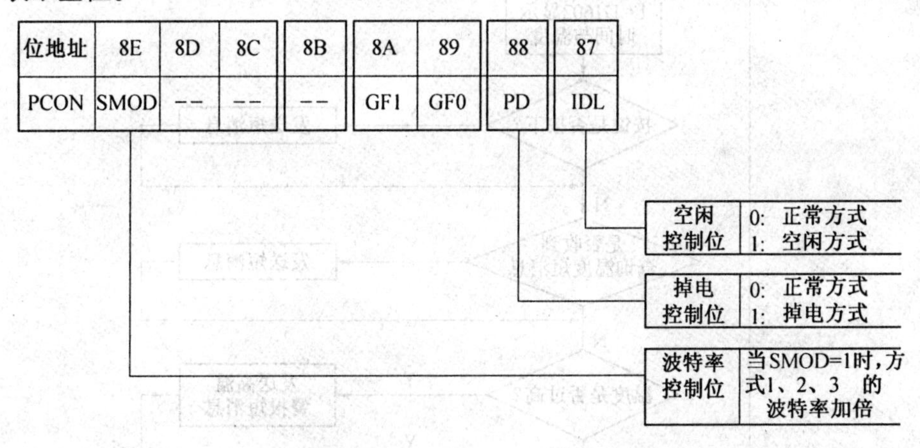

图 8.23　PCON 中各位的定义

③串口通信的数据传输率的计算。

在模式 0 下,串口的数据传输是固定的,它的值为单片机的晶振频率的 1/12。

在模式 2 下,当 SMOD=0 时,通信的数据传输率为主机频率的 1/64;当 SMOD=1 时,数据传输率为主机频率的 1/32。

在模式 1 和模式 3 下,通信的数据传输率是由定时器的溢出频率来决定的,所以数据传输率可以变化的范围较大。相应的公式为

$$数据传输率=\frac{2^{SMOD}}{32}\times 定时器\ T1\ 的溢出率$$

定时器 T1 溢出率的计算公式为

$$定时器\ T1\ 的溢出率=\frac{f_{osc}}{12}\left(\frac{1}{2^k-初值}\right)$$

由上面两个式子就可以得到模式 1 或者模式 3 的数据传输率计算公式，即

$$数据传输率=\frac{2^{SMOD}}{32}\times\frac{f_{osc}}{12}\times\left(\frac{1}{2^k-初值}\right)$$

其实，定时器 T1 通常采用工作模式 2，因为定时器 T1 在工作模式 2 下工作，即自动载入模式工作时，不但使操作简单，也可以避免因为重装初值（时间常数）而带来的定时误差。

3. 系统软件设计

单片机对 GSM 模块的控制是通过程序实现的，系统软件流程图如图 8.24 所示。

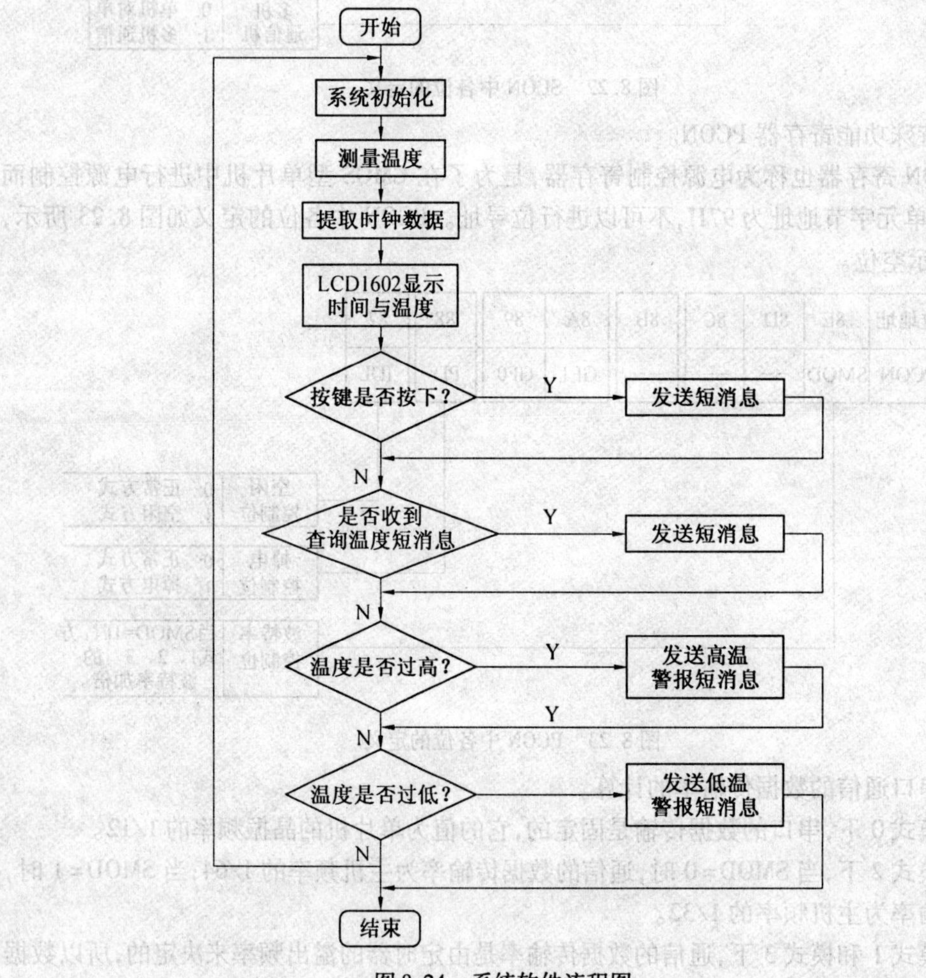

图 8.24　系统软件流程图

（1）DS18B20 模块。

①DS18B20 初始化（时序图如图 8.25 所示）。

首先将数据线置高电平1；延时（该时间不是很严格，但是要尽可能短一些）；将数据线拉到低电平0；延时750 μs（该时间范围为480～960 μs）；将数据线拉到高电平1；延时等待，如果初始化成功，则在15～60 μs内产生一个由DS18B20返回的低电平0，据该状态可以确定它的存在。但是应注意，不能无限地等待，否则会使程序进入死循环，所以要进行超时判断；若CPU读到数据线上的低电平0后，还要进行延时，其延时的时间从发出高电平算起最少要480 μs；将数据线再次拉到高电平1后结束。

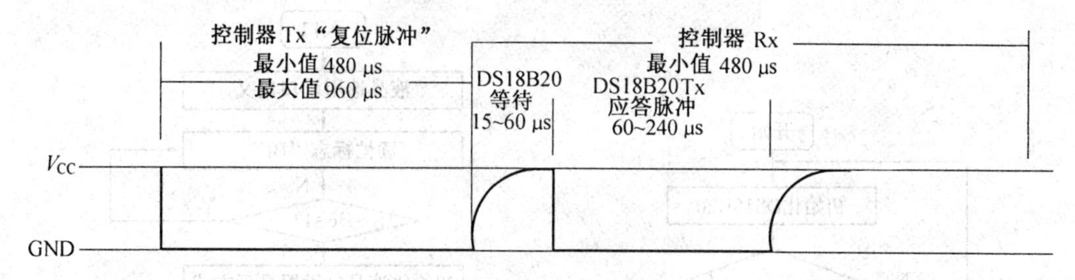

图8.25　DS18B20初始化时序图

②DS18B20写数据（时序图如图8.26所示）。

数据线先置低电平0；延时确定的时间为15 μs；按从低位到高位的顺序发送数据（一次只发送一位）；延时时间为45 μs；将数据线拉到高电平1；重复以上步骤，直到发送完一个字节；最后将数据线拉高到1。

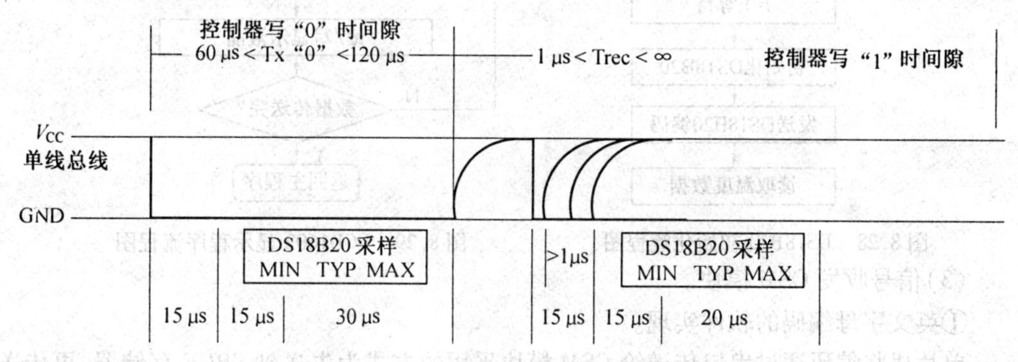

图8.26　DS18B20写数据时序图

③DS18B20读数据（时序图如图8.27所示）。

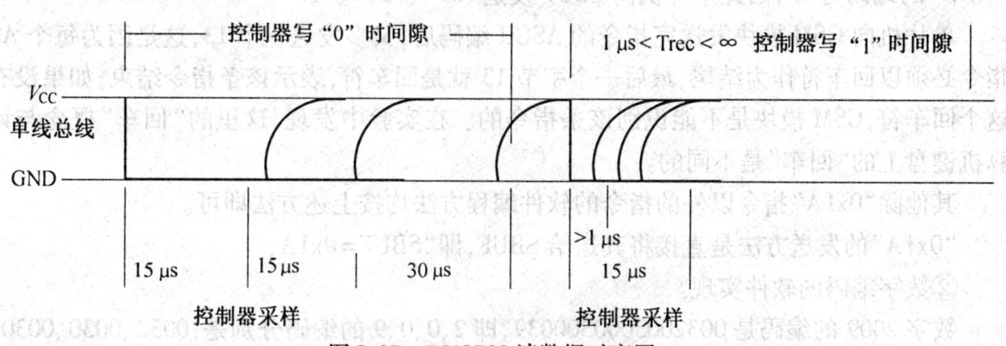

图8.27　DS18B20读数据时序图

首先，将数据线拉高到1；延时2 μs；将数据线拉低到0；延时6 μs；将数据线拉高到1；延时4 μs；读数据线的状态得到一个状态位，并进行数据处理；延时30 μs；重复以上步骤，直到读取完一个字节。

综上所述，DS18B20初始化流程图，如图8.28所示。

(2)液晶显示模块。

液晶显示程序流程图如图8.29所示。

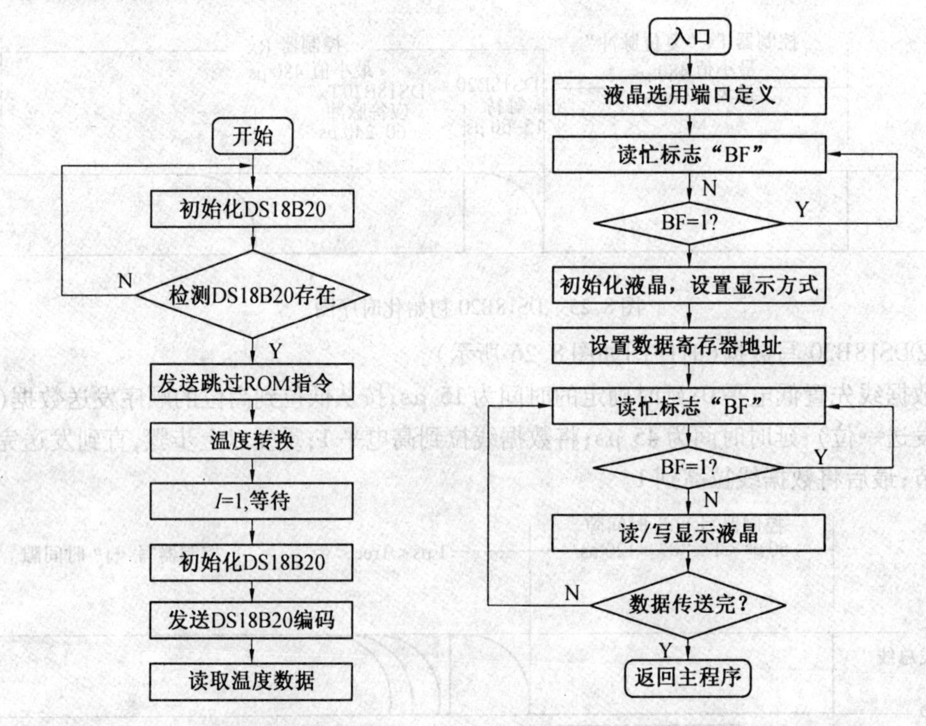

图8.28　DS18B20初始化流程图　　　图8.29　LCD1602显示程序流程图

(3)信号收发GSM模块。

①英文字母编码的软件实现。

单片机将编码通过串口传送给GSM模块采用的方式为先送到SBUF存储器，再传送给GSM模块。通过查表可知，“A”的ASCII编码为65，“T”的ASCII编码为84，功能键“回车”的编码为13，因此单片机向SBUF发送“65”、“84”、“13”。

单片机向GSM模块发送完指令的ASCII编码后，又多发送一个13，这是因为每个AT指令必须以回车符作为结尾，最后一个字节13就是回车符，表示该条指令结束；如果没有这个回车符，GSM模块是不能识别该条指令的。在实验中发现，这里的“回车”概念与计算机键盘上的“回车”是不同的。

其他除“0x1A”指令以外的指令的软件编程方法均按上述方法即可。

“0x1A”的发送方法是直接将其送给SBUF，即“SBUF=0x1A;”。

②数字编码的软件实现。

数字2009的编码是0032003000300039，即2、0、0、9的编码分别是：0032、0030、0030、0039，这里使用的是USC2(16bit)编码，阿拉伯数字“＊”的USC2(16bit)编码方式为

0030+＊。这里的编码 GSM 模块是不能识别的，单片机必须传送它们的 ASCII 编码，0032003000300039 经过 ASCII 编码后为 48 48 51 50 48 48 51 48 48 48 51 48 48 48 51 57，这样就可以直接通过单片机传送给 GSM 模块了。

③汉字及标点的软件实现。

汉字也需要先转换成 USC2(16 bit)编码再转换成 ASCII 编码。在 USC2(16 bit)编码中，每个汉字、标点、字符的由十六进制中 0～F 这 16 个符号组成，码位是 4 位，具体编码可查 USC2(16 bit)编码表。例如，"哈尔滨"的编码是:54C85C146EE8，"哈、尔、滨、工、程、大、学、!"对应的编码为 54C8、5C14、6EE8，而这个 USC2(16 bit)编码还要转换成 ASCII 编码对应为 53 52 67 56 53 67 49 52 54 69 69 56，这样就能直接通过单片机把"哈尔滨"传送给 GSM 模块了。

(4)温度查询短消息软件编程设计。

①功能描述。

短消息查询服务是指系统软件设置的一个号码给 GSM 模块中的手机号码发送内容为"当前温度是多少?"的短消息后，单片机控制 GSM 模块提取该短消息的内容和发送方号码，并与存储的编码进行比对，鉴别出是设置的手机号码发送的温度查询短消息，将包含实时温度值的短消息发送到设置的手机。

②温度查询短消息软件编程实现过程。

当 GSM 模块收到一条正确的 AT 指令后，它会把刚刚收到的 AT 指令回传给发送方，进行指令确认；然后发送一个回车指令和一个换行指令，最后再执行该指令，并返回执行结果。

例如，在单片机比对信息之前需要发送一条 AT+CMGL=0 的指令给 GSM 模块进行短消息内容的提取，使用串口调试助手与 GSM 模块进行通信调试时的截屏图如图 8.30 所示(在发送 AT+CMGL=0 指令之前，已经采用手机号 13644575674 给 GSM 模块里的手机号 13069881905 发送了一条内容为:"当前温度为多少?"的短消息)，则发送的内容为:AT+CMGL=0(回车)，返回内容则为 AT+CMGL=0

+CMGL: 20,0,36

0891683110900805F0240D91683146545776F40008906011818333231O5F53524

D6E295EA6662F591A5C11003F

OK

"+CMGL: 20,0,36"中的"20"是指读取的是 GSM 模块中 SIM 卡存储器里的第 20 条短消息。由于返回码的前面不是短消息的内容，因此在比对时，利用串口调试助手给 GSM 模块发送 AT+CMGL=0 指令，采用 0891683110900805F0240D91683146545776F4 的 38 个码进行比对。如果比对成功，则发送短消息；如果比对不成功，则继续下一步程序。

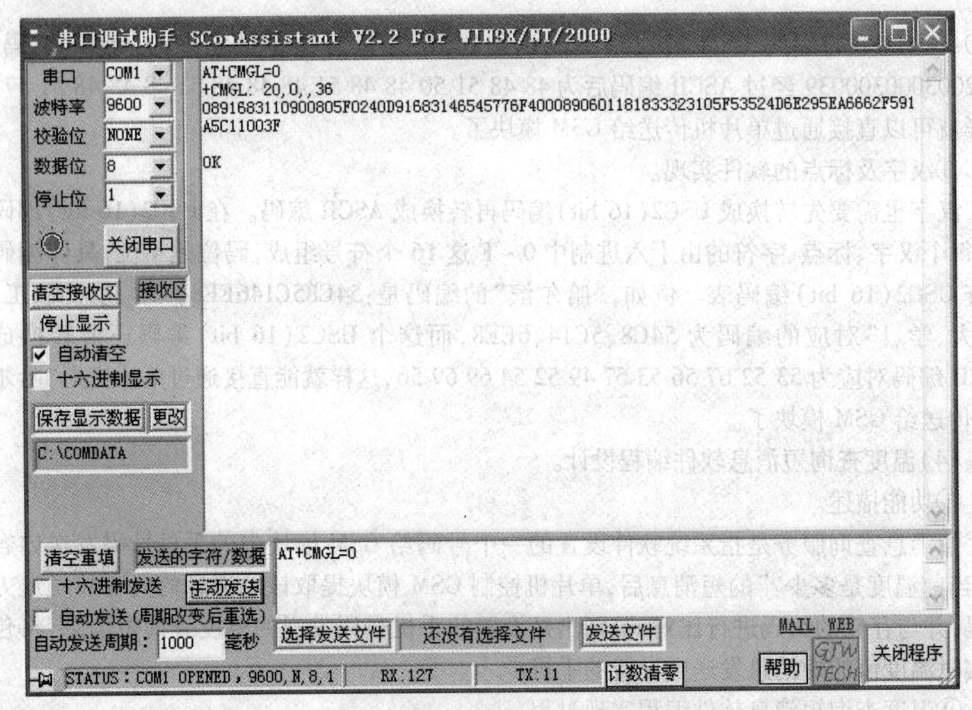

图 8.30　串口调试界面图

8.4　利用单片机制作语音检测及播放系统

单片机语音录放系统是以数字电路为基础,利用数字语音电路来实现语音信号的记录、存储、还原等任务。数字语音电路是一种集语音合成技术、大规模集成电路技术以及微控制器为一体的一种新型技术。

语音集成电路与微处理器相结合,具有体积小、扩展方便等特点,具有广泛的发展前景,如电脑语音钟、语音型数字万用表、手机话费查询系统、排队机、监控系统语音报警以及公共汽车报站器等。

本项目所设计的语音检测及播放系统,其微控制器采用的是美国 ATMEL 公司生产的低电压、高性能 8 位 CMOS 单片机 AT89C52,片内含 8 K 字节的可反复擦写的 Flash 只读程序存储器和 256 字节的随机存取数据存储器,器件采用 ATMEL 公司的高密度、非易失性存储技术生产,片内置通用 8 位中央处理器和 Flash 存储单元,适用于许多较为复杂控制应用场合。数码语音芯片选用的是 ISD2500 系列单片语音录放集成电路 ISD2560,它具有抗断电、音质好、使用方便、无须专用的开发系统等优点。录音时间为 60 s,能重复录放 10 万次。芯片采用多电平直接模拟量存储专利技术,省去了 A/D 和 D/A 转换器。每个采样值直接存储在片内单个 E^2PROM 单元中,因此能够非常真实、自然地再现语音、音乐、音调和效果声,避免了一般固体录音电路因量化和压缩造成的量化噪声和“金属声”。

1. ISD2560 语音芯片的引脚及功能介绍

ISD2560 是 ISD 系列单片机语音录放集成电路的一种。这是一种永久记忆型语音录放电路,录音时间为 60 s,可重复录放 10 万次。该器件的采样频率为 8 kHz,同一系列的产品采样频率越低录放时间越长,但通频带和音质会有所降低。此外,ISD2560 还省去了 A/D 和 D/A 转换器。其集成度较高,内部包括前置放大器、内部时钟、定时器、采样时钟、滤波器、自动增益控制、逻辑控制、模拟收发器、解码器和 480 K 字节的 E^2PROM。ISD2560 内部 E^2PROM 存储单元均匀分为 600 行,有 600 个地址单元,每个地址单元指向其中一行,每一个地址单元的地址分辨率为 100 ms。此外,ISD2560 还具备微控制器所需的控制接口。通过操纵地址和控制线可完成不同的任务,以实现复杂的信息处理功能,如信息的组合、连接、设定固定的信息段和信息管理等。ISD2560 可不分段,也可按最小段长为单位来任意组合分段。

(1) ISD2560 的引脚功能。

ISD2560 具有 28 脚 SOIC 和 28 脚 PDIP 两种封装形式。图 8.31 所示是其引脚排列。

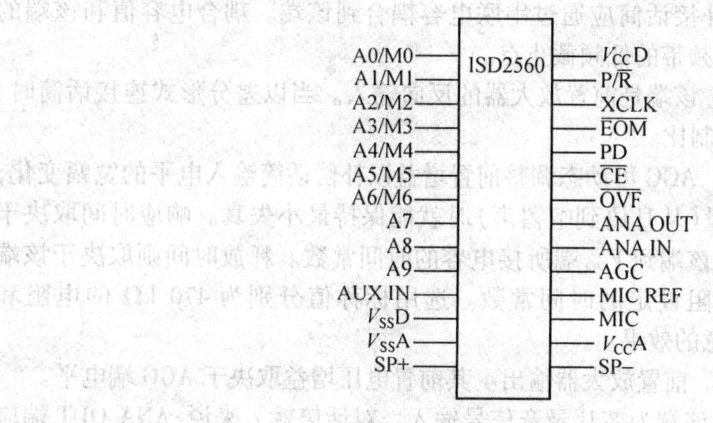

图 8.31　ISD2560 引脚排列图

各引脚的主要功能如下:

①电源(V_{CCD}、V_{CCA})。为了最大限度地减小噪声,芯片内部的模拟和数字电路使用不同的电源总线,并且分别引到外封装上。模拟和数字电源端最好分别走线,并应尽可能地在靠近供电端处相连,而解耦电容引脚则应尽量靠近芯片的地引脚。

②地线(V_{SSD}、V_{SSA})。由于芯片内部使用不同的模拟和数字地线,因此这两脚最好通过低阻抗通路连接到地。

③节电控制 PD。该端拉高可使芯片停止工作而进入节电状态。当芯片发生溢出即 $\overline{OVF}$端输出低电平后,应将本端短暂变高以复位芯片;另外,PD 端在模式 6 下还有特殊的用途。

④片选$\overline{CE}$。该端变低且 PD 也为低电平时,允许进行录、放操作。芯片在该端的下降沿将锁存地址线和 P/$\overline{R}$ 端的状态;另外,它在模式 6 中也有特殊的意义。

⑤录放模式 P/$\overline{R}$。该端状态一般在$\overline{CE}$的下降沿锁存。高电平选择放音,低电平选择录音。录音时,由地址端能够提供起始地址,直到录音持续到$\overline{CE}$或 PD 变高,或内存溢出;

如果是前一种情况，芯片将自动在录音结束处写入$\overline{EOM}$标志。放音时，由地址端提供起始地址，放音持续到$\overline{EOM}$标志。如果$\overline{CE}$一直为低，或芯片工作在某些操作模式，放音则会忽略$\overline{EOM}$而继续进行下去，直到发生溢出为止。

⑥信息结尾标志$\overline{EOM}$。$\overline{EOM}$标志在录音时由芯片自动插入到该信息段的结尾。当放音遇到$\overline{EOM}$时，该端输出低电平脉冲。另外，ISD2560 芯片内部会自动检测电源电压以维护信息的完整性，当电压低于 3.5 V 时，该端变低，此时芯片只能放音。在模式状态下，可用来驱动 LED，以指示芯片当前的工作状态。

⑦溢出标志$\overline{OVF}$。芯片处于存储空间末尾时，该端输出低电平脉冲以表示溢出，之后该端状态跟随$\overline{CE}$端的状态，直到 PD 端变高。此外，该端还可用于级联多个语音芯片来延长放音时间。

⑧话筒输入 MIC。该端连至片内前置放大器。片内自动增益控制电路 AGC，可将增益控制在-15 ~ +24 dB。外接话筒应通过串联电容耦合到该端。耦合电容值和该端的 10 kΩ输入阻抗决定了芯片频带的低频截止点。

⑨话筒参考 MIC REF。该端是前置放大器的反向输入。当以差分形式连接话筒时，可减小噪声，并提高共模抑制比。

⑩自动增益控制 AGC。AGC 可动态调整前置增益以补偿话筒输入电平的宽幅变化，这样在录制变化很大的音量（从耳语到喧嚣声）时就能保持最小失真。响应时间取决于该端内置的 5 kΩ 电阻和从该端到 V_{SSA}端所接电容的时间常数。释放时间则取决于该端外接的并联对地电容和电阻设定的时间常数。选用标称值分别为 470 kΩ 的电阻和 4.7 μF的电容可以得到满意的效果。

⑪模拟输出 ANA OUT。前置放大器输出。其前置电压增益取决于 AGC 端电平。

⑫模拟输入 ANA IN。该端为芯片录音信号输入。对话筒输入来说，ANA OUT 端应通过外接电容连至该端，该电容和本端的 3 kΩ 输入阻抗决定了芯片频带的附加低端截止频率。其他音源可通过交流耦合直接连至该端。

⑬扬声器输出（SP+，SP-）。可驱动 16 Ω 以上的喇叭（内存放音时功率为 12.2 mW，AUX IN 放音时功率为 50 mW）。单端输出时必须在输出端和喇叭间接耦合电容，而双端输出则不用电容就能将功率提高 4 倍。

⑭辅助输入 AUX IN。当$\overline{CE}$和 P/$\overline{R}$ 为高电平时，不进行放音或处入放音溢出状态时，该端的输入信号将通过内部功放驱动喇叭输出端。当多个 ISD2560 芯片级联时，后级的喇叭输出将通过该端连接到本级的输出放大器。为了防止噪声，建议在存放内存信息时，该端不要有驱动信号。

⑮外部时钟 XCLK。该端内部有下拉元件，不用时应接地。

⑯地址/模式输入（AX/MX）。地址端的作用取决于最高两位（MSB，即 A8 和 A9）的状态。当 A8、A9 中有一位为 0 时，所有输入均作为当前录音或放音的起始地址。地址端只作输入，不输出操作过程中的内部地址信息。地址在$\overline{CE}$的下降沿锁存。当 A8、A9 全为 1 时，A0 ~ A6 可用于模式选择。其基本电路原理图如图 8.32 所示。

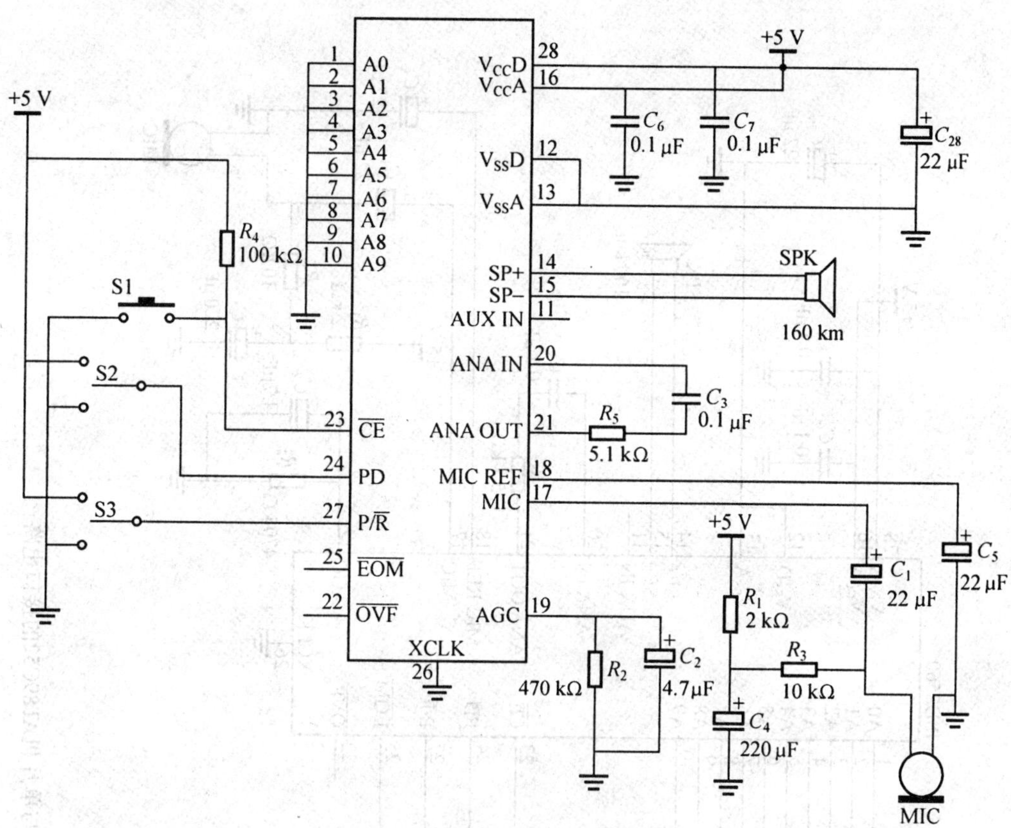

图 8.32　ISD2560 基本电路原理图

2. 系统硬件电路设计

ISD2560 与单片机 AT89C52 的接口电路以及外围电路如图 8.33 所示。单片机的 P0 口、P2.6 和 P2.7 分别与 ISD2560 的地址线相连。P3.2 ~ P3.5 分别连接一个按键，供录音、放音、循环放音及停止放音时使用。

3. 系统的工作原理及程序设计

录音时按下录音键，单片机通过口线设置起始地址，再使 PD 端、P/$\overline{R}$ 端和$\overline{CE}$端为低电平，启动录音，同时 LED 指示灯亮；结束时，再按下录音键，LED 指示灯灭，单片机又让$\overline{CE}$端回到高电平，从而完成语音的录制。

放音时，按下放音键，单片机将 P/$\overline{R}$ 端设为高电平，PD 端设为低电平，并让$\overline{CE}$端产生一负脉冲启动放音，这时单片机只需等待 ISD2560 的信息结束信号，即$\overline{EOM}$的产生。信号为一负脉冲，在负脉冲的上升沿，语音播放结束。

循环放音时，按下循环放音键，就能不断地循环放音；停止循环放音，按下放音键就能停止循环放音。若停止放音，按下停止键，即可结束放音功能。系统的流程图如图 8.34 所示。

本节对 ISD2560 语音芯片的结构及引脚功能进行了介绍，并设计单片机 AT89C52 对 ISD2560 语音芯片的控制系统，简要说明该系统的工作原理及硬件电路等。所设计的录放及循环放音系统，具有电路简单、制作容易、价格低廉、单片机调试方便等优点。

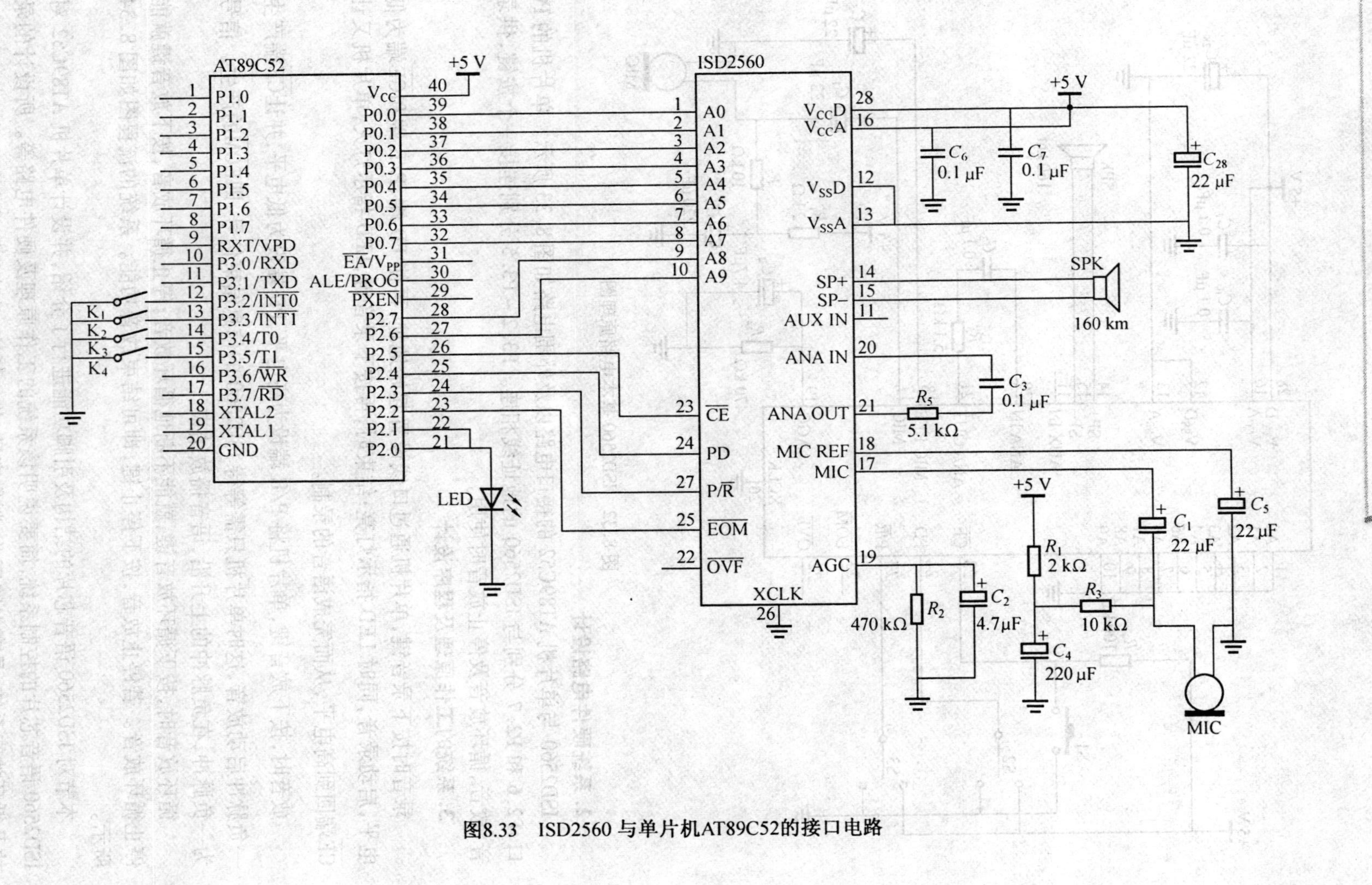

图8.33 ISD2560与单片机AT89C52的接口电路

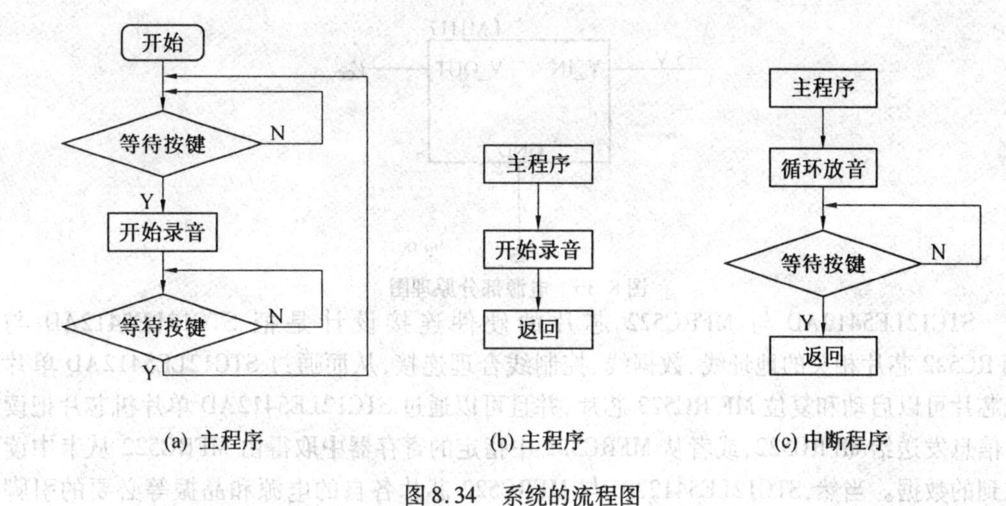

(a) 主程序　　(b) 主程序　　(c) 中断程序

图 8.34　系统的流程图

8.5　利用单片机制作射频识别系统

射频识别技术(Radio Frequency Identification，RFID)，又称为电子标签(E-Tag)，是一种利用射频信号自动识别目标对象并获取相关信息的技术。随着技术的进步，RFID 应用领域日益扩大，现已涉及人们日常生活的各个方面，并将成为未来信息社会建设的一项基础技术。因此，研究、设计和开发 RFID 系统具有十分重要的理论意义和现实意义。

1. 硬件设计

本节主要阐述读卡器系统的硬件设计原理，包括读卡器电源部分设计、单片机与 MF RC522芯片的连线设计、高频电路和天线的设计、读卡器与上位机的通信接口设计。其主要原理是通过 STC12LE5412AD 控制读写 MFRC522 中的寄存器，从而利用 MFRC522 实现对 Mifarel 卡的读写操作。电路整体逻辑图如图 8.35 所示。

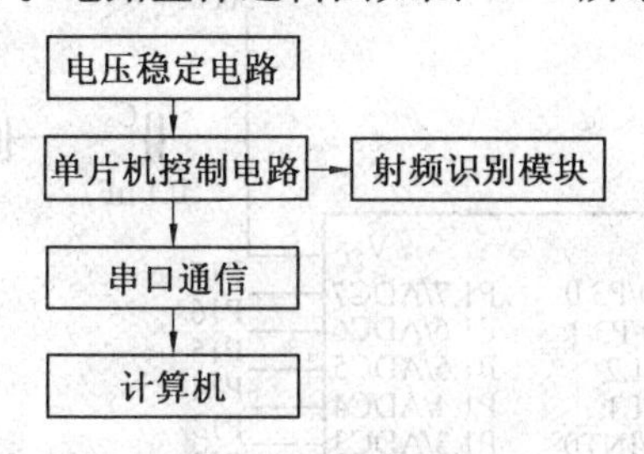

图 8.35　电路整体逻辑图

LM1117 是一个低压差电压调节器，其电压差在 1.2 V 输出，负载电流为 800 mA 时为 1.2 V。M1117 有可调电压的版本，通过 2 个外部电阻可实现 1.25 ~ 13.8 V 输出电压范围，另外还有 5 个固定电压输出(1.8 V、2.5 V、2.85 V、3.3 V 和 5 V)的型号。

本电路设计由 USB 供电(USB 提供的电压为 5 V)并可同时完成与上位机的通信，故选用这种电压调节器来完成电源部分的设计。它的作用是用来稳定由 USB 提供的 5 V 电源。其电路部分原理图如图 8.36 所示。

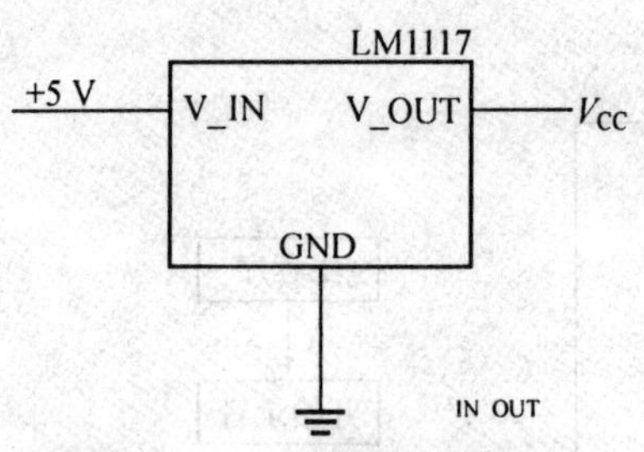

图 8.36　电源部分原理图

STC12LE5412AD 与 MFRC522 芯片的硬件连接设计是把 STC12LE5412AD 与 MFRC522 芯片相关的地址线、数据线、控制线合理连接，从而通过 STC12LE5412AD 单片机芯片可以启动和复位 MF RC522 芯片，并且可以通过 STC12LE5412AD 单片机芯片把读写信息发送给 MFRC522，或者从 MFRC522 中指定的寄存器中取得由 MFRC522 从卡中读取到的数据。当然，STC12LE5412AD 与 MFRC522 芯片各自的电源和晶振等必要的引脚也要分别连接。

STC12LE5412AD 和 MFRC522 晶体振荡电路的连接方法是固定的。实际连接电路如图 8.37 所示。

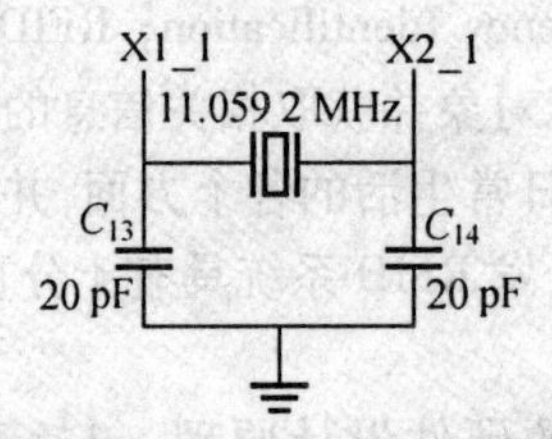

图 8.37　STC12LE5412AD 部分的晶体振荡电路

STC12LE5412A 单片机部分电路图如图 8.38 所示。数据线采用 STC12LE5412AD 的 P1.0 ~ P1.7 作为数据线与 MFRC522 的 AD0 ~ AD7 连接，用于传输数据。

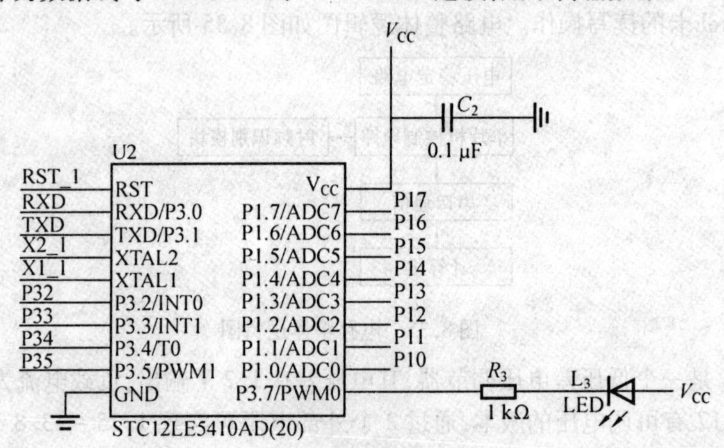

图 8.38　STC12LE5412AD 单片机部分电路设计

控制线采用 P3.7 引脚连接一个 LED 用于测试。P3.2 引脚是 STC12LE5412AD 的外部中断 0 输入信号引脚，连接到 MFRC522 的中断输出引脚 IRQ 上，以实现 MFRC522 向单片机申请中断。此读卡器和上位机的通信接口采用的是 RS232 接口，在此 P3.1 和 P3.

0 引脚分别连接到 RS232 的 R2OUT 和 T2IN 引脚上，作为整个读卡器系统和外部串行通信的接收和发送。

地址线采用 RC522 内部具有 64 个寄存器，在此可以把 MFRC522 当作是 STC12LE5412AD 单片机的外部 RAM 来进行操作，则只要保证在 MFRC522 选通的前提下（NCS=0），STC12LE5412AD 单片机的外 RAM 某（和连接方法有关）64 个单元的地址就对应 MFRC522 中 64 个寄存器的地址。

MFRC522 电路部分设计如图 8.39 所示。

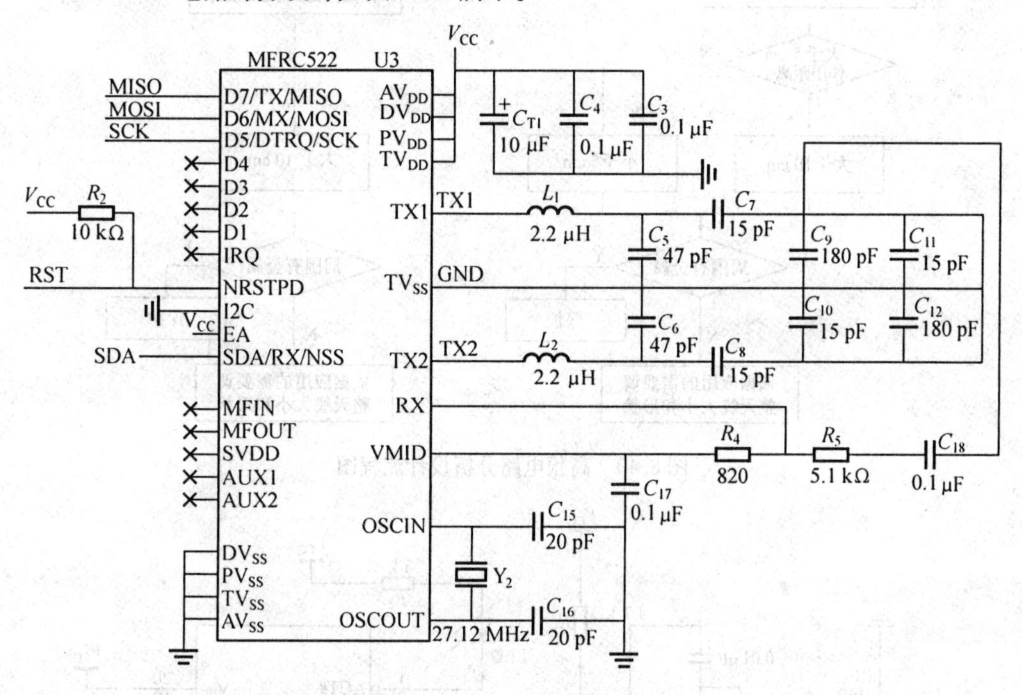

图 8.39　MFRC522 芯片电路设计

MFRC522 中和电源相关的引脚有 TVDD、TVSS、AVDD、AVSS、DVDD、DVSS，V_{CC}连接方法固定，具体参考 MFRC522 技术手册。

这一部分的设计还包含高频电路设计，即天线部分。高频电路分析设计流程图如图 8.40 所示。

直接匹配电路的关键是使最后的匹配电阻为 700 Ω，通过调整天线上面的电感和电阻，使其整体输出电阻等于 700 Ω 即可。

读卡器与上位机通信接口电路设计利用 CH341T 用作 USB 并口转串口的转换电路，由上位机的 USB 供电与通信，其中 9、10 引脚分别与两个电容相连，3、4 脚与单片机中的 RXD 和 TXD 两个引脚连接，1、2 引脚与计算机串口中的 RXD 和 TXD 两个引脚连接。这样就可以实现单片机和 PC 机串行口之间进行通信。RS232 串行通信接口电路图如图8.41 所示。

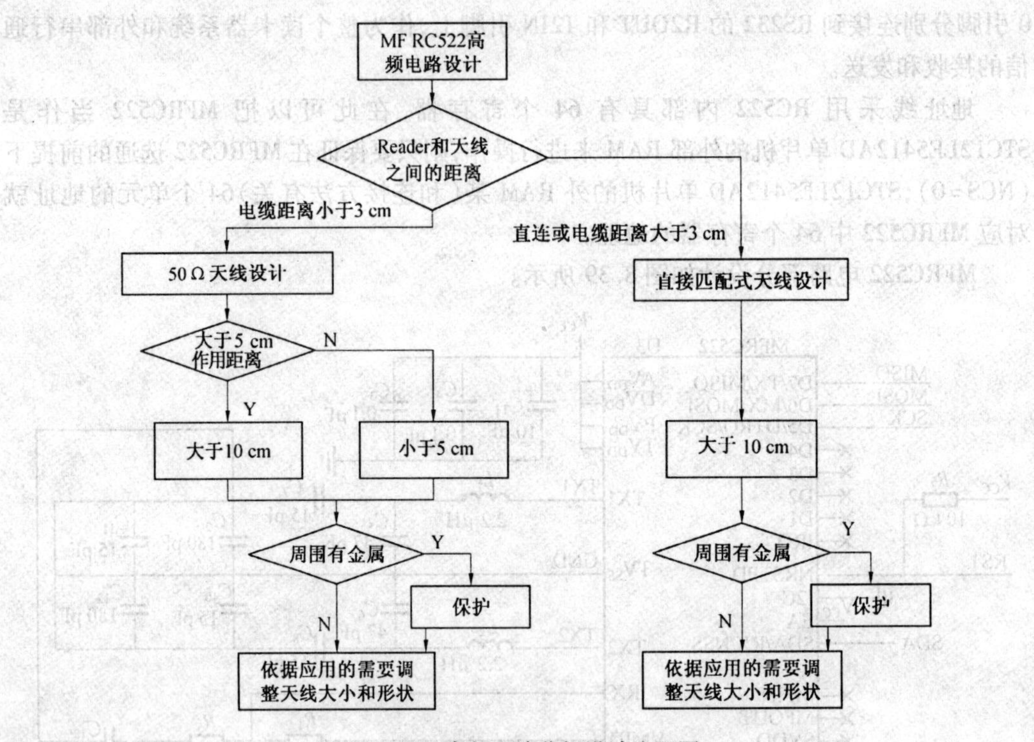

图 8.40 高频电路分析设计流程图

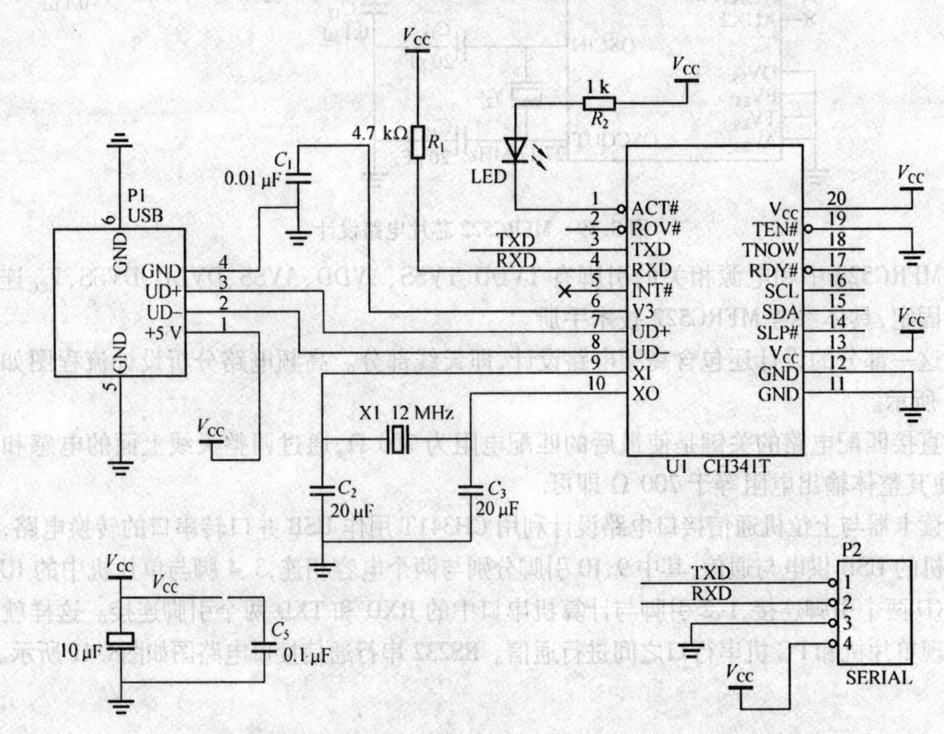

图 8.41 RS232 串行通信接口电路图

2. 软件调试

读卡器硬件系统必须在软件的控制下进行工作,所有驱动程序是在 Philips 公司的基准程序基础上进行开发的,开发环境采用的是 STC_ISP_V480。程序的每一部分按模块化设计成一个文件,单独调试通过后,再在 STC_ISP_V480 环境下加入到工程文件中汇编生成 HEX 文件,用仿真器进行仿真通过后,写入 STC12LE5412AD 芯片中脱离仿真器运行。当 Mifarel 卡进入阅读器的有效范围时,天线的能量使 RFID 卡耦合出自身工作的能量,并建立通信。MFRC5222 对卡的操作主要是通过写通信命令、参数和数据到 FIFODATA,再通过写命令到 COMMAND,实现与 RFID 卡的通信。系统工作流程图 8.42 所示。

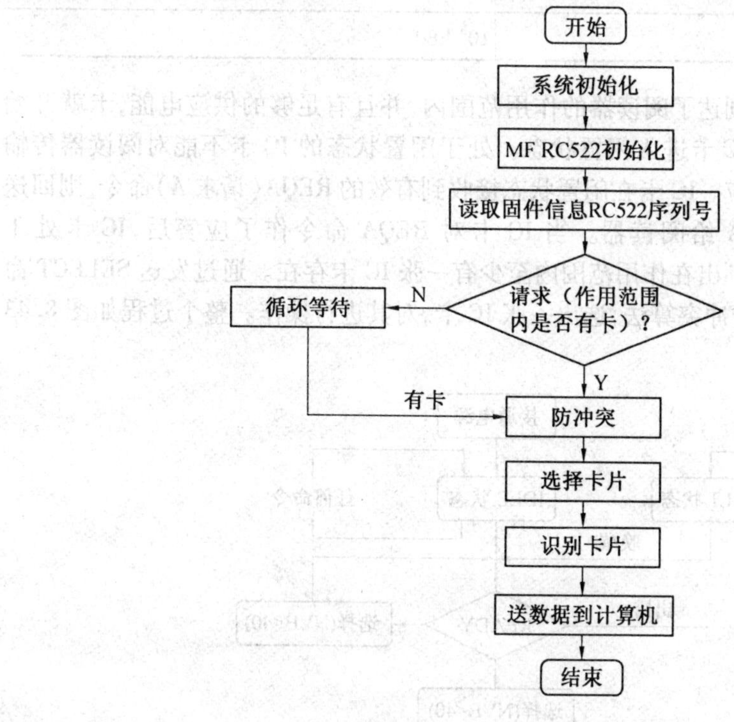

图 8.42　程序流程图

国际上关于近耦合 IC 卡的标准是 ISO 14443。若要开发近耦合 IC 卡读卡器系统特别是软件驱动程序部分,则必须要对 ISO 14443 标准作一定的介绍,特别是关于初始化与防冲突部分和传输协议部分。

ISO 14443 标准中的非接触式智能卡的类型可以分为 Type A、Type B(Type C ~ Type G 正在待批准)。Mifarel 卡及其对应的高频读写控制芯片 MFRC522,都满足 ISO 14443A 通信标准。因此,所有设计都必须以 ISO 14443 Type A(简写为 ISO 14443A)通信标准为前提。在此,我们只讨论 ISO 14443A 标准。

射频接口中为了保证对 IC 卡连续供电(电磁感应),回扫间隙的时间只有 2 ~ 3 μs。标准中详细规定了由阅读器产生的高频信号进入对起振和停振状态时回扫间隙的要求。为了从 IC 卡到阅读器传输数据,使用副载波的负载调制方法,其频率为 $m = 847$ kHz (13.56 MHz/16)。在两种传输方向上,波特率为 1 Bdf = 106 kbit/s(13.56 MHz/128) 。在两种传输方向上传输特点见表 8.4。

表 8.4　Type A 卡数据传输表

Type A	PCD 至 PICC	PICC 至 PCD
调制	ASK100%	用振幅键控调制的 847 kHz 负载调制的副载波
位编码	改进型 Miller 编码	Manchester 编码
同步	位级同步(帧起始、帧结束标记)	1 位“帧同步”(帧起始、帧结束标记)
波特率	10^6 kBd	10^6 kBd

当一个 Type A 型卡到达了阅读器的作用范围内,并且有足够的供应电能,卡就开始执行一些预置的程序后,IC 卡进入闲置状态。处于闲置状态的 IC 卡不能对阅读器传输给其他 IC 卡的数据起响应。IC 卡在闲置状态接收到有效的 REQA(请求 A)命令,则回送对请求的应答字组 ATQA 给阅读器。当 IC 卡对 REQA 命令作了应答后,IC 卡处于 READY 状态。阅读器识别出在作用范围内至少有一张 IC 卡存在。通过发送 SELECT 命令启动“二进制检索树”防冲突算法,选出一张 IC 卡,对其进行操作。整个过程如图 8.43 所示。

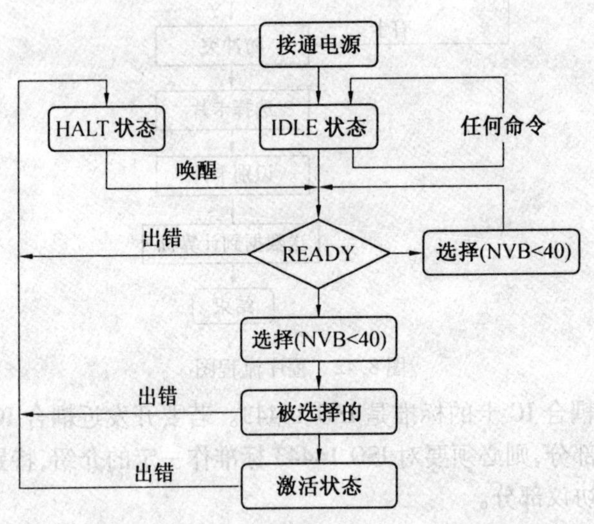

图 8.43　符合 ISO 14443 A 型卡的状态图

SELECT 命令的 NVB 参数主要用于描述检索准则的实际长度,简单的序列号长度为 4 字节。如果通过防冲突算法去查找一个序列号,那么阅读器在 SELECT 命令中要发送完整的序列号(NVB = 40H),以便选择合适的 IC 卡。具有查找序列号的 IC 卡采用 SELECT选择应答 SAK 来确认这条命令,并处于 ACTIVE 状态,即选择状态。

一个特殊情况是:并不是所有的序列号都是 4 字节长。标准也允许有 7 字节常的序列号,甚至允许 10 字节常的序列号,如果选择的 IC 卡的序列号是 7 字节或 10 字节,那么 IC 卡在给阅读器的 SAK 中通过设定一个“串联位”(b3 = 1)发出信号,并表明 IC 卡处于

READY 状态。这样阅读器再次启动防冲突算法,以便求出序列号的第二部分。对 10 字节常用序列号来说,必须重复使用防冲突算法,甚至第三次启动防冲突算法。为了使 IC 卡发出对应的信号,应该表明启动算法查找的是序列号的哪一部分,就要在 SCLECT 命令中能区分为 3 个串联级(CL1、CL2、CL3)。查找序列号时,必须首先从串联级 1 启动。为了排出较长序列号的碎片与一个较短序列号偶然相同,在防冲突算法中将所谓的串联标志(CT=88H)在预先规定的位置上插入 7 字节或 10 字节序列号。因此,对于较短序列号来说,在相应的字节位置上此标记从未出现过。

与卡进行通信的第一步则是驱动天线检测到卡,为了驱动天线,MFRC522 通过 TX1 和 TX2 提供 13.56 MHz 的能量载波。根据寄存器的设定对发送数据进行调制得到发送的信号。该卡采用 RF 场的负载调制进行响应。天线拾取的信号经天线匹配电路送到 RX 引脚。MFRC522 内部接收器对信号进行检测和解调并根据寄存器的设定进行处理。然后数据发送到并行接口由单片机进行读取。

系统初始化要激活 MFRC522,开启 MFRC522 中的内部接收器,用于接收信号和转换信号,设置命令接收和有效为初始状态,设置发送信号和通信准备就绪,等待接收命令,设置接收状态准备等一系列状态和信号。由于是用单片机控制,所以初始化单片机,设置单片机 STC12LE5412AD 串口操作模式为模式 1、8 位 UART 模式可变。初始化串口设置 SMOD=1,启用定时器 1,设置定时器 1 的模式为 8 位自动装载定时器。MFRC522 的中断请求引脚连接的是 STC12LE5412AD 的中断 0,所以要开 STC12LE5412AD 的外部 0 号中断,设置外部中断 0 为下降沿触发,允许所有中断,开外部中断 0。

系统初始化流程图如图 8.44 所示。

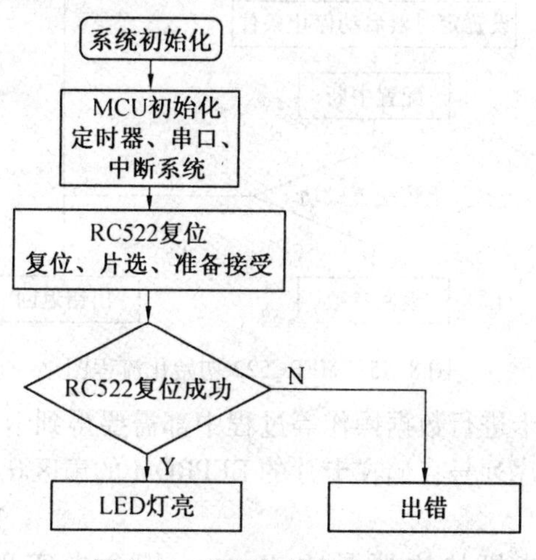

图 8.44　系统初始化流程图

由于通信过程要用 MFRC522 内部发送器和接收器和其他寄存器,所以也要对 MFRC522 进行初始化。

读卡器内部的发送器不需要增加有源电路就能够直接驱动近操作距离的天线,根据寄存器的设定对发送数据进行调制得到发送的信号。接收器提供一个坚固而有效的解调和解码电路,用于 ISO 14443A 兼容的应答器信号,接收器的解调器将接收的模拟信号转换成数字信号,从而使系统与 IC 卡进行通信。所以需要初始化一系列寄存器来使能发送和接收正确信号等。如初始化 BitPhase 寄存器来设置发送器和接收器时钟的相位,初始化 RxControl2 寄存器来设置解调器为内部解调器,初始化 FIFOLevel 寄存器设置 FIFO 为 4 级缓冲,初始化 TimerControl 寄存器来设置 MFRC522 内部定时器,当数据传送完成后自动开始,初始化 IRqPinConfig 寄存器来使 MFRC522 中断引脚的中断转变成为位中断,同时使中断,引脚按 COMS 输出端衰减器的标准工作等。最后要初始化 MFRC522 内部存放 KEY 的缓冲区,用于密码认证。MFRC522 初始化流程图如图 8.45 所示。

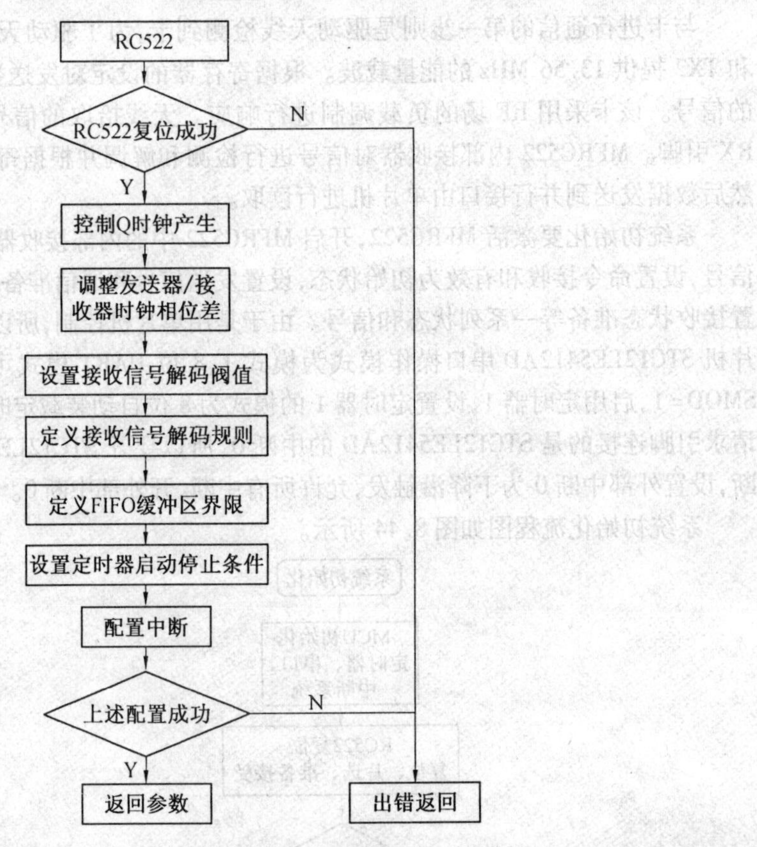

图 8.45 MFRC522 初始化流程图

与卡进行通信和对卡进行数据操作等过程中都需要得到卡的序列号,每张卡片的序列号是唯一的且卡片的序列号存储在卡片的 EEPROM 的扇区 0 的块 0。其对应流程图如图 8.46 所示。

请求应答操作功能模块主要是由 Request 指令去实现。Request 指令将通知 MFRC522 在天线有效的工作范围(距离)内寻找 Mifare 1 卡片,当有卡在天线工作范围内时,卡片内的线圈会与到线的线圈产生感应电流,天线拾取的信号经天线匹配电路送到 RX 引脚。MFRC522 内部接收器对信号进行检测和解调并根据寄存器的设定进行处理。然后数据发送到并行接口由微控制器进行读取。此时 Request 这一指令将与 Mifare 卡进行通信,读取 Mifare 卡片上的 Block 0 中的卡片类型号 TAGTYPE(2 个字节),由 MFRC522 传递给 MCU 进行识别处理,从而建立卡片与读写器的第一步通信联络。如果不进行第一

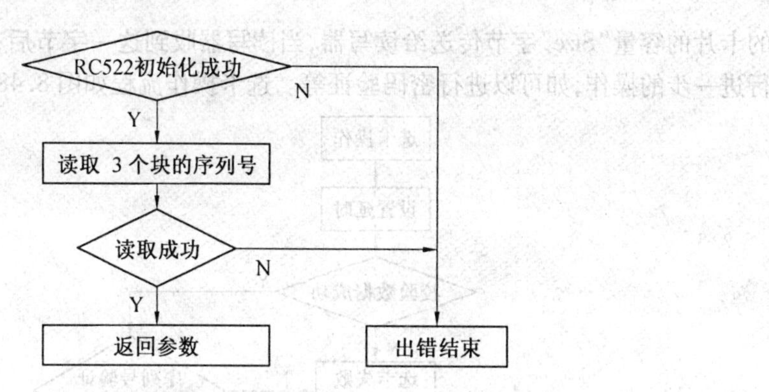

图 8.46　读取 RC522 序列号程序流程图

步的 ATR 工作,读写器对卡片的其他操作(Read/Write)等将不会进行。可以根据 TAG-TYPE 来区别卡片的不同类型。对于 Mifare 卡片来说,返回卡片的 TAGTYPE(2 个字节)为 0004H。其流程图如图 8.47 所示。

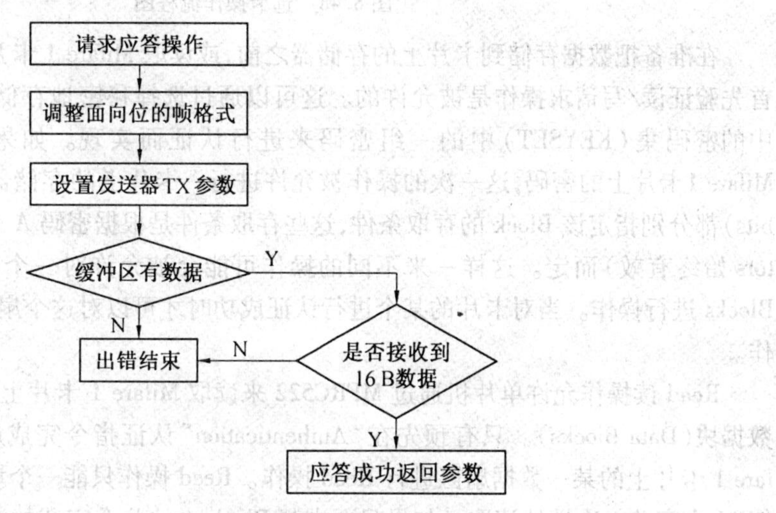

图 8.47　求应答程序流程图

当有多张 Mifarel 卡片处在卡片读写器的天线的工作范围之内,此时防冲突功能将被启动工作,读写器将会首先与每一张卡片进行通信,取得每一张卡片的序列号。由于 Mifare 卡片每一张都具有其唯一的序列号,决不会相同。因此卡片读写器根据卡片的序列号来识别,区分已选的卡片,卡片读写器中的 MFRC522 中的 AntiCollision 防冲突功能配合卡片上的防冲突功能模块,根据卡片的序列号来选定一张卡片被选中的卡片将直接与读写器进行数据交换,未被选择的卡片处于等待状态随时准备与卡片读写器进行通信。

AntiCollision 防冲突功能启动工作时,卡片读写器将得到卡片的序列号 SerialNumber 序列号,Serial Number 存储在卡片的 Block 0 中共有 5 个字节,而实际有用的为 4 个字节,另一个字节为序列号 Serial Number 的校验字节。该模块采用的是 Philips 公司的标准程序模块。

当卡片与读写器完成了上述的两个步骤后,读写器要想对卡片进行读写操作,必须对卡片进行 Select 操作。以使卡片真正地被选中,被选中的卡片将卡片上存储在 Block 0 中的卡片的容量"Size"字节传送给读写器,当读写器收到这一字节后,将明确可以对卡片进行进一步的操作,如可以进行密码验证等。选卡操作流程如图 8.48 所示。

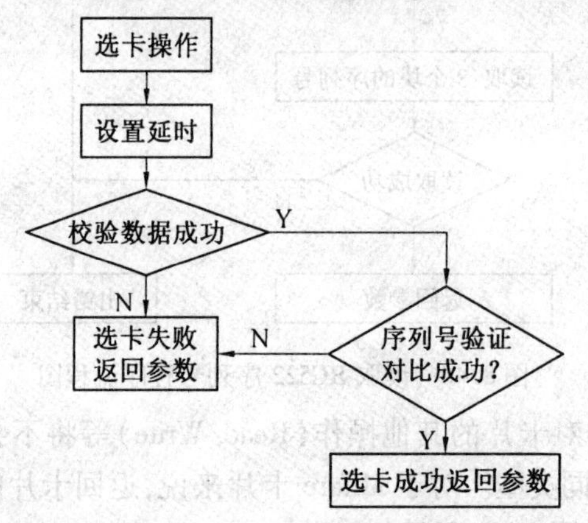

图 8.48　选卡操作流程图

在准备把数据存储到卡片上的存储器之前,或读取 Mifare 1 卡片上的数据之前,必须首先验证读/写请求操作是被允许的。这可以通过选择秘密地存储在 MFRC522 之 RAM 中的密码集(KEYSET)中的一组密码来进行认证而实现。如果这一组密码匹配与 Mifare 1卡片上的密码,这一次的操作被允许进行。卡片上的存储器的每一个 Block(128 bits)都分别指定该 Block 的存取条件,这些存取条件是根据密码 A 或 B(它们对整个 Sectors 始终有效)而定。这样一来不同的操作可能会被允许对一个 Sector 中的 4 个不同 Blocks 进行操作。当对卡片的某个进行认证成功时才可以对这个扇区的块进行读或写操作。

Read 读操作允许单片机通过 MFRC522 来读取 Mifare 1 卡片上完整的 16 个 Bytes 的数据块(Data Blocks)。只有预先在"Authentication"认证指令完成后,才允许进行对 Mifare 1 卡片上的某一数据扇区进行 Read 操作。Read 操作只能一个块一个块地读取,即只能 16 个字节一次性地读取。如果只要求某 Block 中的几个字节的数据,也只能一个整块 16 个字节一起读取,由程序员选取指定的字节。从卡片上读到的数据必须由 MCU 进行校验,以确保数据的有效性。密码数据不能被读取。

Write 写指令允许用户写数据到 Mifare 卡片上(完整的 16 B 的数据块)。只有先在"Authentication"认证指令完成后,才允许进行对要求的数据扇区或数据块 Block 进行 Write 写指令操作。

所有函数均在一个工程文件中,工程中包含 3 个主要 C51 文件,分别是 STC12LE5412AD. C、MFRC_522 和 UART. C,分别包含了主函数、MFRC522 处理函数和输入输出函数相关程序段。每个 C 文件都对应的有一个头文件,头文件里定义了各个 C 文件中用到的相关参数。整个工程编译成一个 hex 二进制代码文件,利用 STC12LE5412AD 的烧录软件把 hex 文件送入 STC12LE5412AD 内部 ROM。把单片机和上位机通过串口连接,上位机启动 Mifarel 卡的识别软件,然后把单片机加电、复位,自动运行程序,把卡靠近读卡器天线,看识别软件是否获得卡的序列号,如果获得成功,说明系统初始化等工作正常,如果失败,则寻找原因,再次调试。为了调试方便,调试过程中在每个程序段中增加使LED(P3.7脚)亮灭的相应代码,用于测试相应代码执行结果。调试中并没有设置断点,因为实际调试结果是如果设置断点容易导致MFRC522芯片损坏(原因不明)。初始调试时并不能正确实别卡序列号,多次分别从软件程序和硬件两方面查找原因,软件方面主要采用分段执行通过硬件LED的闪烁与否测试每段程序;硬件主要调整高频电路中的输出匹配电阻阻值来调整测试。

参考程序代码如下:

```
#ifndef _DELAY_H_
#define _DELAY_H_

void delay_us(unsigned char x)                //固定延时 x μs
{
  unsigned char a=0,b=0;

  for(a=x;a>0;a--)
  {
    for(b=36;b>0;b--) _nop_();
  }
}

void delay_ms(unsigned int x)                 //延时 x μs
{
  unsigned int a=0,b=0,c=0;

  for(a=x;a>0;a--)
  for(b=5;b>0;b--)
  for(c=128;c>0;c--);
}

#endif
```

RC522部分

```
#include<string.h>
#include<intrins.h>
#include<STC12C5410AD.h>
#include<MFRC_522.h>
#include<UART.h>
#include<delay.h>
```

```
/*############## UID 识别################*/

unsigned char  xdata RC522_UID[4]={0};           //存储当前卡的序列号

void Initialize_System()                          //系统初始化
{
  delay_ms(100);
  UART_initial();                                 //串口初始化
  Pcd_initial();
}

void main()
{
  char status_flag=0;
  unsigned char xdata default_key[6]={0x00,0x00,0x00,0xFF,0xFF,0xFF};
  unsigned char n=0;

  Initialize_System();                            //系统初始化

  while(1)
  {
    Pcd_initial();
    status_flag=RC522_PCD_Request(0x26,UART_data);    // 感应区域内寻卡
    if(status_flag==MI_OK)
      {
        status_flag=RC522_PcdAnticoll(UART_data);     // 防冲突
        if(status_flag==MI_OK)
          {
            status_flag=RC522_PcdSelect(UART_data);   // 选择卡片
                if(status_flag==MI_OK)
                  {
                    status_flag=RC522_PcdWrite(4,UART_data);

                    if(status_flag==MI_OK)
                      {
                        for(n=0;n<16;n++)
                          {
```

```
                    LED_display=0;
                    delay_ms(1);
                    LED_display=1;
                    delay_ms(1);
                  }
              }
              while(1);

              if(status_flag==MI_OK)
                {
                  LED_display=0;
                  delay_ms(1);
                  LED_display=1;
                  delay_ms(1);

                  if(status_flag==MI_OK)
                    {
                      for(n=0;n<16;n++)
                        {
                          LED_display=0;
                          UART_send_data(UART_data[n]);
                          LED_display=1;
                        }
                    }
                }
              }
            }
          }
        }
      delay_ms(1);
    }

void UART_process() interrupt 4           //串口波特率为
{
  if(RI==1)                               //接收上位机数据
  {
    RI=0;                                 //清除接收中断标志位
    UART_RX_flag=1;
    UART_RX_data[UART_RX_Length]=SBUF;
```

```
    UART_RX_Length++;
    UART_RX_Length &=0x1f;
  }
 if(TI==1)
  {
    TI=0;                                        //清发送中断标志位
    if(UART_TX_Length! =0)
      {
        SBUF= * UART_TX_point;
        UART_TX_point++;
        UART_TX_Length--;
      }
     else UART_TX_flag=1;
  }
}
```

设计实物图如图 8.49 所示。

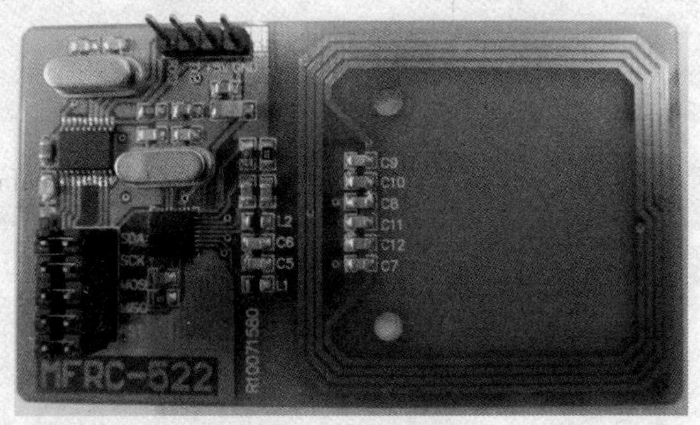

图 8.49　设计实物图

习　　题

1. 利用单片机和一个电机制作双足移动机器人,简述设计思路,并画出硬件设计电路图,编写软件代码。

2. 设计一个单片机应用系统,要求具有键盘显示电路,能利用定时器/计数器、中断、串行口等片内资源。

3. 设计一个温度报警器,当检测加工中元件温度过高时进行报警。

4. 设计一个模拟交通控制系统。

5. 设计一个点阵式 LED 电子显示屏幕。

6. 设计一个应变梁测量电路,用来检测刀具施加的压力大小,当压力过大时发出警示。

参考文献

[1] 张毅刚.单片机原理及应用[M].北京:高等教育出版社,2003.
[2] 郭天祥.新概念51单片机C语言教程——入门、提高、开发、拓展[M].北京:电子工业出版社,2009.
[3] 孙安青.PIC系列单片机开发实例精解[M].北京:中国电力出版社,2011.
[4] 杜洋.爱上单片机[M].2版.北京:人民邮电出版社,2011.
[5] 张皆喜. PIC系列单片机C语言编程与应用实例[M].北京:电子工业出版社,2008.
[6] 王妍玮,胡琥,曾凡菊.单片机原理及应用[M].哈尔滨:哈尔滨工业大学出版社.2012.
[7] 李刚民.单片机原理及实用技术[M].北京:高等教育出版社,2008.
[8] 林益平,赵福建.单片机C语言课程教学的探索与实践[J].电气电子教学学报,2007,2(29):104-106.
[9] 王东峰.单片机C语言应用100例[M].北京:电子工业出版社,2009.
[10]陈忠平.51单片机C语言程序设计经典实例[M].北京:电子工业出版社,2012.
[11]李华.MCS-51系列单片机实用接口技术[M].北京:北京航空航天大学出版社,2006.
[12]杨居义.单片机课程设计指导[M].北京:清华大学出版社,2009.
[13]马忠梅.单片机C语言程序设计[M].北京:北京航空航天大学出版社,2007.
[14]杨欣.51单片机应用实例详解[M]. 北京:清华大学出版社,2010.
[15]赵建领,崔昭霞.精通51单片机开发技术与应用实例[M].北京:电子工业出版社,2012.
[16]李海滨,片春媛,许瑞雪.单片机技术课程设计与项目实例[M].北京:中国电力出版社,2009.